工业和信息化高职高专
“十三五”规划教材立项项目

高等职业教育『十三五』土建类技能型人才培养规划教材

建筑力学

田慧 刘辉／主编
赵庆华 李新／副主编

人民邮电出版社
北京

图书在版编目（CIP）数据

建筑力学 / 田慧，刘辉主编. -- 北京 : 人民邮电出版社，2016.10（2024.7重印）
高等职业教育“十三五”土建类技能型人才培养规划教材
ISBN 978-7-115-42462-4

Ⅰ. ①建… Ⅱ. ①田… ②刘… Ⅲ. ①建筑科学－力学－高等职业教育－教材 Ⅳ. ①TU311

中国版本图书馆CIP数据核字(2016)第191209号

内 容 提 要

本书介绍了建筑力学的基础知识。全书共 9 章，主要内容包括绪论、静力学基础知识与物体的受力分析、平面力系、平面体系的几何组成分析、静定结构的内力分析、杆件的应力与强度计算、静定结构的位移计算和刚度校核、超静定结构的内力分析、压杆稳定等。通过对本书知识的学习，学生不仅能掌握建筑力学的相关知识，而且能学会解决工程中的实际问题。

本书既可作为高职高专土建类专业建筑力学的教材，也可以作为相关从业人员的自学参考书。

◆ 主　　编　田　慧　刘　辉
副 主 编　赵庆华　李　新
责任编辑　刘　佳
责任印制　焦志炜

◆ 人民邮电出版社出版发行　　北京市丰台区成寿寺路 11 号
邮编　100164　　电子邮件　315@ptpress.com.cn
网址　http://www.ptpress.com.cn
北京七彩京通数码快印有限公司印刷

◆ 开本：787×1092　1/16
印张：11.25　　　　2016 年 10 月第 1 版
字数：283 千字　　　2024 年 7 月北京第 8 次印刷

定价：29.80 元

读者服务热线：(010)81055256　印装质量热线：(010)81055316
反盗版热线：(010)81055315
广告经营许可证：京东市监广登字20170147号

前言

建筑力学是研究建筑结构的力学计算理论和方法的一门科学。它是建筑结构、建筑施工技术、地基与基础等课程的基础，能够为读者打开进入结构设计的大门，并为进一步解决施工现场的许多受力问题奠定基础。显然，作为结构设计人员必须掌握建筑力学，才能正确地对结构进行受力分析和力学计算，从而保证结构设计的安全可靠和经济合理。

作为施工技术人员及施工管理人员，也要掌握建筑力学，知道结构和构件的受力情况，清楚什么位置是危险截面，了解各种力的传递途径以及结构和构件在这些力的作用下会发生怎样的破坏等，只有这样，才能很好地理解设计图纸的意图及要求，科学地组织施工，制定出合理的安全和质量保证措施；在施工过程中，要将设计图变成实际建筑物，往往要搭设一些临时设施和机具，确定施工方案、施工方法和技术组织措施。例如，对一些重要的结构梁板施工时，为了保证梁板的形状、尺寸和位置的正确性，对安装的模板及其支架系统必须进行设计或验算；进行深基坑（槽）开挖时，要采用土壁支撑的施工方法以防止土壁塌落，故对支撑特别是大型支撑和特殊的支撑必须进行设计和计算。可见，只有懂得力学知识才能更好地完成设计任务，避免发生质量和安全事故，确保建筑施工正常进行。

本书可作为高职高专教育中土建类相关专业的教材，也可作为土建工程施工人员、技术人员和管理人员的参考用书。

本书在编写过程中，参阅了国内同行多部著作，得到了天津城市建设管理职业技术学院领导和老师的大力支持，在此对他们表示衷心的感谢！

本书由天津城市建设管理职业技术学院田慧和刘辉担任主编，天津市建筑工程学校赵庆华和天津城市建设管理职业技术学院李新担任副主编，还有天津城市建设管理职业技术学院的王素霞等参与了编写。

编　者

2016年1月

目录

第5章 静定结构的内力分析

第6章 杆件的应力与强度计算

第7章 静定结构的位移计算和刚度校核

第8章 超静定结构的内力分析

第1章 绪论

建筑物是人类生产、生活的必要场所，无法想象人类离开建筑物的生活会是什么样的。建筑物中，所有承受力的部分，如梁、板、墙、柱等，都必须运用建筑力学知识进行科学的分析计算，才能确保建筑物的正常使用。

1.1 建筑力学的研究对象、内容及任务

1. 建筑力学的研究对象

建筑物是由基本构件组成的，常见的构件有梁、楼板、墙、柱、基础、屋架等。其中许多构件是建筑物中的构成骨架，并承受和传递各种荷载作用。工程上把作用于建筑物上的力称为荷载。工程中常见的荷载分类如下。

（1）按作用在结构上的范围可分为集中荷载和分布荷载。

集中荷载：作用的面积很小，可以近似认为作用在一点上的荷载。如图 1-1（a）所示，汽车通过轮胎作用在水平桥面上的力就是集中力。

分布荷载：分布在结构某一体积内、表面积上、线段上的荷载分别称为体分布荷载、面分布荷载和线分布荷载，统称为分布荷载。分布荷载又可分为均布荷载及非均布荷载。如图 1-1（b）所示，桥面施加在桥梁上的力则为分布力。

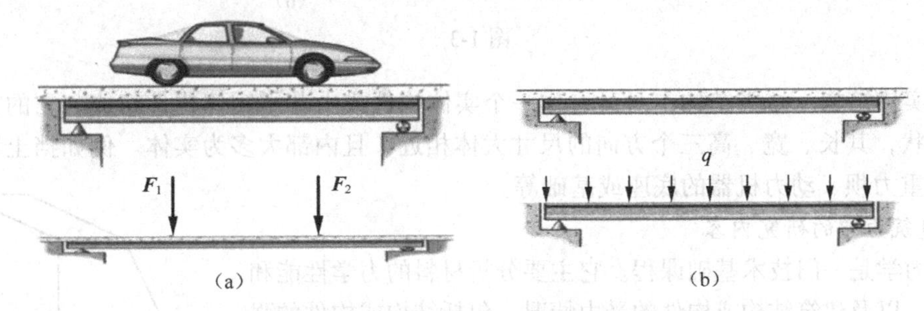

图 1-1

（2）按作用性质荷载可分为静荷载和动荷载。

静荷载：指荷载从零缓慢增加至最后的确定数值后，其大小、位置和方位就不再随时间变化，且加载的任何瞬间都可认为是处于平衡状态。

动荷载：能引起明显的加速度的荷载。

我们将建筑物中承受和传递荷载，从而起到骨架作用的部分或体系称为结构，组成结构的每一个基本部分则称为构件。按其构件的几何性质可将结构分为以下三种。

（1）杆系结构。这类结构是由若干杆件按照一定的方式连接起来的体系。杆件的几何特征是其在横截面高、宽两个方向上的尺寸要比杆长小得多（杆件长度尺寸是其横截面高、宽两个方向上的尺寸的 5 倍以上）。建筑力学的研究对象主要是杆系结构，如图 1-2 所示。

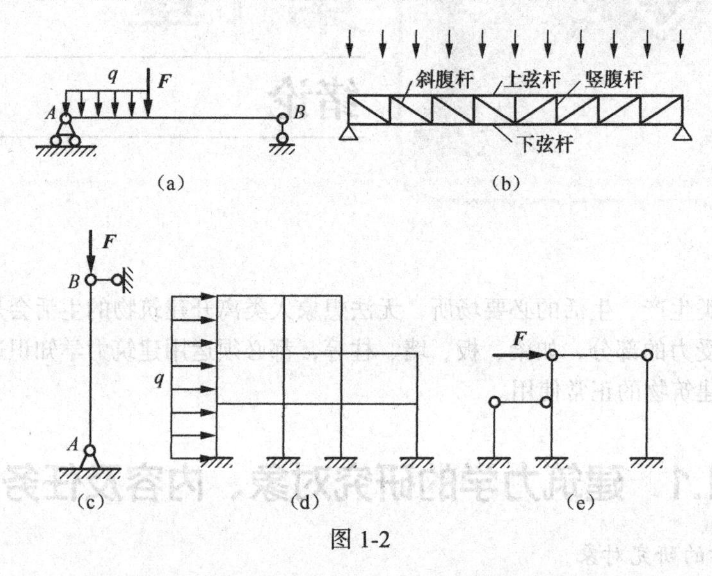

图 1-2

（2）薄壁结构。这类结构由薄壁构件组成。它的厚度要比长度和宽度小得多。如楼板、薄壳屋面［见图 1-3（a）］、水池［见图 1-3（b）］、拱坝、薄膜结构等。

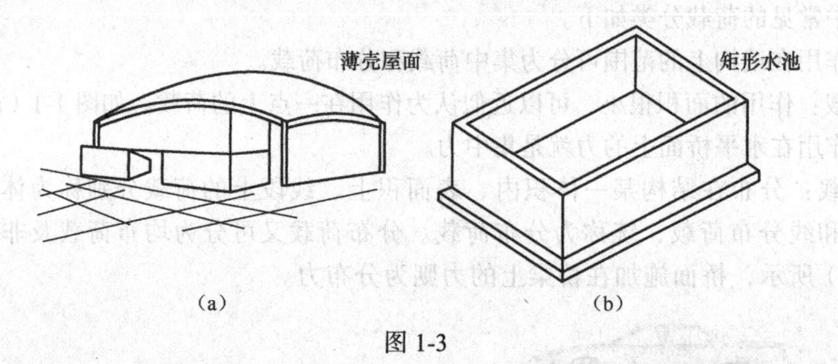

图 1-3

（3）实体结构。这类结构本身可看作一个实体构件或由若干实体构件组成。它的几何特征是呈块状，其长、宽、高三个方向的尺寸大体相近，且内部大多为实体。例如挡土墙（见图 1-4）、重力坝、动力机器的底座或基础等。

2. 建筑力学的研究内容

建筑力学是一门技术基础课程。它主要分析材料的力学性能和变形特点，以及建筑结构或构件的受力情况，包括结构或构件的强度、刚度和稳定性，为建筑结构设计及解决施工中的受力问题提供基本的力学知识和计算方法。

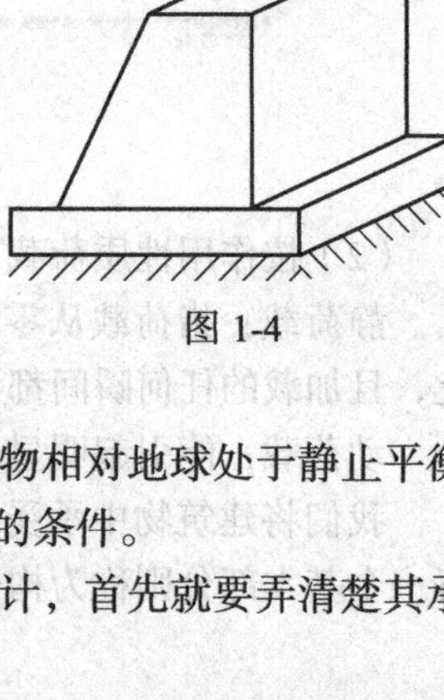

建筑力学所涉及的内容很多，本书将所研究的内容分为静力学、材料力学与结构力学三个部分。

图 1-4

（1）静力学主要研究结构构件的受力问题和平衡问题。因为建筑物相对地球处于静止平衡状态，所以结构构件上所受到的各种力都要符合使物体保持平衡状态的条件。

由于结构构件是承受和传递荷载的介质，要对结构及构件进行设计，首先就要弄清楚其承

受的荷载及荷载的传递路线，即对构件进行受力分析。例如，建筑物中一根受荷载作用的梁搁在柱子上，梁将荷载传递给柱子，即梁对柱子有作用力，而柱子对梁有支承力作用。

（2）材料力学主要研究单个构件在荷载作用下产生的内力和变形，研究构件的承载能力，为设计既安全又经济的结构构件选择适当的材料、截面形状和尺寸。

（3）结构力学主要以杆件体系为研究对象，研究其组成规律和合理形式，以及结构在外因作用下内力和变形的计算，为结构设计提供方法和计算公式。

值得注意的是，在结构设计中，要想完全严格地按照结构的实际情况进行力学分析是很难做到的，也是不必要的，因此，对实际结构进行力学分析时必须做一些必要的简化，略去一些次要因素而抓住其主要特点。通常采用一个图形来表示简化的实际结构，这种图形叫作结构的计算简图。确定结构的计算简图，是对实际结构进行力学分析的重要步骤。

3. 建筑力学的研究任务

在施工和使用过程中，建筑结构构件要承受及传递各种荷载作用，构件本身会因荷载作用而产生变形，存在损坏、失稳的可能。建筑力学的任务是研究结构的几何组成规律，以及结构和构件在荷载作用下的强度、刚度和稳定性问题。其目的是保证结构能按设计要求正常工作，并能充分发挥材料的性能，使设计出的结构既安全可靠又经济合理。

（1）强度。构件本身具有一定的承载能力，在荷载的作用下，其抵抗破坏或不产生塑性变形的能力通常称为强度。构件在过大的荷载作用下可能被破坏。例如，当起重机的起重量超过一定限度时，吊杆可能断裂。

（2）刚度。在荷载作用下，构件不产生超过工程允许的弹性变形的能力称为刚度。在正常情况下，构件会发生变形，但变形不能超出一定的限值，否则将会影响其正常使用。例如，如果起重机梁的变形过大，起重机就不能正常行驶。因此，设计时必须保证构件有足够刚度使变形不超过规范允许的范围。

（3）稳定性。在荷载作用下，构件保持其原有平衡状态的能力称为稳定性。结构中受压的细长杆件，如桁架中的压杆，在压力较小时能保持直线平衡状态，但在压力超过某一临界值时，就可能变为非直线平衡并造成破坏（称为失稳破坏）。工程结构中的失稳破坏造成的损失往往比强度破坏更惨重，因为这种破坏具有突然性，没有先兆。

结构的强度、刚度、稳定性反映了它的承载能力，其承载力的高低与构件的材料性质、截面的几何形状及尺寸、受力性质、工作条件及构造情况等因素有关。在结构设计中，如果把构件截面设计得过小，构件会因刚度不足导致变形过大，从而影响正常使用，或因强度不足而迅速被破坏；如果把构件截面设计得过大，其能承受的荷载超过所承受的荷载太多，则又会不经济，造成材料上的浪费。

因此，结构和构件的安全性与经济性是矛盾的。建筑力学的任务就在于力求合理地解决这种矛盾，即研究和分析作用在结构（或构件）上的力与平衡的关系，结构（或构件）的内力、应力、变形的计算方法以及构件的强度、刚度和稳定条件，为保证结构（或构件）既安全可靠又经济合理提供计算理论依据。

1.2 建筑力学与其他课程的关系及学习方法

1. 建筑力学与其他课程的关系

建筑力学是研究建筑结构的力学计算的理论和方法的一门科学，它是学习建筑结构、建筑施工技术、地基与基础等课程的基础，能够为学习者打开进入结构设计的大门，为进一步解决

施工现场的许多受力问题奠定基础。显然，作为结构设计人员必须掌握建筑力学知识，才能正确地对结构进行受力分析和力学计算，保证所设计的结构既安全可靠又经济合理。作为施工技术人员及施工管理人员，也要掌握建筑力学知识，了解构件的受力情况和力的传递途径，以及构件在力的作用下可能会发生的破坏情况等，这样才能在施工中正确理解设计人员的意图与要求，保证工程质量，也能够更好地采取安全施工措施，避免工程事故发生。

2. 建筑力学的学习方法

（1）通过观察生活和工程实践的各种现象，将其抽象化为力学模型并进行分析和归纳，进一步总结力学的基本规律。

（2）针对建筑力学较为抽象、计算类型比较多的特点，要多比较、多练习才能掌握基本知识。

3. 几点建议

（1）课前预习。将不懂的和不理解的地方记录下来。

（2）上课认真听讲。上课时思想要集中，跟上老师的思路，特别要注意听预习时不懂的内容，要重点扼要地记笔记。

（3）课后复习。先复习当堂课上老师所讲的内容，再看懂例题，最后再完成作业。

（4）作业要求。独立、按时完成作业，书写整洁，叙述简明扼要，画图用直尺，做到横平竖直、上下对正。

第2章 静力学基础知识与物体的受力分析

知识目标

了解力与平衡的概念及静力学公理；掌握常见的约束类型及相应约束反力的确定；掌握物体受力分析的方法，并能正确画出受力图；熟悉结构计算简图的选取，掌握选择结构计算简图简化的原则和方法。

能力目标

通过本章的学习，应能理解力与平衡的概念及静力学公理；能将构件在工程实际中受到的约束归纳、抽象为理想的约束类型并确定其约束反力，具备对其进行受力分析并正确画出受力图的能力；能够用力学的定性思维理解工程实际中结构计算简图的选取原则和方法，通过建立正确的计算简图的过程，培养学生结合工程实际建立基本的结构概念，为后面建筑结构课程的学习打下基础。

2.1 静力学的基本概念

静力学是研究物体的平衡问题的科学，主要讨论作用在物体上的力系的简化和平衡两大问题。所谓平衡，在工程上是指物体相对于地球保持静止或匀速直线运动状态，它是物体机械运动的一种特殊形式。

2.1.1 刚体的概念

在力的作用下，工程实际中的许多物体的变形一般都很微小，对平衡问题的影响也很小。为了简化分析，我们把物体视为刚体。所谓刚体，是指在任何外力的作用下，物体的大小和形状始终保持不变的物体。静力学的研究对象仅限于刚体，所以又称之为刚体静力学。

2.1.2 力的概念

力是两物体之间的相互的机械作用，这种作用会使物体的机械运动状态发生变化，同时使物体的形状或尺寸发生改变。前者称为力的运动效应或外效应，后者称为力的变形效应或内效应。

1. 力对物体作用的效应

力对物体作用的效应取决于力的大小、方向（包括方位和指向）和作用点，这三个因素称为力的三要素。如果改变了这三个要素中的任意一个，也就改变了力对物体的作用效应。例如沿水平地面推一个木箱（见图 2-1），当推力 F 较小时，木箱不动；当推力 F 增大到某一数值时，木箱开始滑动；如果推力 F 的指向改变了，变为拉力，则木箱将沿相反方向滑动；如果推力 F 不作用在 A 点而作用在 B 点，则木箱的运动趋势就可能不仅是滑动，而且有可能绕 C 点发生转动（倾覆）。所以要确定一个力，必须说明它的大小、方向和作用点，缺一不可。

（1）力是矢量。力是一个既有大小又有方向的量，力的合成与分解需要运用矢量的运算法则，因此它是矢量（或称向量）。

（2）力的矢量表示。力矢量可用一具有方向的线段来表示，如图 2-2 所示。用线段的长度（按一定的比例尺）表示力的大小，用线段的方位和箭头指向表示力的方向，用线段的起点或终点表示力的作用点。通过力的作用点并指向力的方向的直线称为力的作用线。

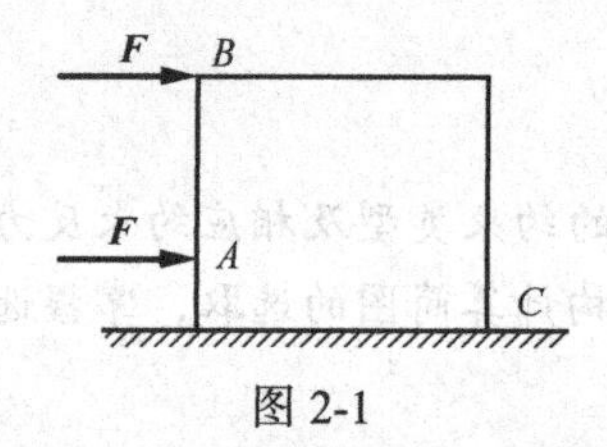

图 2-1

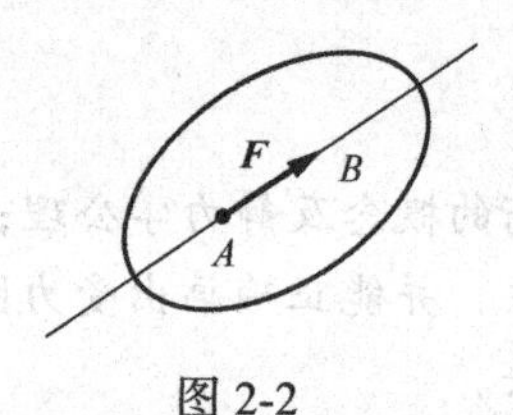

图 2-2

（3）力的单位。力的单位是 N（牛顿）或 kN（千牛顿）。

2. 等效力系

（1）力系。作用在物体上的若干个力总称为力系。[见图 2-3（a）]。

（2）等效力系。如果作用于物体上的一个力系可用另一个力系来代替，而不改变原力系对物体作用的外效应，则这两个力系称为等效力系或互等力系。[见图 2-3（b）]。

需要强调的是，这种等效力系只是不改变对物体作用的外效应，至于内效应则显然将随力的作用点等的改变而有所不同。

（3）合力。如果一个力与一个力系等效，则力 F_R 称为此力系的合力，而力系中的各力则称为合力 F_R 的分力 [见图 2-3（c）]。

任何物体在力的作用下，或多或少总要产生变形。但是，工程实际中构件的变形通常是非常微小的，当研究力对物体的运动效应时，可以将其忽略不计。

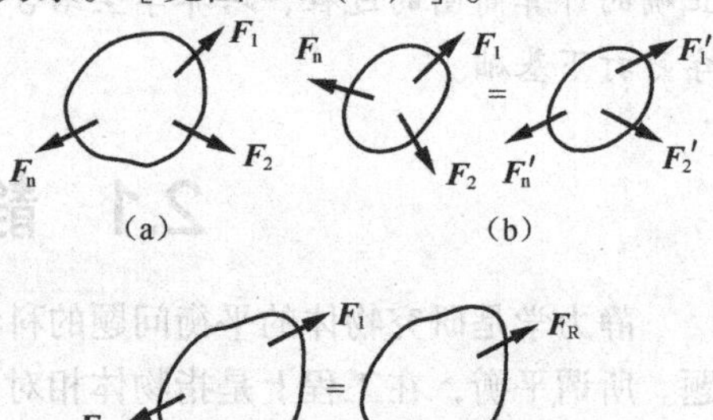

图 2-3

2.1.3 平衡的概念

所谓物体的平衡，工程上一般是指物体相对于地面保持静止或做匀速直线运动的状态。

要使物体处于平衡状态，作用于物体上的力系必须满足一定的条件，这些条件称为力系的平衡条件；作用于物体上并正好使之保持平衡的力系则称为平衡力系。静力学研究物体的平衡问题，实际上就是研究作用于物体上的力系的平衡条件，并利用这些条件解决工程中的实际问题。

2.2 静力学公理

静力学公理是人类在长期的生产和生活实践中，经过反复观察和实验总结出来的客观规律，

它正确地反映和概括了作用于物体上的力的一些基本性质，是静力学的基础。静力学的全部理论，即关于力系的简化和平衡条件的理论，都是以这些公理为依据而得出的。

公理 1　二力平衡公理

作用于同一刚体上的两个力，使刚体处于平衡状态的必要与充分条件是：这两个力大小相等，方向相反，且作用于同一直线上（简称等值、反向、共线）（见图 2-4）。

$$F_1 = -F_2 \tag{2-1}$$

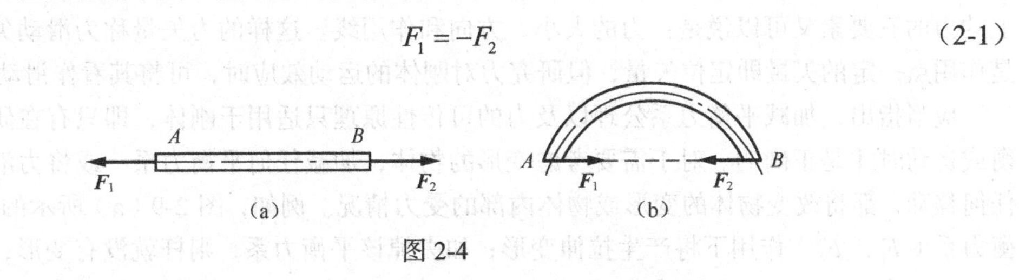

图 2-4

这个公理揭示了作用于物体上的最简单的力系在平衡时所必须满足的条件，它是静力学中最基本的平衡条件。对于刚体来说，这个条件既是必要的又是充分的，但对于变形体，这个条件是不充分的。例如，软绳在受到两个等值反向共线的拉力作用时可以平衡，而在受到两个等值反向共线的压力作用时就不能平衡（见图 2-5）。

值得注意的是，两个力等值、反向、共线这三个条件对于使刚体处于平衡来说是缺一不可的。例如，图 2-6 中所示的两个力 F_1 和 F_2，尽管 $F_1 = -F_2$，但不足以使刚体处于平衡。

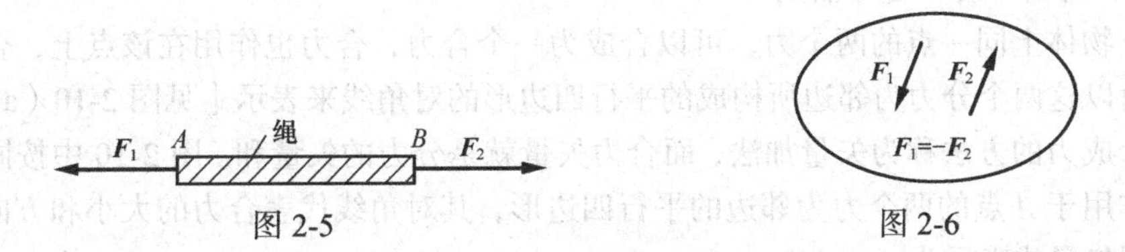

图 2-5　　　　图 2-6

在两个力作用下处于平衡的物体称为二力构件；若为杆件，则称为二力杆。根据二力平衡公理可知，作用在二力构件上的两个力，它们必会通过两个力作用点的连线（与杆件的形状无关），且等值、反向。

图 2-7（a）所示构件 *BC*，不计其自重时，就可视为二力构件，其受力情况如图 2-7（b）所示。

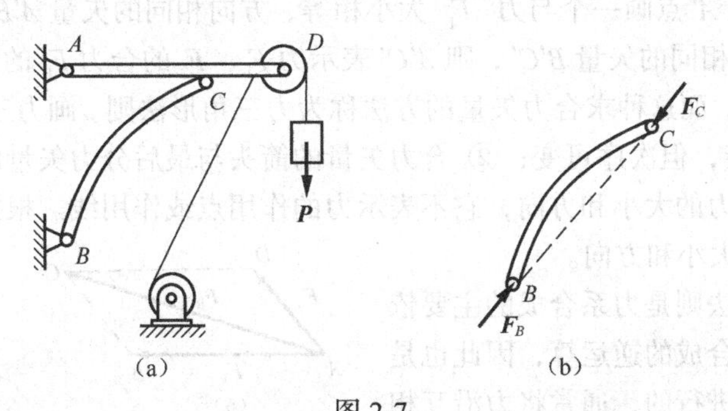

图 2-7

公理 2　加减平衡力系公理

在作用于刚体的力系中，加上或减去任一平衡力系，并不改变原力系对刚体的作用效应。这是因为平衡力系对刚体作用的总效应等于零，它不会改变刚体的平衡或运动的状态。

应用这个公理可以推导出作用于刚体上的力的一个重要性质——力的可传性原理。

推论 1：力的可传性原理 作用于刚体上的力，可沿其作用线移动至该刚体上的任意点而不改变它对刚体的作用效应。例如，图 2-8 中在车后 A 点加一水平力 F 推车，与在车前 B 点加一水平力 F 拉车，对于车的运动而言，其效果是一样的。

根据力的可传性原理可知，力在刚体上的作用点已为它的作用线所代替，所以作用于刚体上的力的三要素又可以说是：力的大小、方向和作用线。这样的力矢量称为滑动矢量。力虽然是作用点一定的矢量即定位矢量，但研究力对刚体的运动效应时，可将其看作滑动矢量。

应当指出，加减平衡力系公理以及力的可传性原理只适用于刚体，即只有在研究刚体的平衡或运动时才是正确的。对于需要考虑变形的物体，加减任何平衡力系，或将力沿其作用线做任何移动，都将改变物体的变形或物体内部的受力情况。例如，图 2-9（a）所示的杆 AB，在平衡力系（F_1，F_2）作用下将产生拉伸变形；如去掉该平衡力系，则杆就没有变形；如根据力的可传性，将这两个力沿作用线分别移到杆的另一端，如图 2-9（b）所示，则该杆就要产生压缩变形。

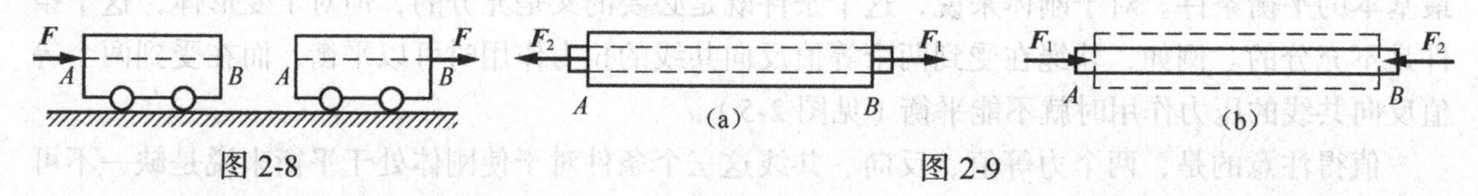

图 2-8　　图 2-9

公理 3　力的平行四边形法则

作用于物体上同一点的两个力，可以合成为一个合力，合力也作用在该点上，合力的大小和方向则由以这两个分力为邻边所构成的平行四边形的对角线来表示［见图 2-10（a）］。

这种合成力的方法称为矢量加法，而合力矢量就是分力的矢量和。图 2-10 中按同一比例尺画出了以作用于 A 点的两个力为邻边的平行四边形，其对角线代表合力的大小和方向。三个力的关系可用矢量式表示为

$$F_R = F_1 + F_2 \tag{2-2}$$

应该指出，式（2-2）是矢量等式，它与代数等式 $F_R = F_1 + F_2$ 的意义完全不同，不能混淆。

从图 2-10（a）容易看出，在用矢量加法求合力矢量时，只要画出力的平行四边形的一半，即一个三角形就可以了。为了使图形清晰起见，常把这个三角形画在力所作用的物体之外。如图 2-10（b）所示，从 A' 点画一个与力 F_1 大小相等、方向相同的矢量 $A'B'$，过 B' 点画一个与力 F_2 大小相等、方向相同的矢量 $B'C'$，则 $A'C'$ 表示力 F_1、F_2 的合力 F_R 的大小和方向。三角形 $A'B'C'$ 称为力三角形，而这种求合力矢量的方法称为力三角形法则。画力三角形时，必须遵循：① 分力矢量首尾相接，但次序可变；② 合力矢量的箭头与最后分力矢量的箭头相连。还应注意，力三角形只表明力的大小和方向，它不表示力的作用点或作用线。根据力三角形，可用三角公式来表达合力的大小和方向。

力的平行四边形法则是力系合成的主要依据。力的分解是力的合成的逆运算，因此也是按平行四边形法则来进行的，通常将力沿互相垂直方向分解为两个分力，如图 2-11 所示。

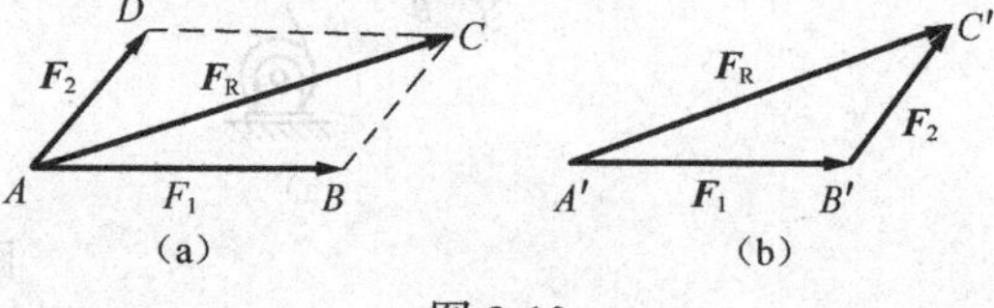

图 2-10

推论 2：三力平衡汇交定理 一刚体受到共面而又互不平行的三个力作用而平衡时，此三个力的作用线必汇交于一点，如图 2-12 所示。

应当指出，三力平衡汇交定理只说明了不平行的三力平衡的必要条件，而不是充分条件。

它常用来确定刚体在不平行三力作用下平衡时，其中某一未知力的作用线。

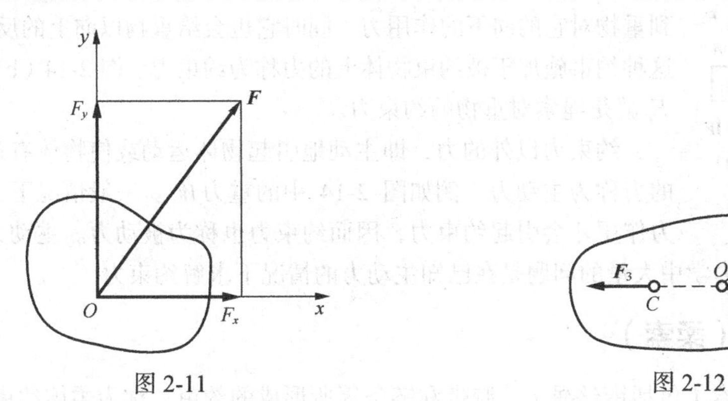

图 2-11　　图 2-12

公理 4　作用与反作用定律

两物体间相互作用的力，总是大小相等、方向相反，且沿同一直线分别作用在相互作用的两个物体上。

这个公理概括了自然界中物体间相互机械作用的关系，表明作用力和反作用力总是成对出现的。

如图 2-13(a)所示情况下，重物作用于绳索下端的力 F_N 必与绳索下端反作用于重物的力 F_N' [见图 2-13（b）] 等值，它们作用在同一直线上，只是指向相反。同样地，绳索上端作用于吊钩上的力 F_{N1} 与吊钩反作用于绳索上端的力 F_{N1}' [见图 2-13（c）] 等值。同理可知，重物的重力 P 既然是地球对于重物的作用力，那么重物对于地球必作用有大小亦为 P 但指向向上的力（图中未示出）。

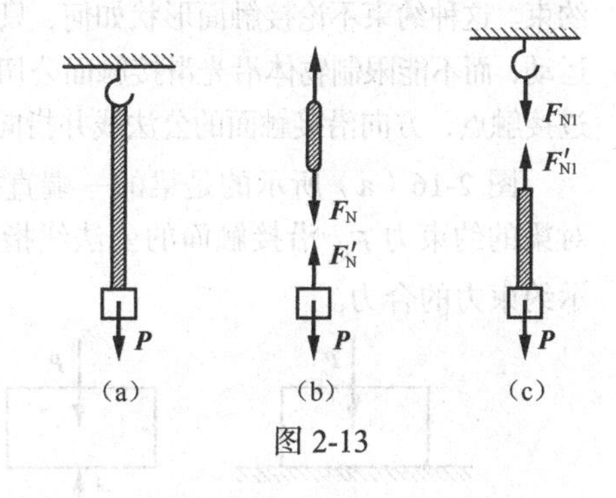

图 2-13

必须强调的是，大小相等、方向相反且沿同一直线的作用力与反作用力，它们分别作用在两个不同的物体上，因此，绝不可认为这两个力互相平衡。这与二力平衡公理中所说的两个力是有区别的，后者是作用在同一刚体上的，且只有当这一刚体处于平衡时，它们才等值、反向且共线。例如，图 2-13（b）中作用于重物上的力 F_N' 和 P 才是一对平衡力。至于作用力与反作用力，它们的等值、反向、共线是无条件的，即使运动状态处于改变中的两个物体之间也是这样。

2.3　约束与约束反力

自由体与非自由体：在空间能向一切方向自由运动的物体（如空中的飞鸟等），称为自由体。当物体受到其他物体的限制，因而不能沿某些方向运动时，这种物体就成为了非自由体，如悬挂在绳索上的重球、支承于墙上的梁、沿钢轨行驶的列车等都是非自由体。

约束：在各种机器及工程结构中，每一构件都根据工作要求以一定方式与周围的其他构件相联系着，因而前者的运动都受到后者的某些限制，这种对非自由体的运动起限制作用的物体便是该非自由体的约束。例如，图 2-14 中，绳索就是重物的约束；再如，钢轨就是列车的约束，等等。

约束既然限制了物体的某些运动，那它就必然承受着物体对它的作用力，与此同时，它也

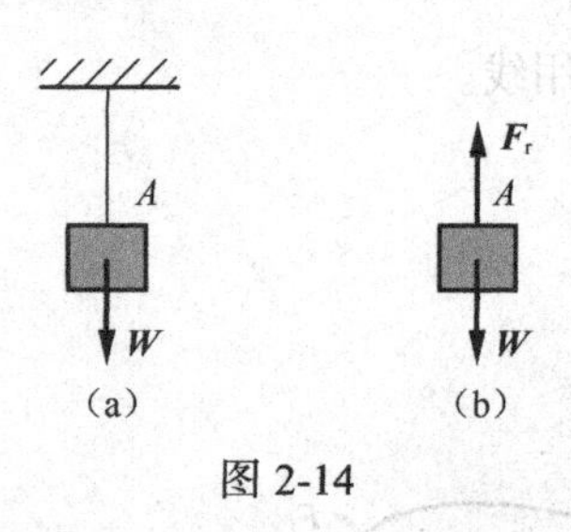

图 2-14

将给予该物体以反作用力。例如，绳索要阻止重物下落，它就会受到重物对它的向下的作用力，同时它也会给重物以向上的反作用力。这种约束施加于被约束物体上的力称为约束力。图 2-14（b）中的力 F_T 就是绳索对重物的约束力。

约束力以外的力，即主动地引起物体运动或使物体有运动趋势的力称为主动力。例如图 2-14 中的重力 W。一般情况下，有主动力作用才会引起约束力，因而约束力也称为被动力。主动力往往是给出的已知条件，静力学中大量的问题是在已知主动力的情况下求解约束力。

2.3.1　柔体约束（柔索）

工程上常用的绳索（包括钢丝绳）、胶带和链条等所形成的约束，称为柔体约束。这类约束的物理性质决定了它们只能承受拉力而不能抵抗压力，也不能抵抗弯曲。当物体受到柔体约束时，柔索只能限制物体沿柔索伸长方向的运动，因此柔索的约束力只能是拉力。其作用在连接点处，方向沿柔性体的轴线（即长度方向）背离物体，用 F_T 表示。图 2-14（a）中的绳索只能阻止重物向下（即沿绳索伸长的方向）的运动，因此它所产生的约束力 F_T 竖直向上，其指向背离接触点，如图 2-14（b）所示。

2.3.2　光滑面约束

工程实际中，物体接触面之间一般都会存在摩擦力。当摩擦力很小而可略去不计时，就是光滑面约束。这种约束不论接触面形状如何，只能限制物体沿接触面的公法线方向向光滑面内（接触面）的运动，而不能限制物体沿光滑接触面公切线方向或离开接触面的运动。因此，光滑接触面约束反力通过接触点，方向沿接触面的公法线并指向被约束物体，只能是压力，常用 F_N 表示。如图 2-15 所示。

图 2-16（a）所示的是梁的一端直接搁在平板支座 A 上的情况，若略去摩擦力，则支座 A 对梁的约束力 F_{NA} 沿接触面的公法线指向梁体［见图 2-16（b）］。图中所画的力 F_{NA} 实际上表示约束力的合力。

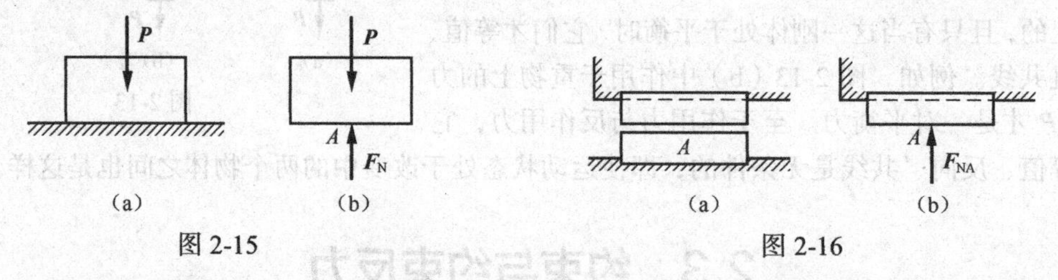

图 2-15　　图 2-16

如两物体沿一条线或在一个点相接触，且摩擦力可以忽略不计，则称为光滑线（或点）接触。图 2-17（a）所示的是一弧形支座，上面一块钢板的底面是平面，底座的顶面是圆柱面，常用于小跨度桥梁上。约束力 F_{NA} 通过接触点并沿接触面的公法线指向梁体［见图 2-16（b）］。

图 2-18 至图 2-21 所示的也是光滑面约束的例子，读者要注意图中所示约束力的方向。

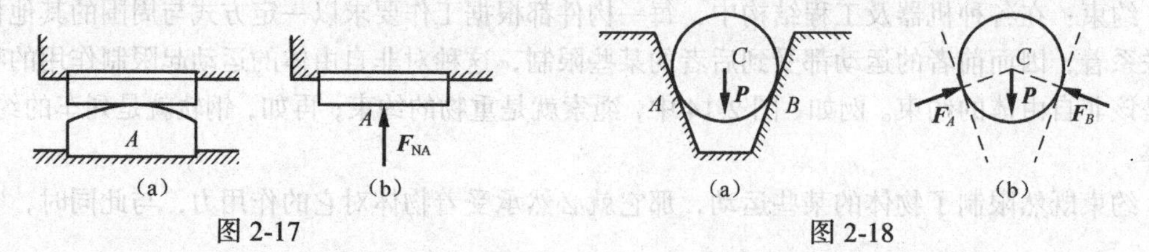

图 2-17　　图 2-18

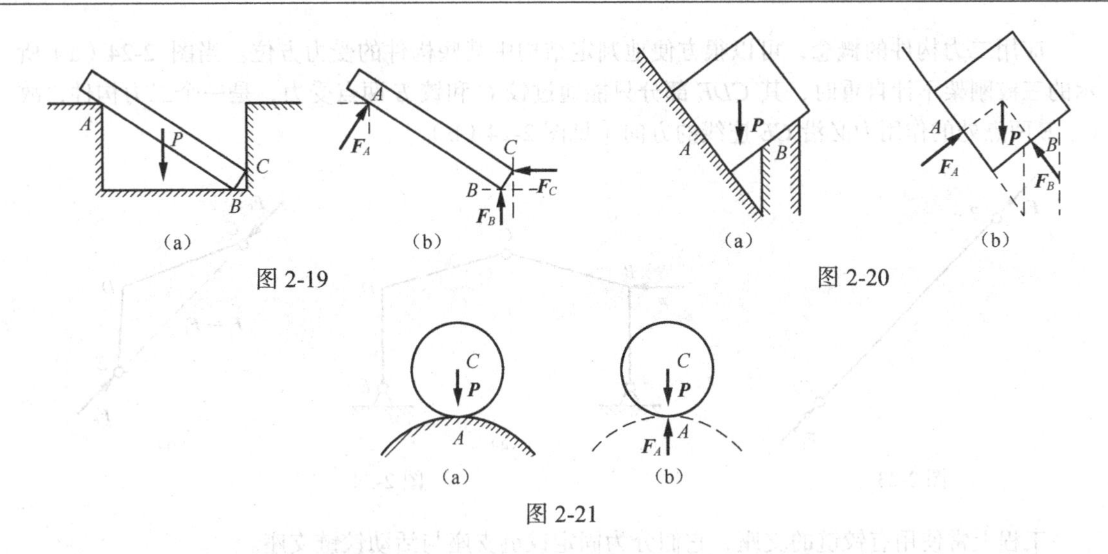

(a)　(b)

图 2-19

(a)　(b)

图 2-20

(a)　(b)

图 2-21

2.3.3 光滑圆柱形铰链约束

光滑圆柱形铰链约束简称圆柱铰。它是由两个制有直径相同的圆孔的构件采用圆柱定位销钉所形成的连接，如图 2-22（a）、（b）所示。

如果销钉与圆孔的接触面是光滑的，则这种约束只能限制物体 A 在垂直于销钉轴线的平面内任何方向的移动，而不能限制物体 A 绕销钉转动。因此，当外力作用在垂直于销钉轴线的平面内时，铰链的约束力作用在圆孔与销钉的接触点上，垂直于销钉轴线，并通过销钉的中心，如图 2-22（c）中所示的 F_N；不过，由于接触点的位置未知，故该约束力的方向不定。这种约束力通常用两个互相垂直且过铰链中心的分力 F_x 和 F_y 来表示［见图 2-21（d）］。两分力的指向可以任意假设，其正确性要根据计算结果来判定。

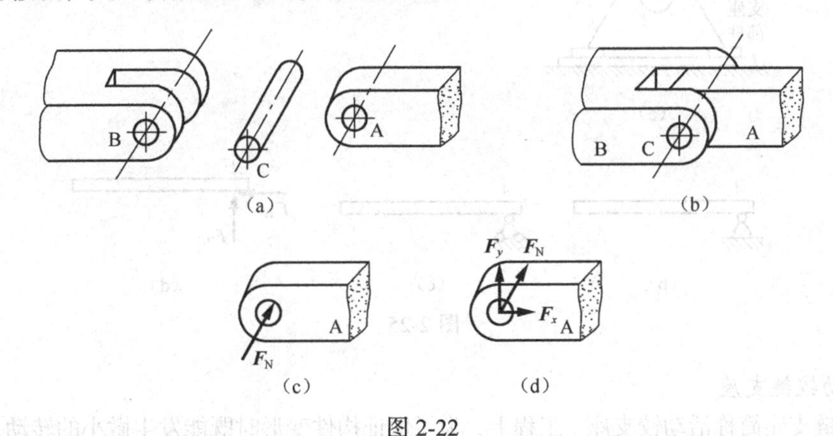

(a)　(b)

(c)　(d)

图 2-22

1. 二力构件

只在两点受力而处于平衡状态的构件称为二力构件。如果二力构件是直杆，称为二力杆或链杆。如图 2-23 所示，B、C 两点处为光滑铰链连接，一般其约束力的方向不能确定，但当 BC 杆自重不计时，它只在 B、C 两点受力而平衡，根据二力平衡公理可知，F_B 与 F_C 必沿 B、C 的连线，它们大小相等，方向相反，指向可假定（图中设为受压，根据计算结果再判断其假定是否符合实际）。链杆常常可视为一种约束。

应用二力构件的概念，可以很方便地判定结构中某些构件的受力方位。当图 2-24（a）所示的三铰刚架不计自重时，其 CDE 部分只能通过铰 C 和铰 E 两点受力，是一个二力构件，故 C、E 两点处的作用力必沿 CE 连线的方向［见图 2-24（b）］。

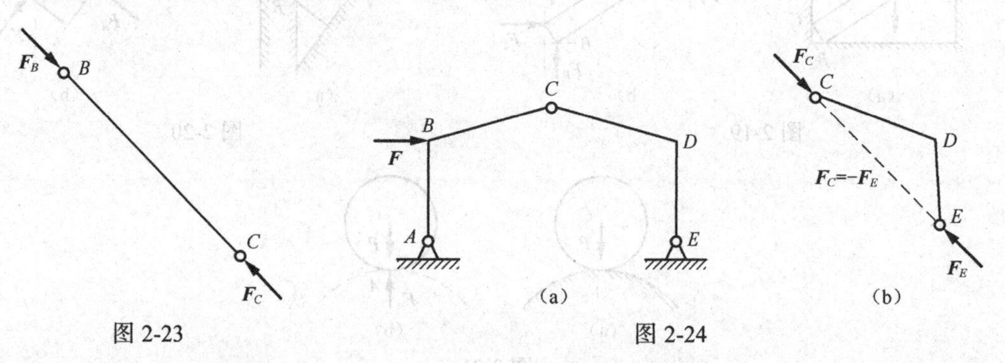

图 2-23　　图 2-24

工程上常使用有铰链的支座，它们分为固定铰链支座与活动铰链支座。

2. 固定铰链支座

固定铰链支座简称固定铰支座。当圆柱铰链连接的两构件中的任一构件固定于地面、墙、柱或机身等支承物上时，便构成固定铰支座。图 2-25（a）所示为桥梁上所用的一种固定铰支座的构造示意图，图 2-25（b）、（c）所示的都是这种支座当梁在垂直于销钉轴线平面内工作时的简图。这种支座的约束力如图 2-25（d）所示。

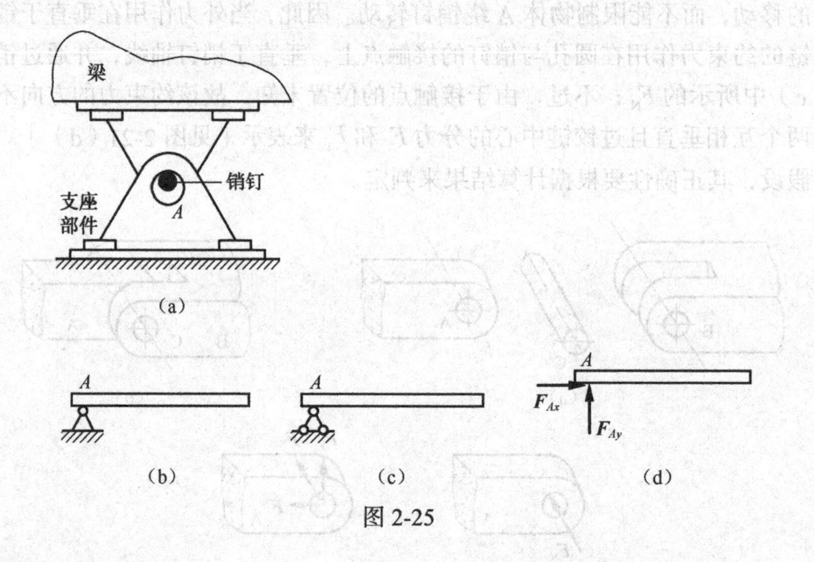

图 2-25

3. 活动铰链支座

活动铰链支座简称活动铰支座。工程上，为了保证构件变形时既能发生微小的转动，又能发生微小的移动，可将结构或构件的铰支座用几个辊轴（滚柱）支承在光滑的支承面上，构成活动铰支座，这种支座也称辊轴支座，如图 2-26（a）所示。由于辊轴的作用，被支承的梁可沿支承面的切线方向运动，故当作用力作用在垂直于销钉轴线的平面内时，活动铰支座的约束力必通过铰链中心，垂直于支承面，指向待定。在此情况下，这种支座的简图如图 2-26（b）、（c）或（d）所示；其约束力如图 2-26（e）所示。

4. 定向支座

定向支座又称定向滑动支座、滑动支座或双链杆支座。这种支座只允许被支撑的杆端沿一

个方向自由移动，而不能沿其他方向产生位移或转动，如图 2-27（a）所示。在荷载作用下，它能提供垂直于移动方向的约束反力和限制杆转动的端约束力矩。在计算简图中，可用两根垂直于支承面的平行支杆来表示，如图 2-27（b）、（c）所示。

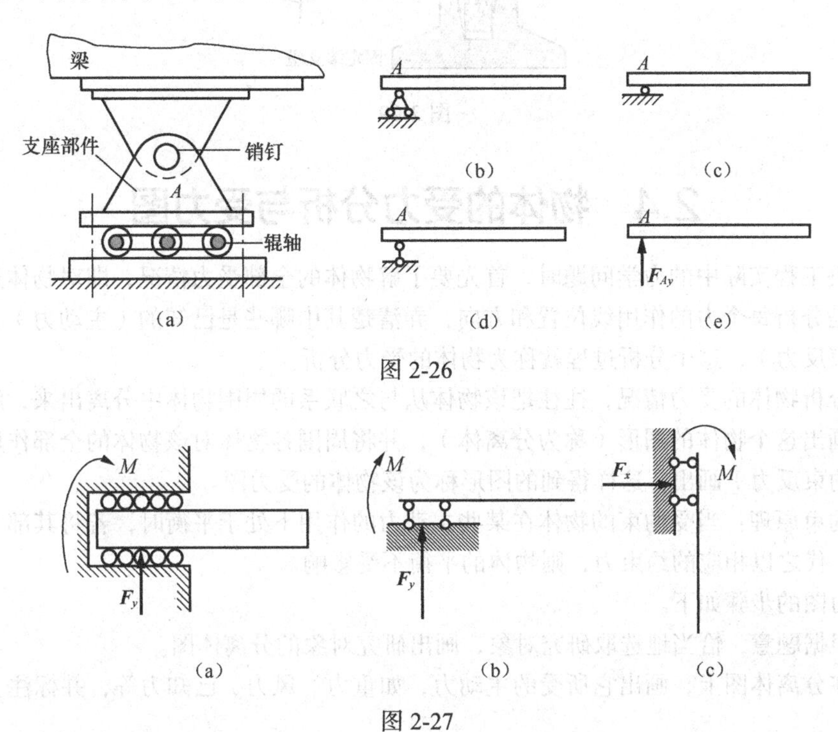

图 2-26

图 2-27

2.3.4　固定端支座

房屋建筑中的挑梁，它的一端嵌固于墙内，墙对挑梁的约束既限制它沿任何方向的移动，又限制它的转动，这样的约束称为固定端支座。其构造简图如图 2-28（a）所示，计算简图如图 2-28（b）所示。

由于这种支座在连接处具有较大的刚性，被约束的物体在该处被完全固定，既不允许相对移动也不可转动，所以固定端支座的约束反力，一般用两个互相垂直的分力和一个约束反力偶来代替，如图 2-28（c）、图 2-29 所示。

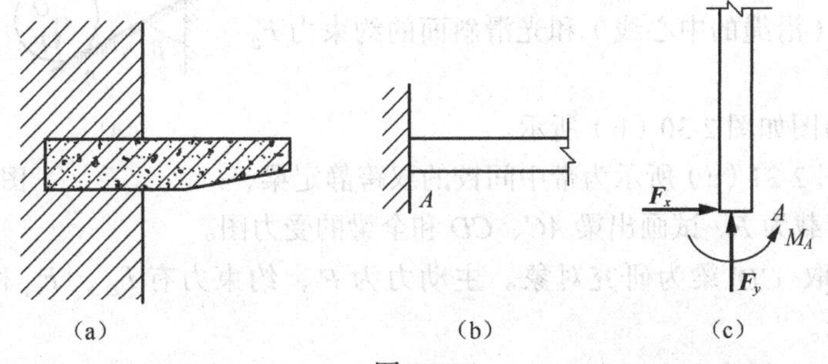

图 2-28

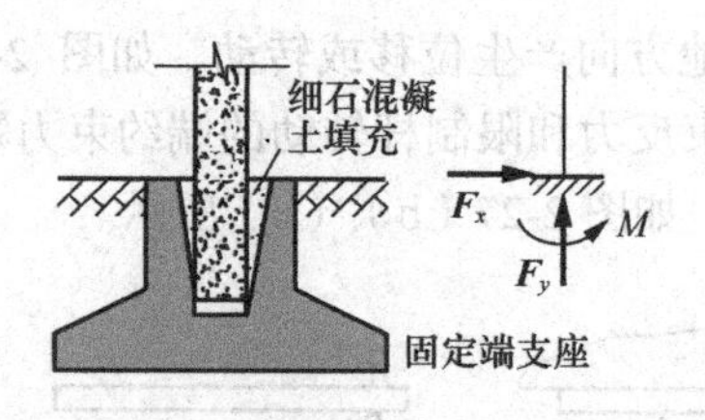

图 2-29

2.4 物体的受力分析与受力图

在解决工程实际中的力学问题时，首先要了解物体的全部受力情况，即对物体进行受力分析。也就是分析每个力的作用线位置和方向，弄清楚其中哪些是已知的（主动力），哪些是未知的（约束反力），这个分析过程就称为物体的受力分析。

为了分析物体的受力情况，往往把该物体从与之联系的周围物体中分离出来，解除全部约束，单独画出这个物体的图形（称为分离体），并将周围各物体对该物体的全部作用力（包括主动力和约束反力）画出，这样得到的图形称为该物体的受力图。

解除约束原理：当受约束的物体在某些主动力的作用下处于平衡时，若将其部分或全部的约束除去，代之以相应的约束力，则物体的平衡不受影响。

画受力图的步骤如下。

（1）根据题意，恰当地选取研究对象，画出研究对象的分离体图。

（2）在分离体图上，画出它所受的主动力，如重力、风力、已知力等，并标注上各主动力的名称。

（3）根据约束的类型，画出分离体所受的约束反力，并标注上各约束反力的名称。

（4）为了计算方便，在受力图上标上有关的尺寸、角度和坐标，并写上各力作用点的名称。

画受力图不仅在静力学，而且在动力学中都是进行力学计算的重要步骤。错误的受力图必将导致错误的结果，只有正确的受力图才能得出正确的解答。因此必须熟练地掌握受力图的正确画法。下面举例加以说明。

【例 2-1】 将重量为 P 的圆球放在光滑的斜面上，并用绳索 AC 与铅直墙面连接，如图 2-30（a）所示。画出此圆球的受力图。

解：（1）取圆球为研究对象。

（2）作用在球上的主动力为重力 P，作用在球上的约束力为绳的拉力 F_C（沿绳的中心线）和光滑斜面的约束力 F_B（垂直于斜面）。

（3）球的受力图如图 2-30（b）所示。

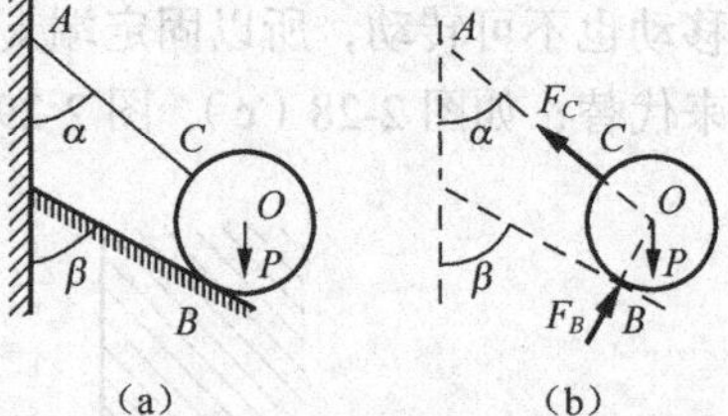

图 2-30

【例 2-2】 图 2-31（a）所示为带中间铰的双跨静定梁，C 点处为铰链，荷载为 F。试画出梁 AC、CD 和全梁的受力图。

解：（1）先取 CD 梁为研究对象。主动力为 F，约束力有 F_D、F_{Cx} 和 F_{Cy}。受力图如图 2-31（b）所示。

（2）再取（AC）梁为研究对象，其受力图如图 2-31（c）所示。其中 F'_{Cx}、F'_{Cy} 分别是 F_{Cx}、F_{Cy} 的反作用力。

（3）取全梁为研究对象，其受力图如图 2-31（d）所示。作用在全梁上的主动力为 F，约

束力为 F_{Ax} 、F_{Ay} 、F_B 、F_D 。铰链 C 处因两梁接触而互相作用的力是作用与反作用的关系，对全梁整体来说，它们是研究对象内部相互作用的力——内力，故不应画出。

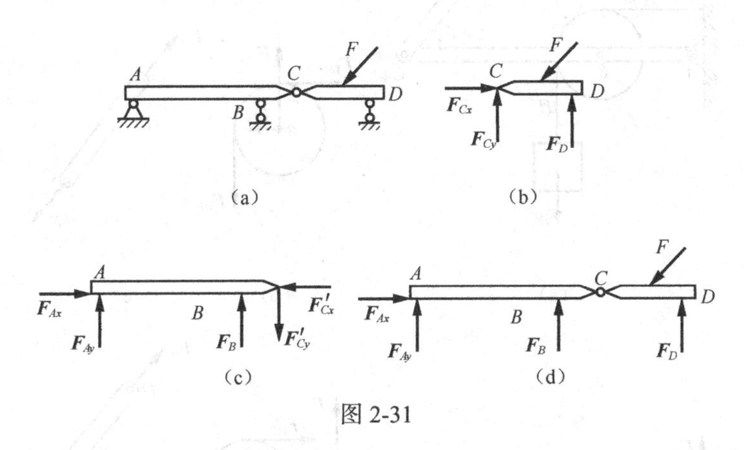

图 2-31

【例 2-3】　简支梁 AB 的 A 端为固定铰支座，B 端为活动铰支座，并放置在斜坡角为 θ 的支承面上，其上受有主动力 P、Q 作用，如图 2-32（a）所示。试画出梁的受力图，梁的自重不计。

解：（1）取梁 AB 为研究对象，除去约束画出其分离体。

（2）画出主动力。有 P 和 Q 两力。

（3）画出约束反力。梁 AB 的受力图如图 2-32（b）所示。

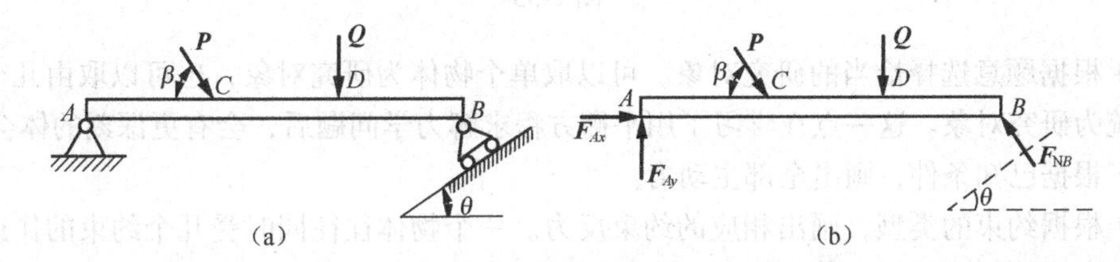

图 2-32

【例 2-4】　图 2-33（a）所示的结构由杆 AC、CD 与滑轮 B 铰接组成。物体重 W，用绳子挂在滑轮上。如杆、滑轮及绳子的自重不计，并忽略各处的摩擦，试分别画出滑轮 B（包括绳索），杆 AC、CD，以及整个系统的受力图。

解：（1）以滑轮及绳索为研究对象，画出分离体图。其受力图如图 2-33（b）所示。

（2）以 CD 杆为研究对象，画出分离体图，其受力图如图 2-33（c）所示。

（3）以 AC 杆为研究对象，画出分离体图。其受力图如图 2-33（d）所示。

（4）以整个系统为研究对象，画出分离体图。系统所受的外力有：主动力 W ，约束反力 F_D 、F_{TE} 、F_{Ax} 及 F_{Ay} 。其受力图如图 2-33（e）所示。

☼注意

（1）画受力图时一定要分清内力与外力，内力总是以等值、共线、反向的形式存在，故物体系统内力的总和为零。因此，取物体系统为研究对象画受力图时，只画外力而不画内力。

（2）二力杆、三力杆的判断。

综上所述，要正确地画出受力图，必须熟练掌握以下几点。

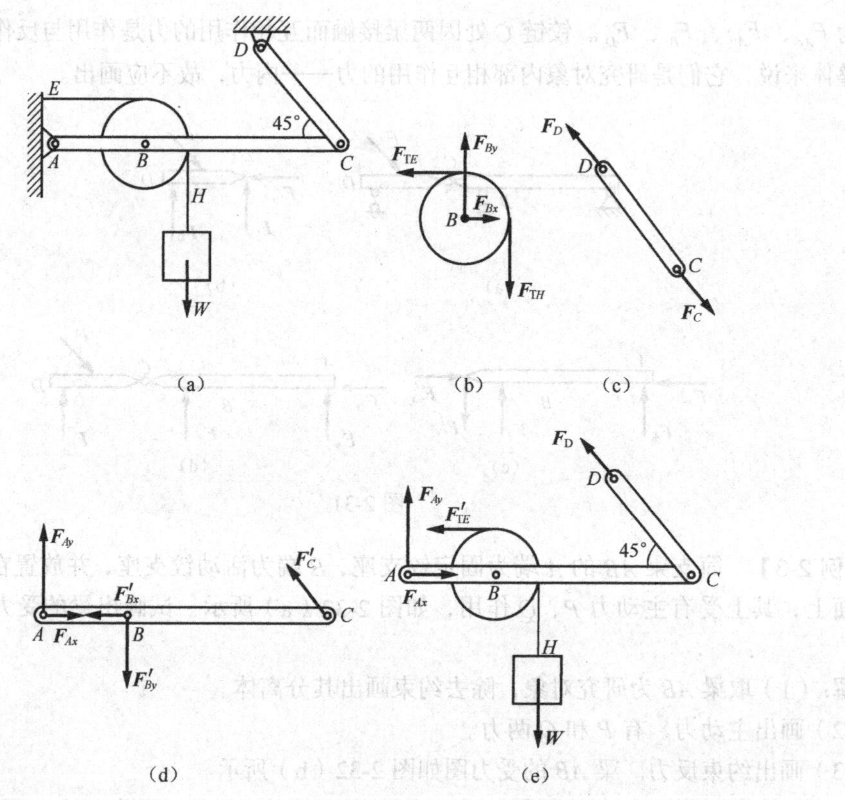

图 2-33

（1）根据题意选择恰当的研究对象。可以取单个物体为研究对象，也可以取由几个物体组成的系统为研究对象。这一点在学习了用平衡方程求解力学问题后，会有更深刻的体会。

（2）根据已知条件，画出全部主动力。

（3）根据约束的类型，画出相应的约束反力。一个物体往往同时受几个约束的作用，应根据每个约束的特征确定约束反力的个数和方位。

2.5 结构的计算简图

2.5.1 结构的计算简图的概念

采用简化的图形代替实际的工程结构，这种简化了的图形称为结构的计算简图。

在选取结构的计算简图时，应当遵循如下两个原则。

（1）尽可能正确地反映结构的主要受力情况，使计算的结果接近实际情况，有足够的精确性。

（2）要忽略对结构的受力情况影响不大的次要因素，使计算工作尽量简化。

2.5.2 计算简图简化的内容

对于实际结构主要从杆件的简化、结点的简化、支座的简化以及荷载的简化四个方面来进行。

1. 杆件的简化

实际的工程结构，一般都是由若干构件或杆件按照某种方式组成的空间结构。首先要把这

种空间形式的结构，根据其实际的受力情况，简化为平面状态；而对于构件或杆件，则用其纵向轴线（画成粗实线）来表示，如梁、柱等构件的纵向轴线为直线就用相应的直线表示，而曲杆、拱等构件的纵向轴线为曲线，则用相应的曲线表示。

2. 结点的简化

在结构中，杆件与杆件相互连接处称为结点。不同的结构，如钢筋砼结构、钢结构、木结构等，由于材料不同，构造形式多种多样，因而连接的方法也各不相同。但在结构计算简图中，根据结点实际构造，通常简化为两种极端理想化的基本形式：铰结点和刚结点，或者两种结点的组合形式。

（1）铰结点。铰结点的特征是其所铰接的各杆均可绕节点中心自由转动，杆件间的夹角可以改变大小，但杆件间不能相对移动（各杆的铰结端点不承受弯矩，能承受轴力和剪力），铰结点用杆件交点处的小圆圈表示。对于图 2-34 所示的木屋架节点，一般认为各杆之间可以产生比较微小的转动，所以，其杆与杆之间的连接方式，在计算简图中常简化成如图所示的铰结点。

（2）刚结点。刚结点的特征是其所连接的各杆之间既不能绕结点相对转动，也不能相对移动（各杆的刚结端点即能承受弯矩，又能承受轴力和剪力）。结构变形时，结点处各杆端之间的夹角始终保持不变。刚结点用杆件轴线的交点来表示，如图 2-35 所示。

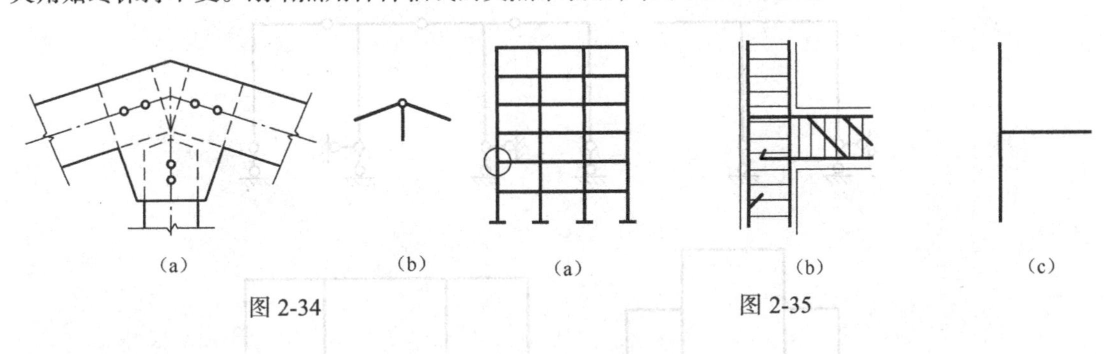

图 2-34　　　　图 2-35

3. 支座的简化

支座是结构与基础或支承物之间的连接装置，对结构起支承作用。实际结构中，基础对结构的支承形式多种多样，但根据支座的实际构造和约束特点，在平面杆件结构的计算简图中，支座可通常简化为固定铰支座、活动铰支座、固定端支座和定向支座。

在实际的工程结构中，各种支承的装置随着结构形式或者材料的差异而各不相同。在选取其计算简图时，可根据实际构造和约束情况进行恰当的简化。

4. 荷载的简化

荷载是作用在结构或构件上的主动力，其分类前面已介绍。实际结构受到的荷载，一般是作用在构件内各处的体荷载（如自重），以及作用在某一面积上的面荷载（如风压力）。在计算简图中，常把它们简化为作用在构件纵向轴线上的线荷载、集中力和集中力偶。

2.5.3　杆系结构的分类

杆系结构是指由若干杆件所组成的结构，也称为杆件结构。按照空间观点，杆系结构又可以分为平面杆系结构和空间杆系结构。凡是组成结构的所有杆件的轴线和作用在结构上的荷载都位于同一平面内的这种结构称为平面杆系结构；如果组成结构的所有杆件的轴线或作用在结构上的荷载不在同一平面内，这种结构即为空间杆系结构。

平面杆系结构，其常见的形式可以分为以下几种。

1. 梁

梁是一种最常见的结构，其轴线常为直线，有单跨以及多跨连续等形式，如图 2-36 所示。

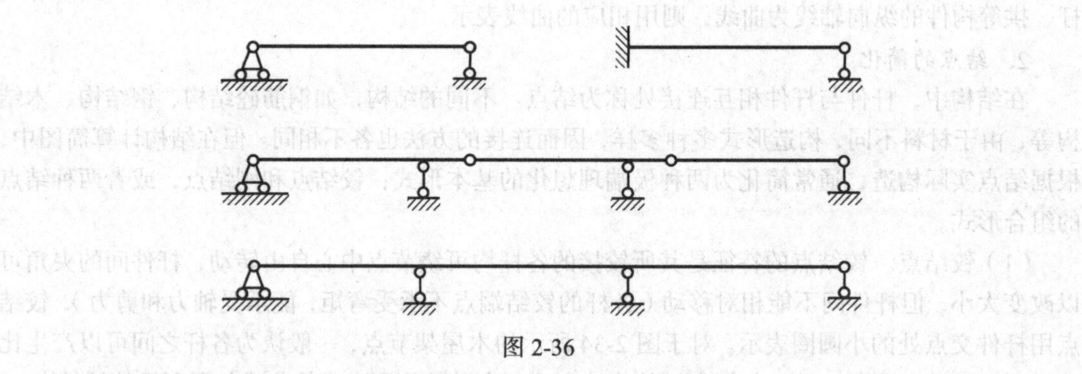

图 2-36

2. 刚架

刚架是由直杆组成，各杆主要受弯曲变形，结点大多数是刚性结点，也可以有部分铰结点，如图 2-37 所示。

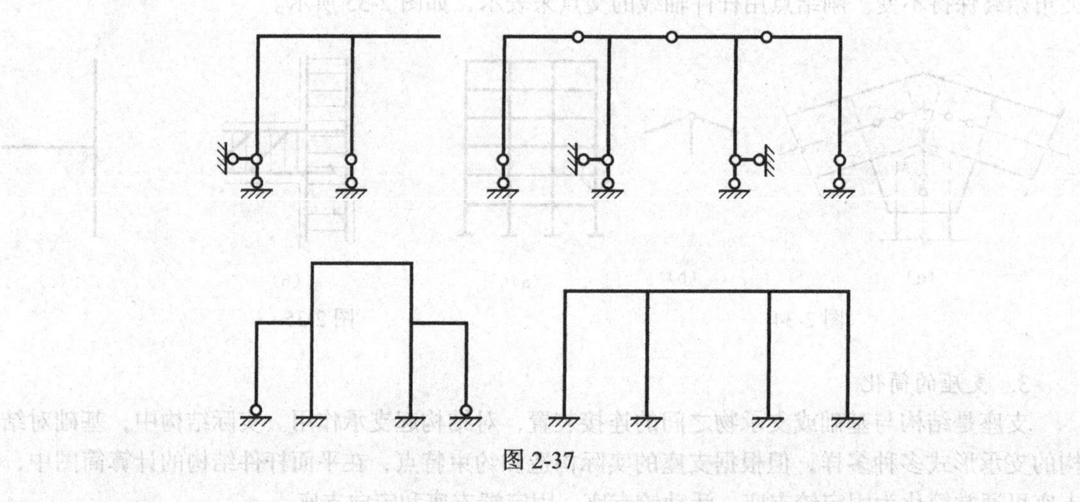

图 2-37

3. 桁架

桁架由直杆组成，各结点都假设为理想的铰结点，荷载作用在结点上，各杆只产生轴力，如图 2-38 所示。

4. 组合结构

这种结构中，一部分是桁架杆件只承受轴力，而另一部分杆件则是梁或刚架杆件，即受弯杆件，也就是说，这种结构是由两种结构组合而成的，如图 2-39 所示。

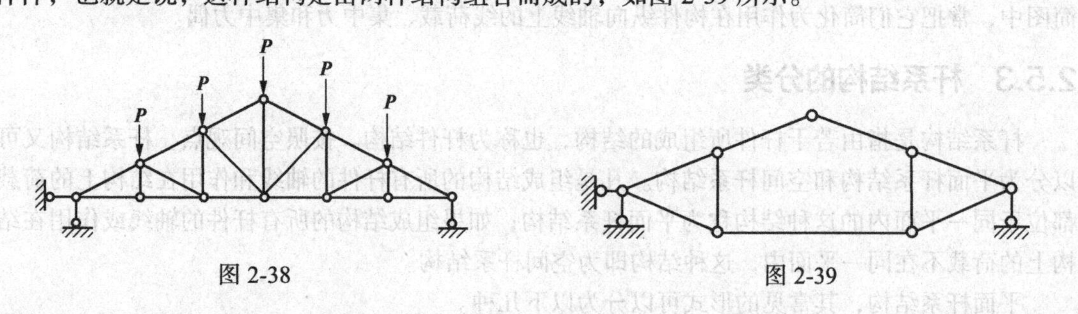

图 2-38　　图 2-39

思考题与习题

1. 在图 2-40 所示的四种情况下，力 **F** 对同一小车作用的外效应是否相同？为什么？

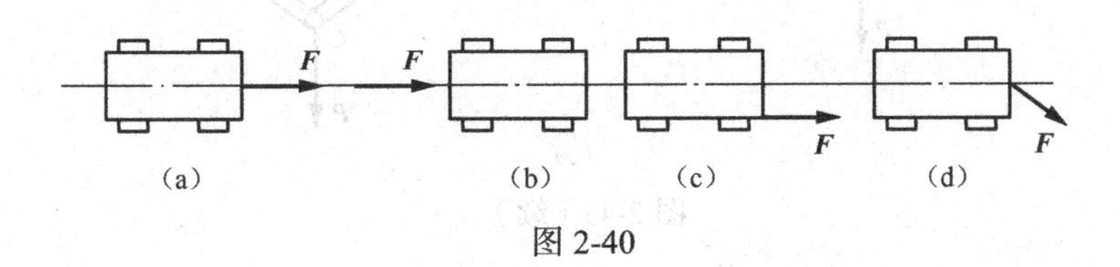

图 2-40

2. 怎样在 A 、B 两点各加一个力，使图 2-41 中所示的物体平衡？

3. 图 2-42 中所示的物体重 G，用两根绳索悬挂。问图示三种情况中，哪种情况下绳索所受到的力最大？哪种情况下绳索所受到的力最小？

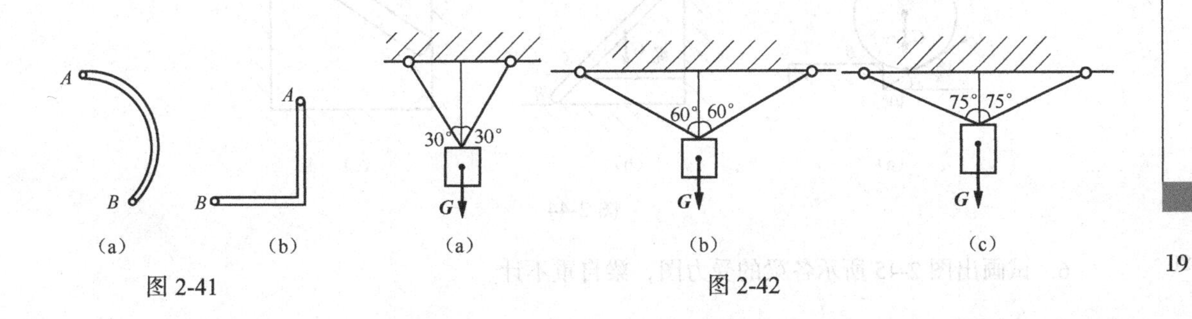

图 2-41　　图 2-42

4. 指出图 2-43 所示各物体的受力图中的错误，并加以改正。

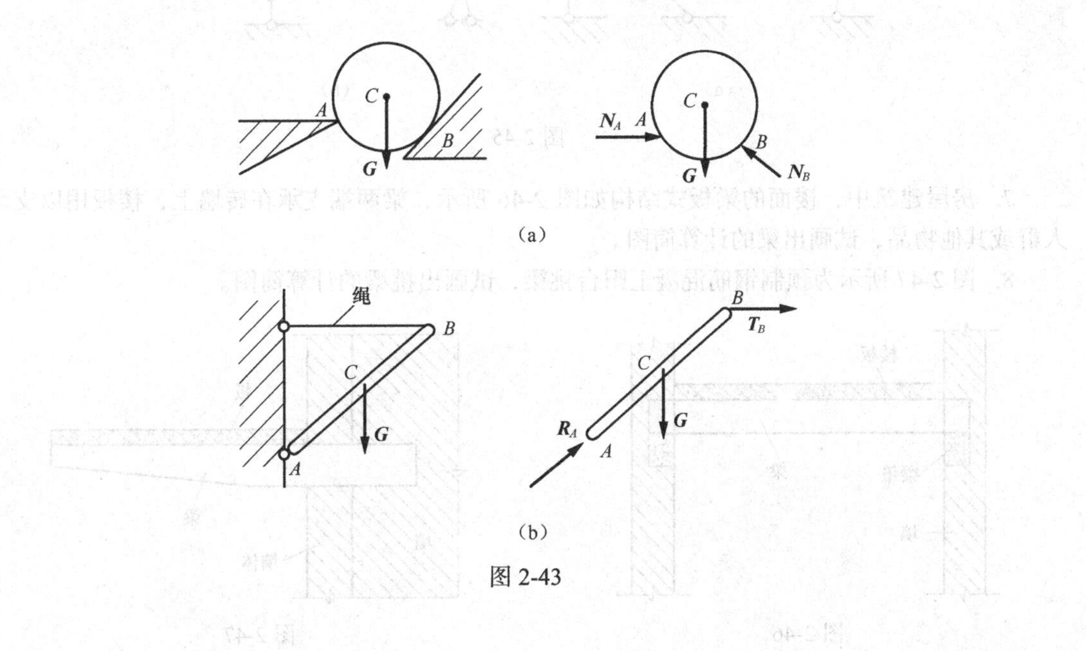

图 2-43

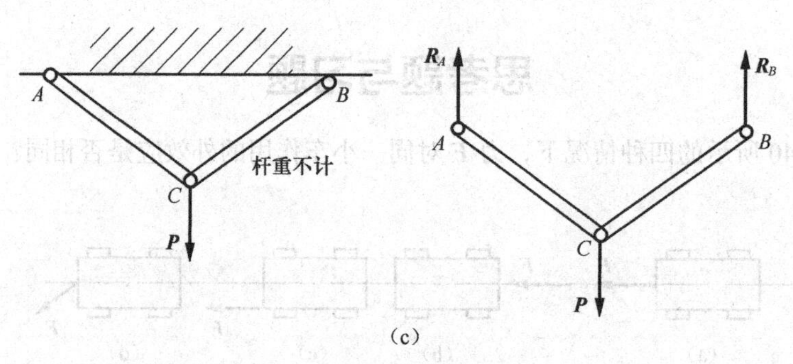

（c）

图 2-43（续）

5. 试画出图 2-44 所示各物体的受力图，假定各接触面都是光滑的。

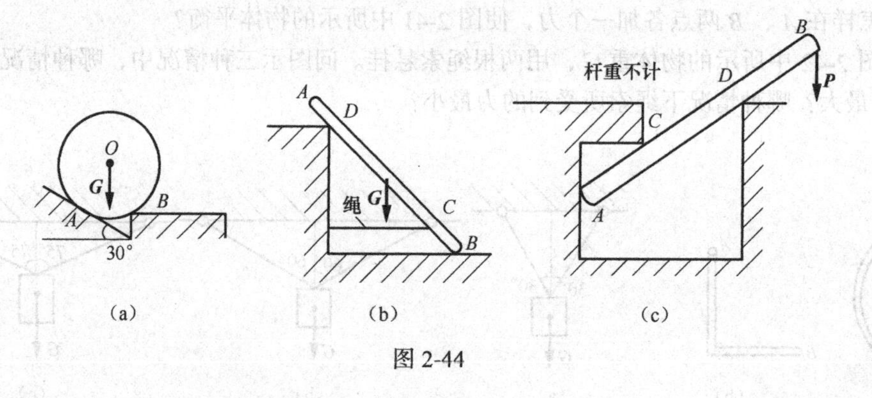

（a）（b）（c）

图 2-44

6. 试画出图 2-45 所示各梁的受力图，梁自重不计。

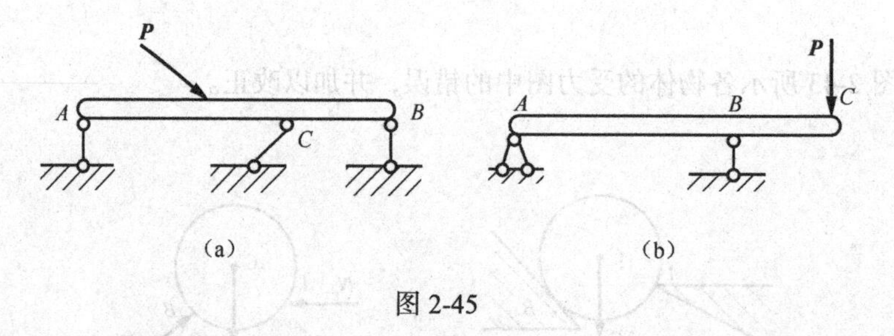

（a）（b）

图 2-45

7. 房屋建筑中，楼面的梁板式结构如图 2-46 所示，梁两端支承在砖墙上，楼板用以支承人群或其他物品，试画出梁的计算简图。

8. 图 2-47 所示为预制钢筋混凝土阳台挑梁，试画出挑梁的计算简图。

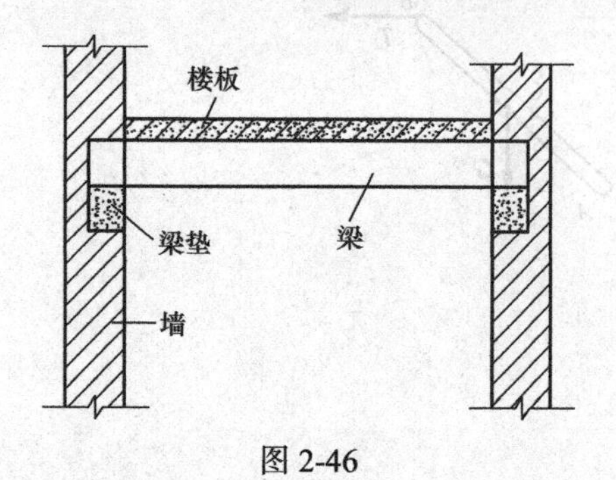

图 2-46

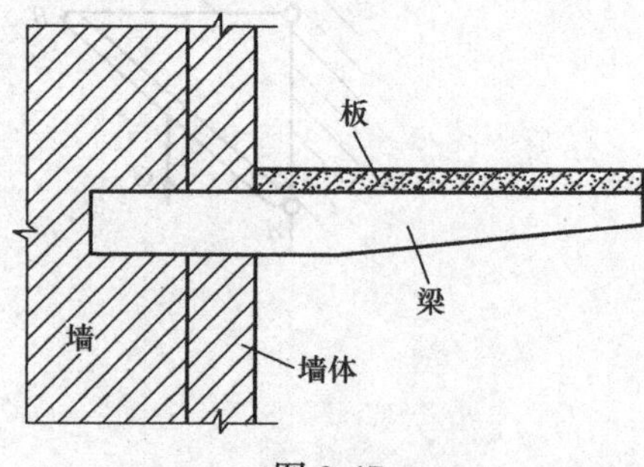

图 2-47

9．指出图 2-48 所示各物体系统中哪些杆件是二力杆？

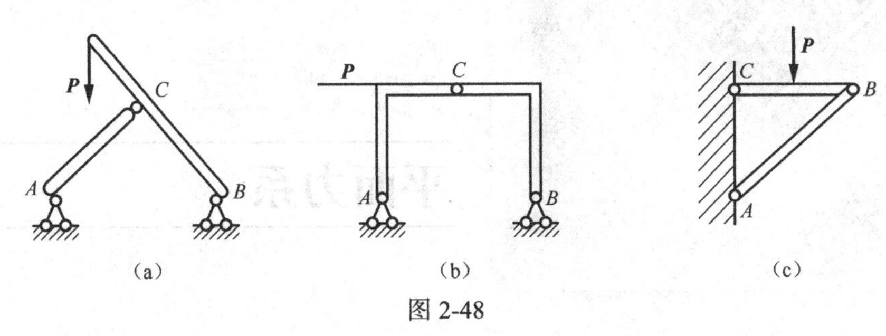

图 2-48

10．图 2-49 所示的梁 *AB* 和 *BC* 用铰链 *B* 连接，试画出梁 *AB*、*BC* 和整体的受力图（梁自重不计）。

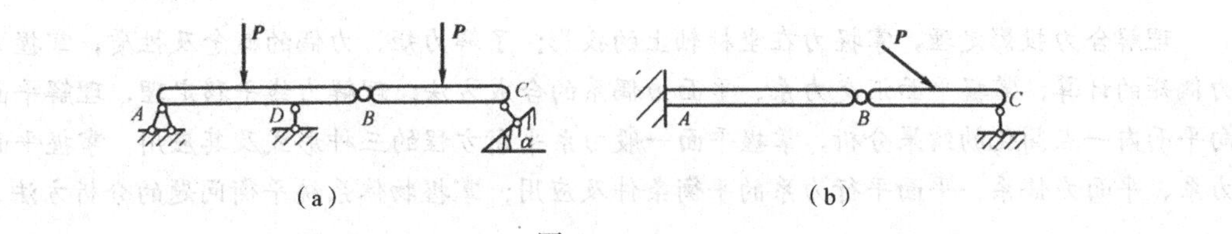

图 2-49

11．试画出图 2-50 所示各物体系统中各部分及整体的受力图。图中无注明的都不计自重，并假定所有接触面都是光滑的。

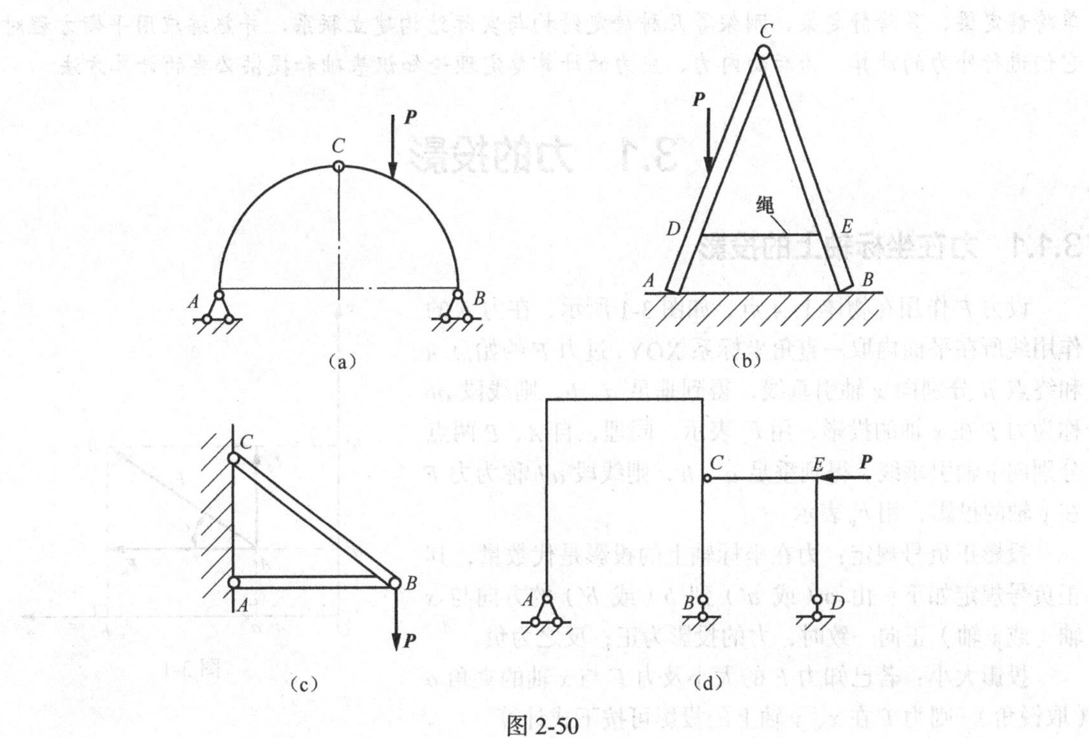

图 2-50

第3章 平面力系

知识目标

理解合力投影定理，掌握力在坐标轴上的投影；了解力矩、力偶的概念及性质，掌握力矩及力偶矩的计算；掌握平面汇交力系、平面力偶系的合成方法；理解力线平移定理，理解平面力系向平面内一点简化的结果分析，掌握平面一般力系平衡方程的三种形式及其应用，掌握平面汇交力系、平面力偶系、平面平行力系的平衡条件及应用；掌握物体系统平衡问题的分析方法。

能力目标

通过本章的学习，能理解力矩、力偶的概念；能灵活应用三种形式的平衡方程进行平面一般力系的平衡计算；能应用平面汇交力系、平面力偶系的合成与平衡条件进行计算；能对常见单跨静定梁、多跨静定梁、刚架等几种静定结构与实际结构建立联系，并熟练应用平衡方程对它们进行外力的计算，为后面内力、应力的计算奠定理论知识基础和提供必要的计算方法。

3.1 力的投影

3.1.1 力在坐标轴上的投影

设力 F 作用在物体上 A 点，如图 3-1 所示，在力 F 的作用线所在平面内取一直角坐标系 XOY，过力 F 的始点 A 和终点 B 分别向 x 轴引垂线，得到垂足 a、b，则线段 ab 称为力 F 在 x 轴的投影，用 F_x 表示。同理，自 A、B 两点分别向 y 轴引垂线，得到垂足 a'、b'，则线段 $a'b'$ 称为力 F 在 y 轴的投影，用 F_y 表示。

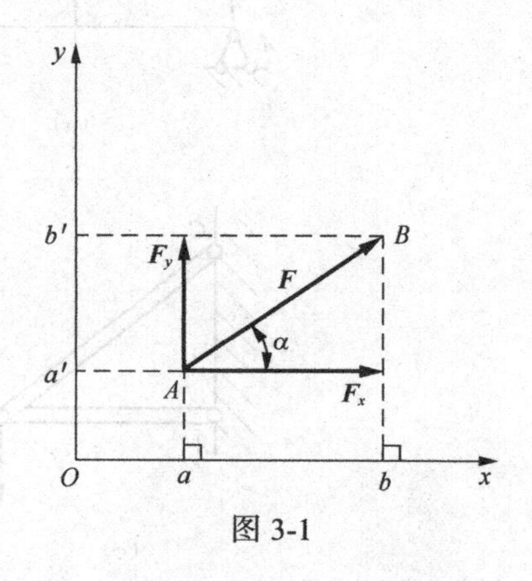

图 3-1

投影正负号规定：力在坐标轴上的投影是代数量，其正负号规定如下：由 a（或 a'）到 b（或 b'）的方向与 x 轴（或 y 轴）正向一致时，力的投影为正；反之为负。

投影大小：若已知力 F 的大小及力 F 与 x 轴的夹角 α（取锐角），则力 F 在 x、y 轴上的投影可按下式计算

$$\left.\begin{aligned} F_x &= \pm F\cos\alpha \\ F_y &= \pm F\sin\alpha \end{aligned}\right\} \tag{3-1}$$

若已知力 F 在 x、y 轴上的投影 F_x、F_y，则力 F 的大小和方向分别表示为

$$F=\sqrt{F_x^2+F_y^2} \tag{3-2}$$

$$\tan\alpha=\left|\frac{F_y}{F_x}\right| \tag{3-3}$$

α 角是锐角，至于 F 画在第几象限则由 F_x、F_y 的符号决定。

两种特殊情形如下。

（1）当力与轴垂直时，投影为零。

（2）当力与轴平行时，投影的绝对值等于力的大小。

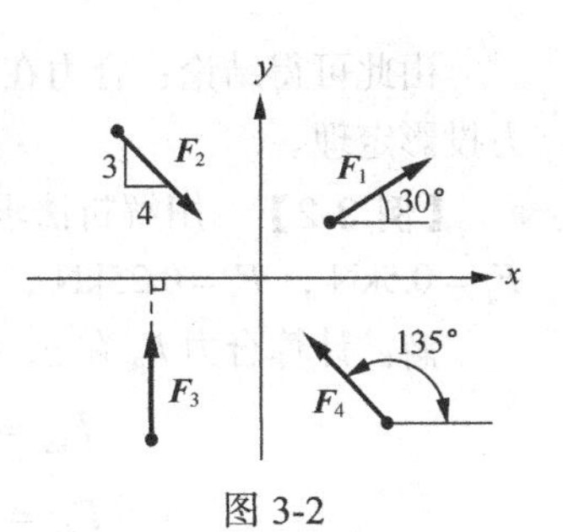

图 3-2

【例 3-1】 已知 $F_1=100\text{N}$，$F_2=50\text{N}$，$F_3=60\text{N}$，$F_4=80\text{N}$，各力方向如图 3-2 所示，试分别求各力在 x 轴和 y 轴上的投影。

解：$F_{1x}=F_1\cos30°=100\text{N}\times0.866=86.6\text{N}$

$F_{1y}=F_1\cos60°=100\text{N}\times0.5=50\text{N}$

$$F_{2x}=F_2\times\frac{4}{\sqrt{3^2+4^2}}=50\text{N}\times\frac{4}{5}=40\text{N}$$

$$F_{2y}=F_2\times\left(-\frac{3}{\sqrt{3^2+4^2}}\right)=-50\text{N}\times\frac{3}{5}=-30\text{N}$$

$$F_{3x}=F_3\cos90°=60\text{N}\times0=0$$

$$F_{3y}=F_3\cos0°=60\text{N}\times1=60\text{N}$$

$$F_{4x}=F_4\cos135°=80\text{N}\times(-0.707)=56.6\text{N}$$

$$F_{4y}=F_4\cos45°=80\text{N}\times0.707=56.6\text{N}$$

3.1.2 合力投影定理

为了用解析法求平面汇交力系的合力，必须先讨论合力及其分力在同一坐标轴上投影的关系。

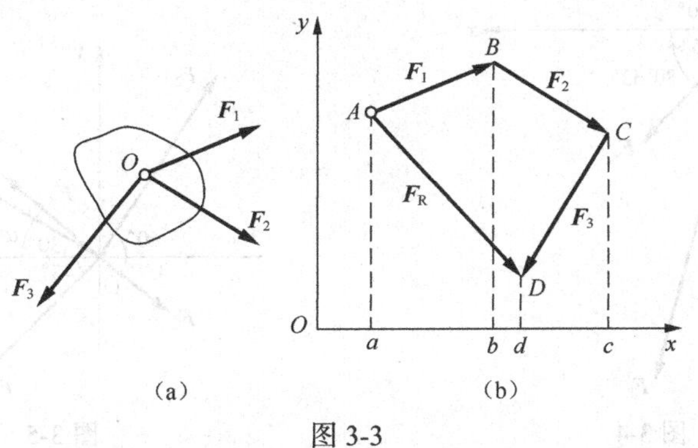

图 3-3

如图 3-3 所示，设有一平面汇交力系 F_1、F_2、F_3 作用在物体上的 O 点，如图 3-3（a）所示。从任一点 A 画出力多边形 $ABCD$，如图 3-3（b）所示。则矢量 $\overline{AD}$ 就表示该力系的合力 F_R 的大小和方向。在力的多边形 $ABCD$ 所在的平面内取任一轴 x 如图 3-3（b）示，把各力都投影在 x 轴上，并且令 F_{1x}、F_{2x}、F_{3x} 和 F_{Rx} 分别表示各分力 F_1、F_2、F_3 和合力 F_R 在 x 轴上的投影，由图 3-3（b）可见

$$F_{1x}=ab, F_{2x}=bc, F_{3x}=-cd, F_{Rx}=ad$$

而
$$ad=ab+bc-cd$$
因此可得
$$F_{Rx}=F_{1x}+F_{2x}+F_{3x}$$
这一关系可推广到 n 个汇交力的情形，即

$$F_{Rx}=F_{1x}+F_{2x}+\cdots+F_{nx}=\sum F_x \tag{3-4}$$

由此可得结论：合力在任一轴上的投影，等于各分力在同一轴上投影的代数和。这就是合力投影定理。

【例 3-2】 用解析法求图 3-4 所示平面汇交力系的合力的大小和方向。已知 $F_1=1.5\text{kN}$，$F_2=0.5\text{kN}$，$F_3=0.25\text{kN}$，$F_4=1\text{kN}$。

解：计算合力 F_R 在 x、y 轴上的投影分别为

$$F_{Rx}=\sum F_{x_i}=0-0.5+0.25\cos 60°+1\cos 45°=0.332\text{kN}$$

$$F_{Ry}=\sum F_{y_i}=-1.5+0+0.25\sin 60°-1\sin 45°=-1.99\text{kN}$$

故合力 F_R 的大小为

$$F_R=\sqrt{F_{Rx}^2+F_{Ry}^2}=\sqrt{(0.332)^2+(-1.99)^2}=2.02\text{kN}$$

合力 F_R 的方向为

$$\tan\alpha=\left|\frac{F_{Ry}}{F_{Rx}}\right|=\left|\frac{-1.99}{0.33}\right|=5.944$$

可得
$$\alpha=80°33'$$

因为 F_{Rx} 为正，F_{Ry} 为负，故合力 F_R 在第四象限，其作用线通过力系的汇交点 O。

【例 3-3】 已知某平面汇交力系如图 3-5 所示。$F_1=20\text{kN}$，$F_2=30\text{kN}$，$F_3=10\text{kN}$，$F_4=25\text{kN}$。试求该力系的合力。

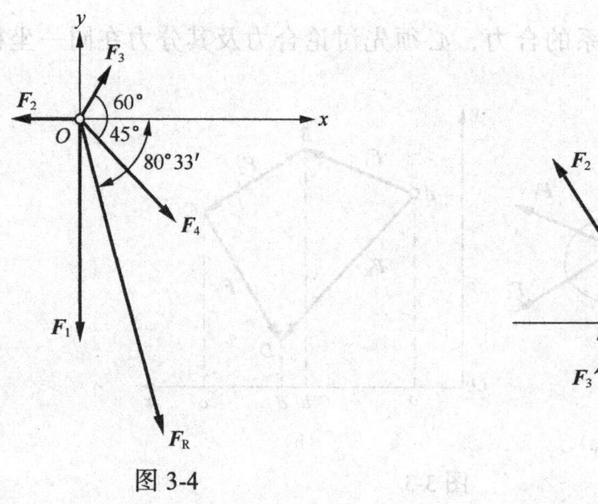

图 3-4

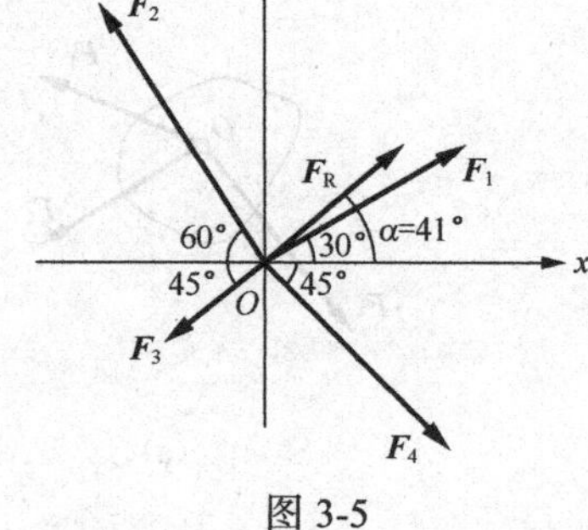

图 3-5

解：（1）建立直角坐标系 xOy 如图 3-5 所示。计算合力 F_R 在 x、y 轴上的投影。

$$\begin{aligned}F_{Rx}&=\sum F_x\\&=F_1\cos 30°-F_2\cos 60°-F_3\cos 45°+F_4\cos 45°\\&=20\times0.866-30\times0.5-10\times0.707+25\times0.707\\&=12.92\text{kN}\end{aligned}$$

$$
\begin{aligned}
F_{Ry} &= \sum F_y \\
&= F_1 \sin 30^\circ + F_2 \sin 60^\circ - F_3 \sin 45^\circ - F_4 \sin 45^\circ \\
&= 20 \times 0.5 + 30 \times 0.866 - 10 \times 0.707 - 25 \times 0.707 \\
&= 11.24\text{kN}
\end{aligned}
$$

（2）求合力的大小。有

$$
\begin{aligned}
F_R &= \sqrt{(F_{Rx})^2 + (F_{Ry})^2} \\
&= \sqrt{12.92^2 + 11.24^2} \\
&= 17.1\text{kN}
\end{aligned}
$$

（3）求合力的方向。有

$$
\tan\alpha = \frac{|F_{Ry}|}{|F_{Rx}|} = \frac{11.24}{12.92} = 0.87
$$

$$
\alpha = 41^\circ
$$

因 $F_{Rx} > 0$，$F_{Ry} > 0$；故合力 F_R 指向右上方，作用线通过原汇交力系的汇交点 O。

通过以上讨论，我们得出：平面汇交力系合成的结果是一个合力。合力的大小可以通过合力投影定理求出；合力的作用线通过原力系的汇交点，其位置和指向由 α 的大小和 F_{Rx}、F_{Ry} 的正负来确定。

3.2　力矩与力偶

3.2.1　力对点之矩

人们从实践经验中知道，力对物体的作用效果除了能使物体移动外，还能使物体转动。为了度量力对物体的转动效应，下面将引入力对点之矩的概念。

力使物体产生转动效应与哪些因素有关呢？现以扳手拧螺母为例来说明。如图 3-6 所示，在扳手的 A 点施加一力 F，将使扳手和螺母一起绕螺钉中心 O 转动，这就是说，力有使物体（扳手）产生转动的效应。实践经验表明，扳手的转动效果不仅与力 F 的大小有关，而且还与点 O 到力的作用线的垂直距离 d 有关。当 d 保持不变时，力 F 越大，转动越快。当力 F 不变时，d 值越大，转动也越快。若改变力的作用方向，则扳手的转动方向就会发生改变，因此，我们用 F 与 d 的乘积再冠以适当的正负号来表示力 F 使物体绕 O 点转动的效应，并称为力 F 对 O 点之矩，简称力矩，以符号 M_O（F）表示，即

$$
M_O(F) = \pm Fd \tag{3-5}
$$

其中，O 点称为转动中心，简称矩心。矩心 O 到力的作用线的垂直距离 d 称为力臂。式中的正负号表示力矩的转向，通常规定：力使物体绕矩心做逆时针方向转动时，力矩为正，反之为负。在平面力系中，力矩或为正值，或为负值，因此，力矩可视为代数量。

由图 3-6 可以看出，力对点之矩还可以用以矩心为顶点，以力矢量为底边所构成的三角形的面积的二倍来表示，即

$$
M_O(F) = \pm 2A_{\triangle OAB}\ \text{面积} \tag{3-6}
$$

显然，力矩在下列两种情况下等于零：①力等于零；②力的作用线通过矩心，即力臂等

于零。

力矩的单位是牛顿·米（N·m）或千牛顿·米（kN·m）。

由力矩的定义可以得到如下力矩的性质。

（1）力矩的值与矩心的位置有关，同一力矩不同矩心，其力矩不同。

（2）力的作用线通过矩心时，力矩为零。

（3）力沿其作用线任意移动时，力矩不变。

（4）合力对平面内任意一点的矩等于各分力对同一点之力矩的代数和，即 $M_O(F_R)=\sum M_O(F)$，即平面力系的合力矩定理。

【例 3-4】 分别计算图 3-7 中 F_1、F_2 对 O 点的力矩。

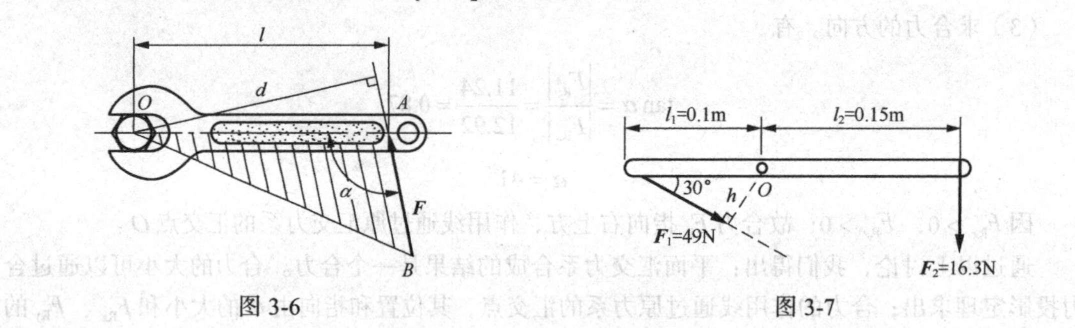

图 3-6　　　　图 3-7

解： 从图 3-7 中可知，力 F_1 和 F_2 对 O 点的力臂分别是 h 和 l_2。

故
$$M_O(F_1)=F_1\cdot h=F_1l_1\sin30^\circ$$
$$=49\times0.1\times0.5=2.45\ \text{N}\cdot\text{m}$$
$$M_O(F_2)=-F_2l_2=-16.3\times0.15=2.445\text{N}\cdot\text{m}$$

必须注意：一般情况下，力臂并不等于矩心与力的作用点的距离，如 F_1 的力臂是 h，不是 l_1。

3.2.2 合力矩定理

定理：平面汇交力系的合力对其平面内任一点的矩，等于所有各分力对同一点之矩的代数和。

$$M_O(F_R)=M_O(F_1)+M_O(F_2)+\cdots+M_O(F_n)$$

即

$$M_O(F_R)=\sum M_O(F) \tag{3-7}$$

上式称为合力矩定理。合力矩定理建立了合力对点之矩与分力对同一点之矩的关系。这个定理也适用于有合力的其他力系。

在计算力矩时，若力臂的大小不易求得时，也常用合力矩定理。

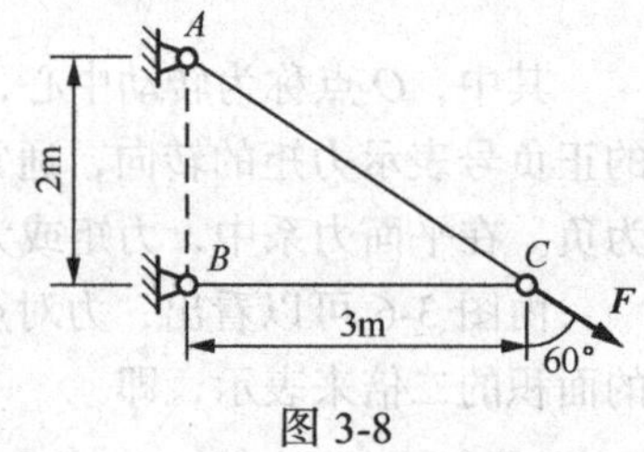

图 3-8

【例 3-5】 力 F 作用于支架上的点 C，如图 3-8 所示，设 $F=100\text{N}$，试求力 F 分别对点 A、B 之矩。

解： 因为求力 F 对 A、B 两点的力臂比较麻烦，故利用合力矩定理来求解。

$$M_A(F) = M_A(F_x) + M_A(F_y)$$
$$= 2F\sin 60^\circ - 3F\cos 60^\circ = 23\text{N}\cdot\text{m}$$
$$M_B(F) = M_B(F_x) + M_B(F_y)$$
$$= 0 - 3F\cos 60^\circ = -150\text{N}\cdot\text{m}$$

【例 3-6】　求图 3-9 中所示力对 A 点之矩。

解：将力 F 沿 x 轴方向和 y 轴方向分解为两个分力，由合力矩定理得

$$M_A = F_x\text{d}x + F_y\text{d}y$$
$$= 0 - F_y\cdot 2 = -F\times\frac{\sqrt{2}}{2}\times 2 = -28.28\text{kN}\cdot\text{m}$$

【例 3-7】　试计算图 3-10 中所示力 F 对 A 点之矩。

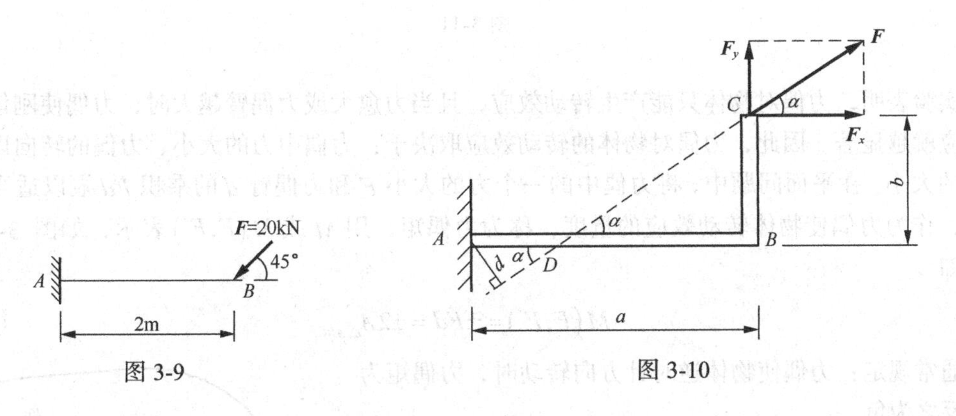

图 3-9　　　　图 3-10

解：本题有两种解法。

（1）由力矩的定义计算力 F 对 A 点之矩。

由图中几何关系有

$$d = AD\sin\alpha = (AB - DB)\sin\alpha = (AB - BC\text{ctg}\alpha)\sin\alpha = (a - b\text{ctg}\alpha)\sin\alpha = a\sin\alpha - b\cos\alpha$$

所以

$$M_A(F) = F\cdot d = F(a\sin\alpha - b\cos\alpha)$$

（2）根据合力矩定理计算力 F 对 A 点之矩。

将力 F 在 C 点分解为两个正交的分力，由合力矩定理可得

$$M_A(F) = M_A(F_x) + M_A(F_y) = -F_x\cdot b + F_y\cdot a = -F\cos\alpha\cdot b + F\sin\alpha\cdot a = F(a\sin\alpha - b\cos\alpha)$$

本例两种解法的计算结果是相同的，当力臂不易确定时，用后一种方法较为简便。

3.2.3　力偶及其性质

1. 力偶和力偶矩

在日常生活和工程实际中，经常见到物体受到两个大小相等、方向相反，但不在同一直线上的两个平行力作用的情况。例如，司机驾驶汽车时两手作用在方向盘上的力[见图 3-11（a）]；工人用丝锥攻螺纹时两手加在扳手上的力［见图 3-11（b）］；以及用两个手指拧动水龙头［见图 3-11（c）］所加的力，等等。在力学中把这样一对等值、反向而不共线的平行力称为力偶，

用符号（ F ， F' ）表示。两个力的作用线之间的垂直距离称为力偶臂，两个力的作用线所决定的平面称为力偶的作用面。

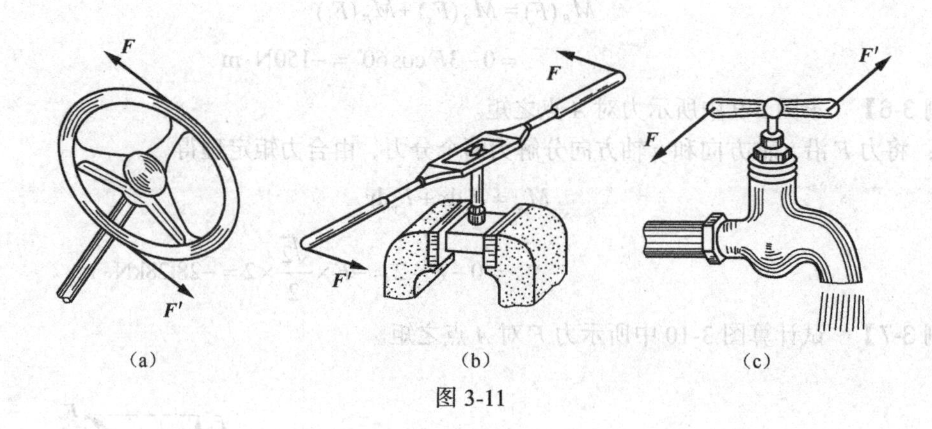

图 3-11

实验表明，力偶对物体只能产生转动效应，且当力愈大或力偶臂越大时，力偶使刚体转动的效应就越显著。因此，力偶对物体的转动效应取决于：力偶中力的大小、力偶的转向以及力偶臂的大小。在平面问题中，将力偶中的一个力的大小 F 和力偶臂 d 的乘积 Fd 冠以适当的正负号，作为力偶使物体转动效应的量度，称为力偶矩，用 M 或 $M\left(F,F'\right)$ 表示，如图 3-12 所示，即

$$M\left(F,F'\right)=\pm Fd=\pm 2A_{\triangle ABC} \tag{3-8}$$

通常规定：力偶使物体逆时针方向转动时，力偶矩为正，反之为负。

在国际单位制中，力偶矩的单位是牛•米（N·m）或千牛•米（kN·m）。

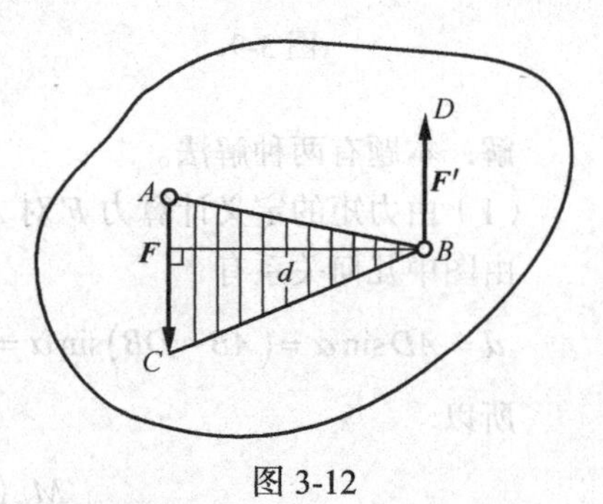

图 3-12

2. 力偶的基本性质

力和力偶是静力学中的两个基本要素。力偶与力具有不同的性质：

（1）力偶不能简化为一个力，即力偶不能与一个力等效或平衡，力偶只能与力偶平衡。

（2）力偶对其作用面内任一点之矩都等于力偶矩，与矩心位置无关。

（3）同一平面内的两个力偶，如果它们的力偶矩大小相等、转向相同，则这两个力偶等效，称为力偶的等效性。

从以上性质还可得出以下两个推论。

推论 1：在保持力偶矩的大小和转向不变的条件下，力偶可在其作用面内任意移动，而不会改变力偶对物体的转动效应。

推论 2：在保持力偶矩的大小和转向不变的条件下，可以任意改变力偶中力的大小和力偶臂的长短，而不改变力偶对物体的转动效应。

力偶对于物体的转动效应完全取决于力偶矩的大小、力偶的转向及力偶作用面，即力偶的三要素。因此，在力学计算中，有时也用一条带箭头的弧线表示力偶，如图 3-13 所示，其中箭头表示力偶的转向，M表示力偶矩的大小。

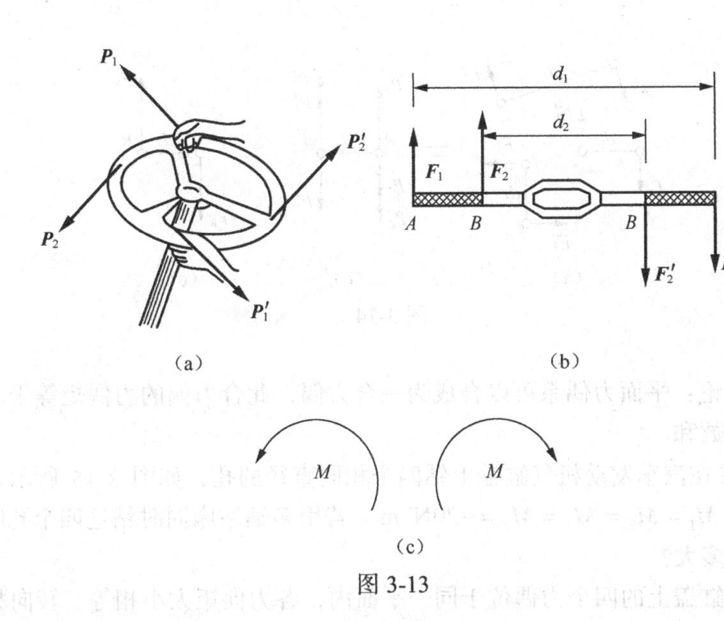

图 3-13

3.2.4 平面力偶系的合成

若有 n 个力偶作用于刚体上的某一平面内，则将这种特殊力系称为平面力偶系。

设在刚体的同一平面内作用有三个力偶 $(F_1,F_1')(F_2,F_2')$ 和 (F_3,F_3')，如图 3-14（a）所示。各力偶矩分别为

$$M_1 = F_1 \cdot d_1$$
$$M_2 = F_2 \cdot d_2$$
$$M_3 = -F_3 \cdot d_3$$

在力偶作用面内任取一线段 $AB = d$，按力偶等效条件，将这三个力偶都等效地改为以 d 为力偶臂的力偶 $(P_1,P_1')(P_2,P_2')$ 和 (P_3,P_3')，如图 3-14（b）所示。由等效条件可知

$$P_1 \cdot d = F_1 \cdot d_1$$
$$P_2 \cdot d = F_2 \cdot d_2$$
$$-P_3 \cdot d = -F_3 \cdot d_3$$

则原平面力偶系变换为作用于点 A、B 的两个共线力系［见图 3-14（b）］。将这两个共线力系分别合成，得

$$F_R = P_1 + P_2 - P_3$$
$$F_R' = P_1' + P_2' - P_3'$$

可见，力 F_R 与 F_R' 等值、反向、作用线平行但不共线，构成一新的力偶 (F_R,F_R')，如图 3-14（c）所示。力偶 (F_R,F_R') 称为原来的三个力偶的合力偶，用 M 表示此合力偶矩，则

$$M = F_R \cdot d = (P_1 + P_2 - P_3)d = P_1 \cdot d + P_2 \cdot d - P_3 \cdot d = F_1 \cdot d + F_2 \cdot d - F_3 \cdot d$$

所以 $M = M_1 + M_2 + M_3$

若作用在同一平面内有 n 个力偶，则上式可以推广为

$$M = M_1 + M_2 + \cdots + M_n = \sum M \tag{3-9}$$

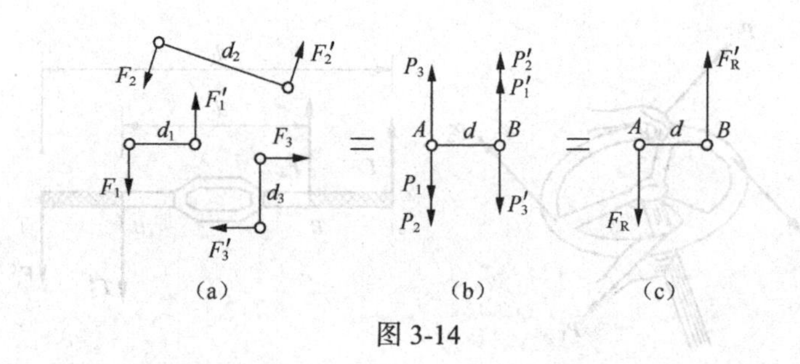

图 3-14

由此可得到结论：平面力偶系可以合成为一合力偶，此合力偶的力偶矩等于力偶系中各分力偶的力偶矩的代数和。

【例 3-8】 要在汽车发动机气缸盖上钻四个相同直径的孔，如图 3-15 所示。估计钻每个孔的切削力偶矩为 $M_1 = M_2 = M_3 = M_4 = -20\text{N}\cdot\text{m}$。若用多轴钻床同时钻这四个孔时，工件受到的总切削力偶矩有多大?

解：作用于气缸盖上的四个力偶位于同一平面内，各力偶矩大小相等、转向相同，则作用在工件上的合力偶矩为

$$M = \sum M_i = M_1 + M_2 + M_3 + M_4 = 4\times(-20) = -80\text{N}\cdot\text{m}$$

即合力偶矩大小为 80N·m，按顺时针方向转动。

【例 3-9】 如图 3-16 所示，在物体同一平面内有三个力偶的作用，设 $F_1 = 200\text{kN}$，$F_2 = 400\text{kN}$，$m = 150\text{kN}\cdot\text{m}$，求其合成的结果。

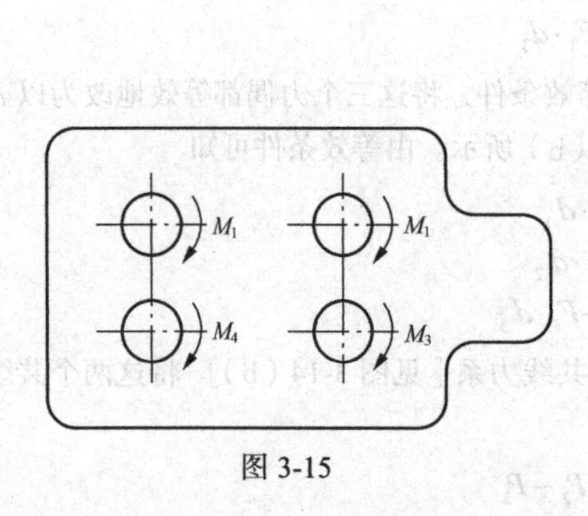

图 3-15

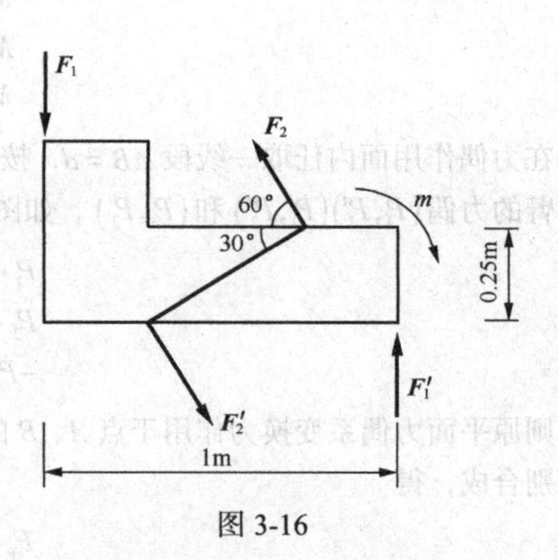

图 3-16

解：三个共面力偶合成的结果是一个合力偶，各分力偶矩为

$$M_1 = F_1 \cdot d_1 = 200\times 1 = 200\text{kN}\cdot\text{m}$$

$$M_2 = F_2 \cdot d_2 = 400\times\frac{0.25}{\sin 30^\circ} = 200\text{kN}\cdot\text{m}$$

$$M_3 = -m = -150\text{kN}\cdot\text{m}$$

$$M = M_1 + M_2 + M_3 = 200 + 200 - 150 = 250\text{kN}\cdot\text{m}$$

即合力偶矩的大小等于 250kN·m，转向为逆时针方向，作用在原力偶系的平面内。

3.3 平面一般力系的简化

3.3.1 力线平移定理

由力的可传性可知，力可以沿其作用线移动到刚体上任意一点，而不改变力对刚体的作用效应。但当力平行于原来的作用线移动到刚体上任意一点时，力对刚体的作用效应便会改变。为了进行力系的简化，将力等效地平行移动，给出如下定理。

力线平移定理：作用于刚体上的力可以等效地平移到刚体内任意一点，但必须同时在该力与指定点所决定的平面内附加一力偶。此附加力偶的力偶矩等于原力对新作用点的矩。

证明：设力 F 作用于刚体上 A 点，如图 3-17（a）所示。为将力 F 等效地平行移动到刚体上任意一点 O，根据加减平衡力系公理，在 O 点加上两个等值、反向的力 F'和 F''，并使 $F'=F''=F$，如图 3-17（b）所示。显然，力 F、F'和 F'' 组成的力系与原力 F 等效。由于在力系 F、F'和 F'' 中，力 F 与力 F'' 等值、反向且作用线平行，它们可以组成力偶（F，F''）。于是作用在 O 点的力 F'和力偶（F，F''）与原力 F 等效。亦即把作用于 A 点的力 F 平行移动到任意一点 O，但同时附加了一个力偶 M，如图 3-17（c）所示。由图可见，附加力偶的力偶矩为

$$M = F \cdot d = M_O(F) \tag{3-10}$$

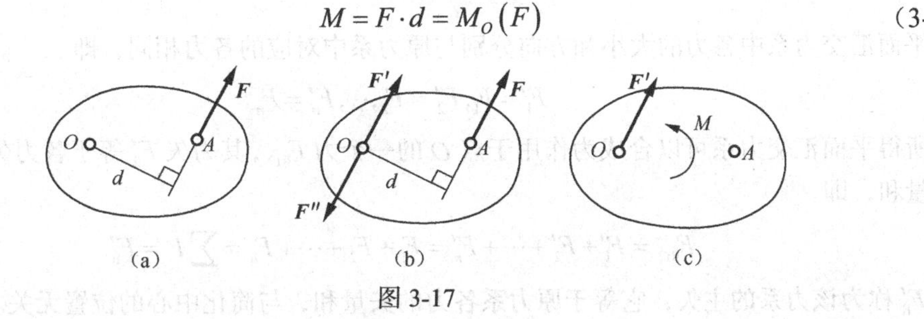

图 3-17

力的平移定理表明，可以将一个力分解为一个力和一个力偶；反过来，也可以将同一平面内一个力和一个力偶合成为一个力。应该注意，力的平移定理只适用于刚体，而不适用于变形体，并且只能在同一刚体上平行移动。

3.3.2 平面一般力系向作用面内一点简化

应用力线平移定理，有时能清楚地看出力对物体的作用效果。例如，图 3-18 所示的厂房柱子受到吊车梁传来的荷载 F 的作用，为分析 F 的作用效应，可将力 F 平移到柱的轴线的 O 点上，根据力线平移定理得一个力 F，同时还必须附加一个力偶 M。力 F 经平移后，它对柱子的变形效果就可以很明显地看出来了，力 F 使柱子轴向受压，力偶使柱弯曲。

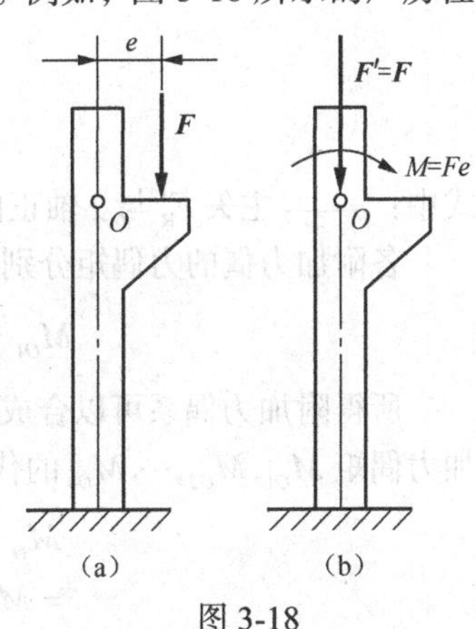

图 3-18

应用时须注意以下几点。

（1）平移力 F'的大小与作用点位置无关，即 O 点可选择在刚体上的任意位置，而 F'的大小与原力相同，但附加力偶 $M=\pm F\cdot d$ 的大小和转向与新作用点的位置有关。

（2）说明一个力可以和一个力加上一个力偶等效，因此，也可将平面内的一个力和一个力偶合成为另一个力。

基本思路：应用力线平移定理，将力系中各力向选定的某点平移，得到一个平面汇交力系和一个平面力偶系，然后将这两个力系再进一步合成，最后就可得到力系向该点简化的结果。

设刚体受到平面任意力系 $F_1,F_2,\cdots,F_n$ 的作用，如图 3-19（a）所示。在力系所在的平面内任取一点 O，称 O 点为简化中心。应用力的平移定理，将力系中各力依次平移至 O 点，得到汇交于 O 点的平面汇交力系 $F_1',F_2',\cdots,F_n'$，此外还应附加相应的力偶，构成附加力偶系 $M_{O1},M_{O2},\cdots,M_{On}$［见图 3-19（b）］。

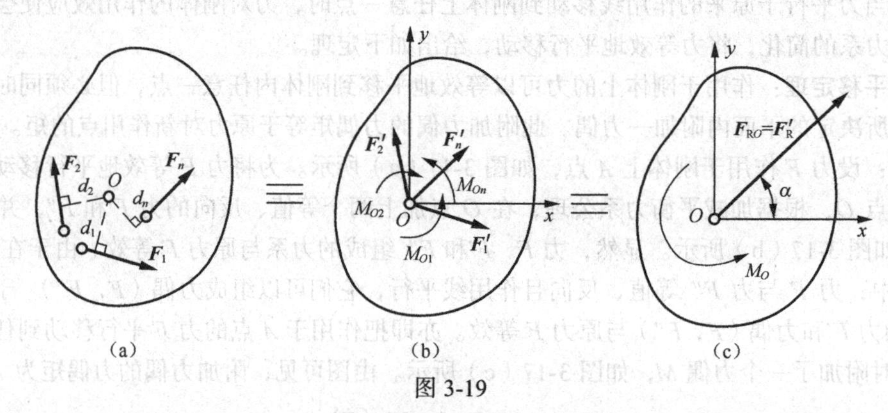

图 3-19

平面汇交力系中各力的大小和方向分别与原力系中对应的各力相同，即

$$F_1'=F_1,F_2'=F_2,\cdots,F_n'=F_n$$

所得平面汇交力系可以合成为作用于点 O 的一个力 F_{RO}，其力矢 F_R' 等于各力矢 $F_1',F_2',\cdots,F_n'$ 的矢量和，即

$$F_{RO}=F_1'+F_2'+\cdots+F_n'=F_1+F_2+\cdots+F_n=\sum F=F_R' \tag{3-11}$$

F_R' 称为该力系的主矢，它等于原力系各力的矢量和，与简化中心的位置无关。

主矢 F_R' 的大小与方向可用解析法求得。按图 3-19（b）所选定的坐标系 Oxy，有

$$F_{Rx}'=F_{x1}+F_{x2}+\cdots+F_{xn}=\sum F_x$$

$$F_{Ry}'=F_{y1}+F_{y2}+\cdots+F_{yn}=\sum F_y$$

主矢 F_R' 的大小及方向分别由下式确定

$$\left.\begin{aligned}F_R'&=\sqrt{F_{Rx}'^2+F_{Ry}'^2}=\sqrt{\left(\sum F_x\right)^2+\left(\sum F_y\right)^2}\\ \alpha&=\tan^{-1}\left|\frac{F_{Ry}'}{F_{Rx}'}\right|=\tan^{-1}\left|\frac{\sum F_y}{\sum F_x}\right|\end{aligned}\right\} \tag{3-12}$$

式中：α——主矢 F_R' 与 x 轴正向间所夹的锐角。

各附加力偶的力偶矩分别等于原力系中各力对简化中心 O 之矩，即

$$M_{O1}=M_O(F_1),M_{O2}=M_O(F_2),\cdots,M_{On}=M_O(F_n)$$

所得附加力偶系可以合成为同一平面内的力偶，其力偶矩可用符号 M_O 表示，它等于各附加力偶矩 $M_{O1},M_{O2},\cdots,M_{On}$ 的代数和，即

$$\begin{aligned}M_O&=M_{O1}+M_{O2}+\cdots+M_{On}\\&=M_O(F_1)+M_O(F_2)+\cdots+M_O(F_n)=\sum M_O(F)\end{aligned} \tag{3-13}$$

原力系中各力对简化中心之矩的代数和称为原力系对简化中心的主矩。

由式（3-13）可见，在选取不同的简化中心时，各力矩的力臂和转向均将发生变化，所以主矩一般都与简化中心的位置有关。因此，在提到主矩时，必须指出是对哪一点的主矩。

由上述分析我们得到如下结论：平面任意力系向作用面内任一点简化，可得到一个力和一个力偶［见图 3-19（c）］。该力作用于简化中心，其大小和方向等于该力系的主矢；该力偶的力偶矩等于该力系对简化中心的主矩。

3.3.3 简化结果的分析

力系的主矢 F_R' 和主矩 M_O，可能有四种情况，即：（1）$F_R'=0, M_O\neq 0$；（2）$F_R'\neq 0, M_O=0$；（3）$F_R'\neq 0, M_O\neq 0$；（4）$F_R'=0, M_O=0$。力系向某一简化中心 O 简化的结果，不是简化的最终结果，尚可进一步简化。现在按上述四种情况进一步讨论平面任意力系简化的最后结果。

（1）$F_R'=0, M_O\neq 0$ 时，平面任意力系简化结果是一个力偶，其力偶矩等于原力系对简化中心的主矩，原力系与一个力偶等效。由力偶的性质可以推知，在这种情况下的主矩与简化中心的选择无关。

（2）$F_R'\neq 0, M_O=0$，此时附加力偶相互平衡，原力系简化的最后结果是一个力，该力系就是原力系的合力，它的作用线通过简化中心 O。

（3）$F_R'\neq 0, M_O\neq 0$，由力的等效平移的逆过程可知，这个力和力偶可以进一步合成为一个合力 F_R。其大小为 $F_R=F_R'$，合力 F_R 的作用线到简化中心 O 点的垂直距离为 $d=|M_O|/F_R$，合力 F_R 的作用线在简化中心 O 点的哪一边，由主矩 M_O 的转向决定。

（4）$F_R'=0, M_O=0$，此时力系处于平衡状态。

由此可以看出，平面力系简化的最终结果只有三种可能，即一个力、一个力偶或平衡力系。

【例 3-10】 重力坝受力情形如图 3-20（a）所示，设 F_{P1}=450kN，F_{P2}=200kN，F_1=300kN，F_2=70kN。求力系的合力 F_R 的大小、方向及其作用线与基线 OA 的交点到 O 点的距离 x。

解：（1）首先将力系向 O 点简化，求得力系的主矢 F_R' 和主矩 M_O［见图 3-20（b）］。

$$\alpha=\arctan\frac{AB}{CB}=\arctan\frac{2.7}{9}=16.7^\circ$$

主矢 F_R' 在 x、y 轴上的投影为

$$F_{Rx}=\sum F_x=F_1-F_2\cos\alpha=232.9\text{kN}$$

$$F_{Ry}=\sum F_y=-F_{P1}-F_{P2}-F_2\sin\alpha=-670.1\text{kN}$$

主矢的大小为

$$F_R=\sqrt{\left(\sum F_x\right)^2+\left(\sum F_y\right)^2}=\sqrt{(232.9)^2+(-670.1)^2}\text{ kN}=709.4\text{kN}$$

$$\tan\alpha=\frac{\left|F_{Ry}'\right|}{\left|F_{Rx}'\right|}=\frac{670.1}{232.9}=2.88$$

$$\alpha=70.84^\circ$$

由于 $F_{Rx}>0$，$F_{Ry}<0$，故主矢 F_R' 在第四象限内，与 x 轴所夹的锐角为 $\alpha=70.84^\circ$。

力系的主矩为

$$M_O=\sum M_O(\boldsymbol{F})=-2.8F_1-1.5F_{P1}-3.9F_{P2}=-2295\text{kN}\cdot\text{m}$$

（2）因为主矢和主矩均不为零，所以力系还可以进一步合成为一个合力 F_R，合力 F_R 的大小和方向与主矢相同，其作用线位置的 x 值可根据合力矩定理求得［见图 3-20（c）］

$$M_O = M_O(\boldsymbol{F}_R) = M_O(\boldsymbol{F}_{Rx}) + M_O(\boldsymbol{F}_{Ry}) = 0 + F_{Ry}x$$

$$x = \frac{M_O}{F_{Ry}} = \frac{-2295\text{kN}\cdot\text{m}}{-670.1\text{kN}} = 3.425\text{m}$$

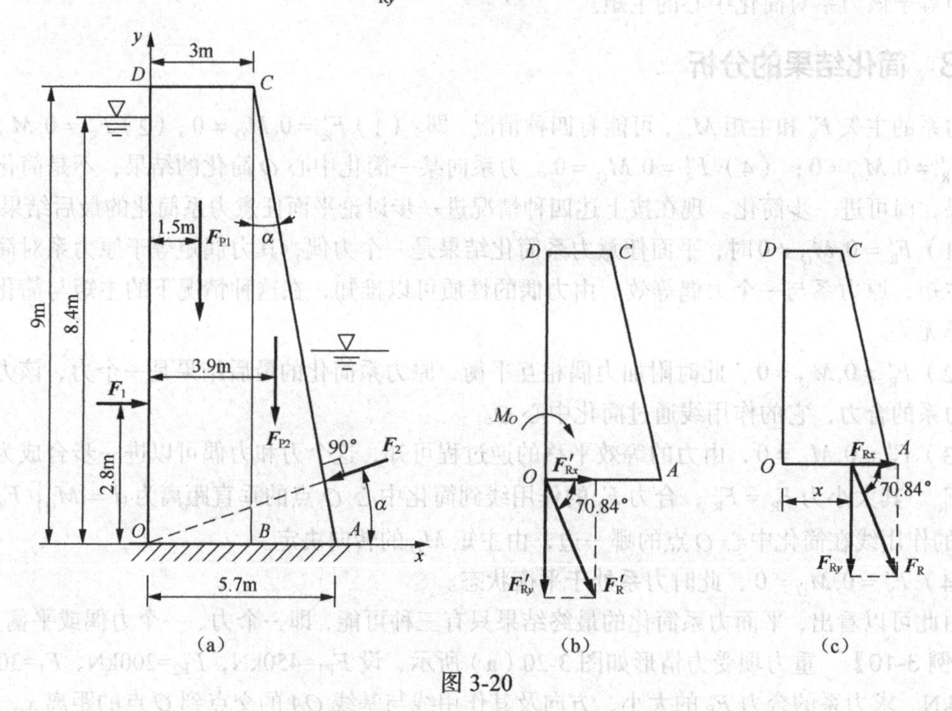

图 3-20

3.4 平面力系的平衡方程及其应用

3.4.1 平面任意力系

有些结构所受的力系本不是平面任意力系，但可以将其简化为平面任意力系来处理。如图 3-21 所示的屋架，可以忽略它与其他屋架之间的联系，将其单独分离出来，视为平面结构来考虑。屋架上的荷载及支座反力作用在屋架自身平面内，形成一平面任意力系。

对于水坝（见图 3-22）这样纵向尺寸较大的结构，在分析时常截取单位长度的坝段来考虑，将坝段所受的力简化为作用于中央平面内的平面任意力系。事实上，工程中的多数问题都可以简化为平面任意力系问题来解决。

平面任意力系的主矢和主矩都等于零时，力系处于平衡状态。于是，平面任意力系平衡的充分与必要条件是：力系的主矢和主矩都等于零，即 $F'_R = 0, M_O = 0$。

由式（3-12）和式（3-13）可得

$$\begin{cases}\sum F_x = 0 \\ \sum F_y = 0 \\ \sum M_O(F) = 0\end{cases} \tag{3-14}$$

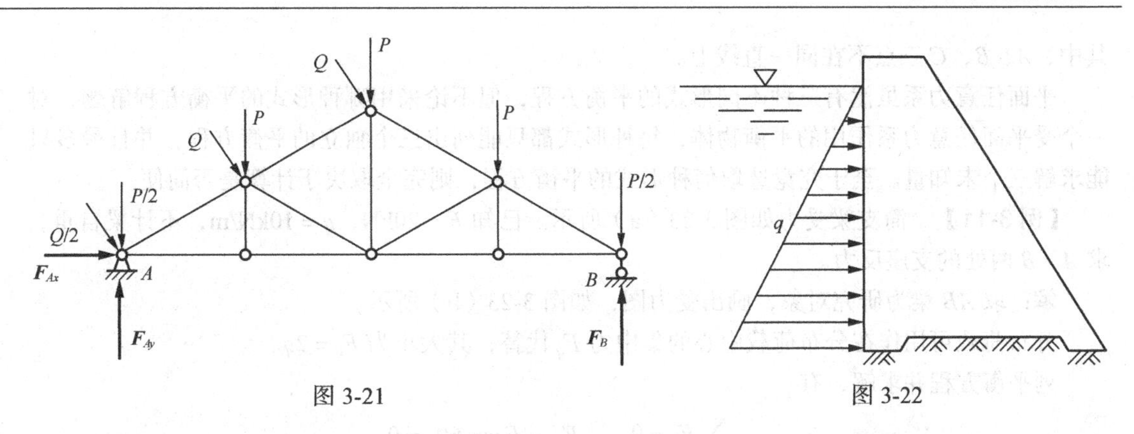

图 3-21　　　　图 3-22

平面任意力系平衡的必要与充分的解析条件是：力系中所有各力在任意选取的两个坐标轴中的每一轴上投影的代数和分别等于零；力系中所有各力对平面内任一点之矩的代数和等于零。

式（3-14）称为平面任意力系的平衡方程，它有两个投影方程和一个力矩方程。它又可称为基本形式的平衡方程。

投影轴和矩心是可以任意选取的，通常将矩心选在未知力的交点上，投影轴则尽可能地与该力系中多数未知力的作用线平行或垂直。

未知力的指向和未知力偶的转向可事先假设，实际方向由计算结果判断，一般均假设为正。如计算结果为正值，则表明实际方向与假设方向相同；如为负值，则表明实际方向与假设方向相反。

平面任意力系的平衡方程除了由简化结果直接得出的基本形式外，还有二矩式和三矩式两种形式。

1. 二矩式平衡方程

二矩式平衡方程是由一个投影方程和两个力矩方程所组成，可写为

$$\begin{cases} \sum F_x = 0 (\sum F_y = 0) \\ \sum M_A(F) = 0 \\ \sum M_B(F) = 0 \end{cases} \tag{3-15}$$

其中，矩心 A、B 两点的连线不能与投影轴 x 轴（或 y 轴）垂直。

因为如果力系对点 A 的主矩为零，则该力系不可能简化为一个力偶，但可能有两种情况：这个力系或者是简化为通过 A 点的一合力，或者平衡；如果力系对另外一点 B 的主矩也同时为零，则该力系或简化为一个沿 A、B 两点连线的合力，或者平衡；如果力系又满足 $\sum F_x = 0(\sum F_y = 0)$，其中 x 轴（或 y 轴）若与 A、B 连线垂直，力系仍可能有通过这两个矩心的合力，而不一定平衡；若 x 轴（或 y 轴）不与 A、B 连线垂直，这就排除了力系有合力的可能性。由此断定，当式（3-15）的三个方程同时满足，并且附加条件两矩心 A、B 的连线不能与 x 轴（或 y 轴）垂直时，力系一定是平衡力系。

2. 三矩式平衡方程

三矩式平衡方程是由三个力矩方程所组成，可写为

$$\begin{cases} \sum M_A(F) = 0 \\ \sum M_B(F) = 0 \\ \sum M_C(F) = 0 \end{cases} \tag{3-16}$$

其中，A、B、C三点不在同一直线上。

平面任意力系虽然有三种不同形式的平衡方程，但不论采用哪种形式的平衡方程解题，对一个受平面任意力系作用的平衡物体，每种形式都只能列出三个独立的平衡方程，并且最多只能求解三个未知量。至于究竟选取何种形式的平衡方程，则完全取决于计算是否简便。

【例 3-11】 简支梁受力如图 3-23（a）所示。已知 $F=20\text{kN}$，$q=10\text{kN/m}$，不计梁自重，求 A、B 两处的支座反力。

解：取 AB 梁为研究对象，画出受力图，如图 3-23（b）所示。

分布荷载可用作在分布荷载中心的集中力 F_q 代替，其大小为 $F_q=2q$。

列平衡方程并求解，有

$$\sum F_x=0 \qquad F_{Ax}-F\cos 60^\circ=0$$

得：
$$F_{Ax}=F\cos 60^\circ=20\times\cos 60^\circ=10\text{kN}$$

$$\sum M_A=0 \qquad 6F_B-5F_q-2F\sin 60^\circ=0$$

得：
$$F_B=\frac{1}{6}(5F_q+2F\sin 60^\circ)=\frac{1}{6}(5\times2\times10+2\times20\times\sin 60^\circ)=22.4\text{kN}$$

$$\sum M_B=0 \qquad 6F_{Ay}-4F\sin 60^\circ-F_q=0$$

得：
$$F_{Ay}=\frac{1}{6}(4F\sin 60^\circ+F_q)=\frac{1}{6}(4\times20\sin 60^\circ+2\times10)=14.9\text{kN}$$

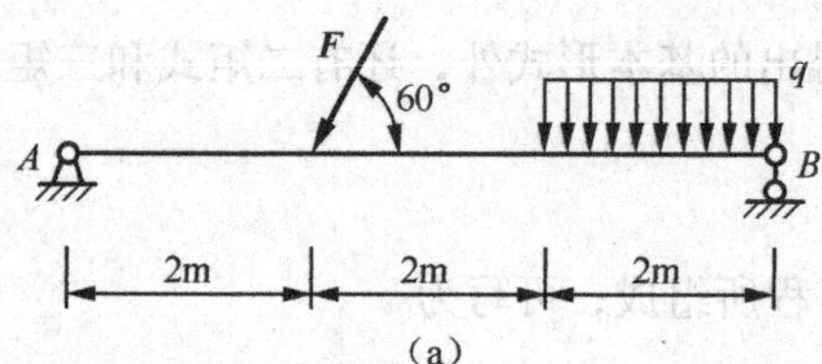

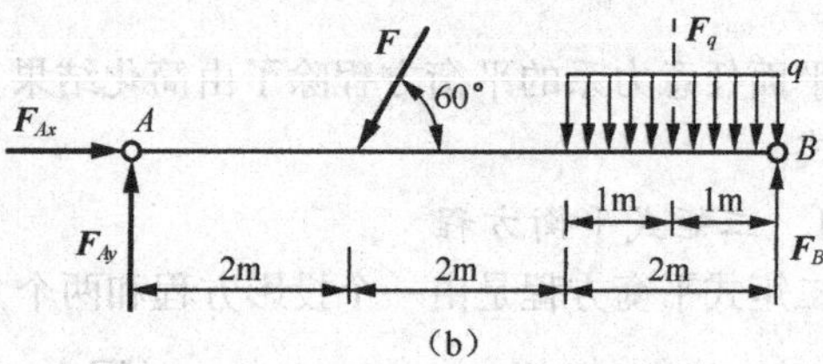

图 3-23

【例 3-12】 一端固定的悬臂梁如图 3-24（a）所示。梁上作用均布荷载，荷载集度为 q，在梁的自由端还受一集中力 P 和一力偶矩为 m 的力偶的作用。试求固定端 A 处的约束反力。

解：取梁 AB 为研究对象。受力图及坐标系的选取如图 3-24（b）所示。列平衡方程并求解。

由 $\sum F_x=0, F_{Ax}=0$

$\sum F_y=0, F_{Ay}-ql-P=0$

解得 $F_{Ay}=ql+P$

由 $M_A(F)=0, M_A-ql^2/2-Pl-m=0$

解得 $M_A=ql^2/2+Pl+m$

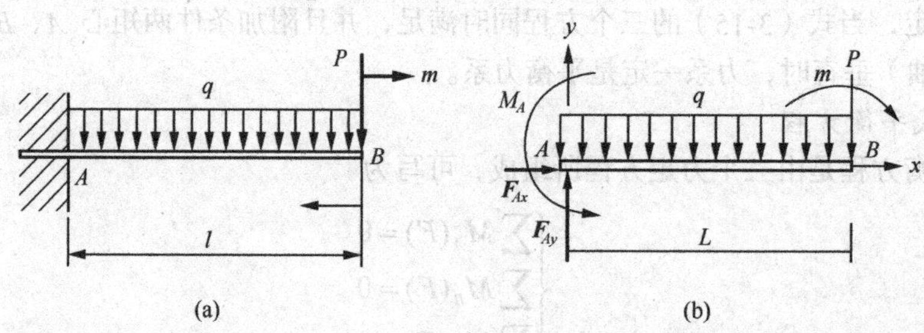

图 3-24

【例 3-13】 图 3-25（a）所示外伸梁上作用有集中力 $F_C = 20\text{kN}$，力偶矩 $M = 10\text{kN}\cdot\text{m}$，荷载集度为 $q = 10\text{kN/m}$ 的均布荷载。求支座 A、B 处的反力。

解：取水平梁 AB 为研究对象，画出受力图，如图 3-25（b）所示。

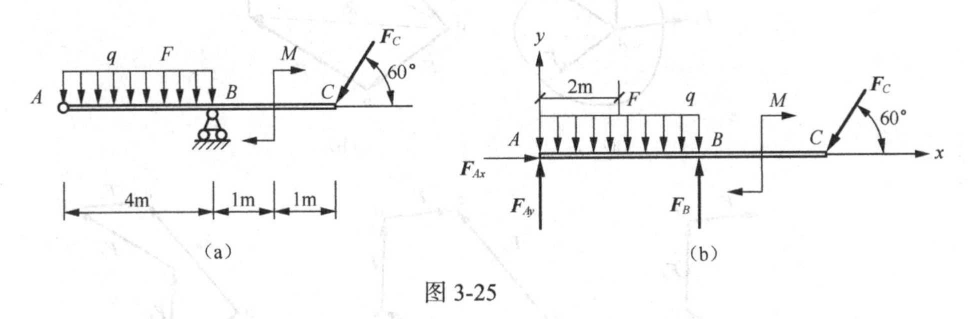

图 3-25

分布荷载可用作用在分布荷载中心的集中力 F 代替，其大小为 $F = 4q$。

列平衡方程并求解，有

$$\sum M_A(F) = 0, 4F_B - F\times 2 - 6F_C\sin 60^\circ - M = 0$$

$$F_B = 48.48\text{kN}$$

$$\sum F_x = 0, F_{Ax} - F_C\cos 60^\circ = 0$$

$$F_{Ax} = 10\text{kN}$$

$$\sum F_y = 0, F_{Ay} + F_B - F - F_C\sin 60^\circ = 0$$

$$F_{Ay} = 8.84\text{kN}$$

3.4.2 平面汇交力系

力系中各力的作用线都汇交于同一点的平面力系称为平面汇交力系，是工程实际中常见的一种基本力系。例如，起重机起吊重物时，作用于吊钩处的各绳索的拉力都在同一平面内，且汇交于一点，就组成了平面汇交力系。

1. 几何法

设在物体上作用有汇交于 O 点的两个力，根据力的平行四边形法则或力的三角形法则求合力，如图 3-26 所示。

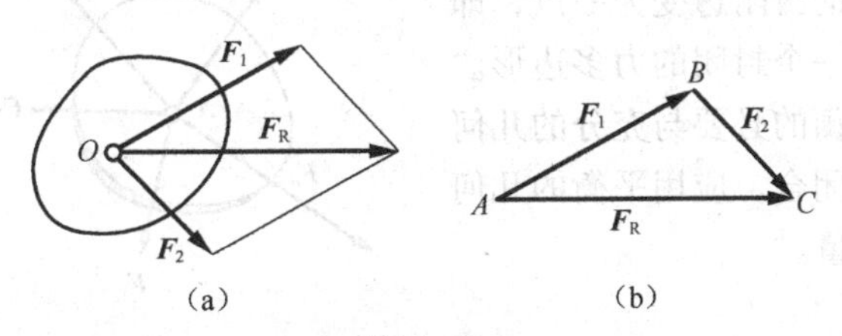

图 3-26

设作用于物体上 A 点的力 F_1，F_2，F_3，…，F_n 组成平面汇交力系，现求其合力。应用力的三角形法则，首先将 F_1 与 F_2 合成得 F_{R1}，然后把 F_{R1} 与 F_3 合成得 F_{R2}，最后将 F_{R2} 与 F_4 合成得 F_R，力 F_R 就是原汇交力系 F_1, F_2, F_3, F_4 的合力，图 3-27 所示即是此汇交力系合成的几何示意图。矢量关系的数学表达式为

$$F_R = F_1 + F_2 + F_3 + F_4$$

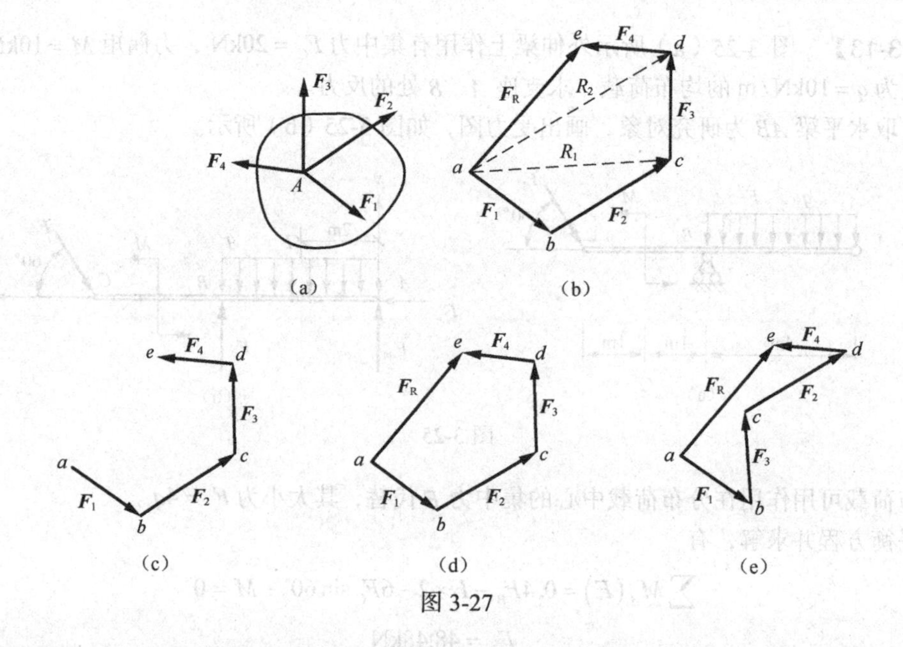

图 3-27

实际作图时，按照一定的比例尺将表达各力矢的有向线段首尾相接，形成一个不封闭的多边形。这种求合力矢的几何作图法称为力的多边形法则。

从图 3-27 还可以看出，在画出力多边形时，按不同顺序画出各分力，只会影响力多边形的形状，但不会影响合成的最后结果。

将这一做法推广到由多个力组成的平面汇交力系，可得出结论：平面汇交力系合成的最终结果是一个合力，合力的大小和方向等于力系中各分力的矢量和，可由力多边形的封闭边确定，合力的作用线通过力系的汇交点。矢量关系式为

$$F_R = F_1 + F_2 + F_3 + F_4 + \cdots + F_n = \sum F \tag{3-17}$$

平面汇交力系平衡的必要和充分条件是平面汇交力系的合力等于零，即

$$F_R = \sum F = 0 \tag{3-18}$$

设有平面汇交力系 F_1，F_2，F_3，…，F_n，如图 3-28 所示。当用几何法求合力时，若其最后一个力的终点与第一个力的起点相重合，则表示该力系的力多边形的封闭边变为一点，即合力等于零。此时构成一个封闭的力多边形。因此，平面汇交力系平衡的必要与充分的几何条件是：力多边形自行闭合。应用平衡的几何条件，可求解两个未知量。

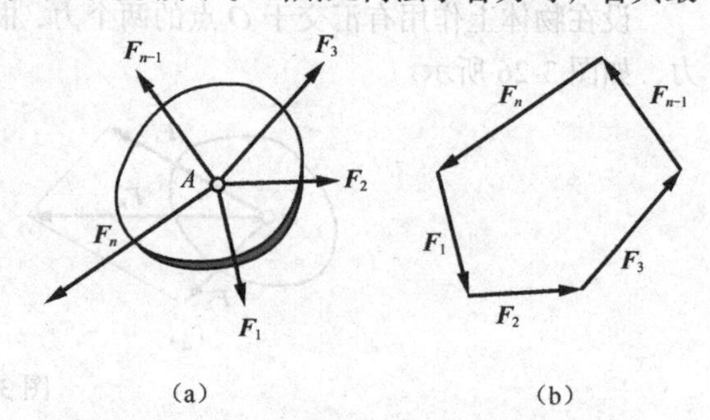

图 3-28

2. 解析法

求解平面汇交力系合成的另一种方法是解析法。这种方法是以力在坐标轴上的投影为基础进行计算的。

平面汇交力系平衡的必要与充分条件是：合力 F_R 为零，即

$$F_R = \sqrt{F_{Rx}{}^2 + F_{Ry}{}^2} = \sqrt{\left(\sum F_x\right)^2 + \left(\sum F_y\right)^2} = 0$$

得：

$$\left.\begin{aligned}\sum F_x=0\\ \sum F_y=0\end{aligned}\right\}\tag{3-19}$$

因此，平面汇交力系平衡的必要与充分的解析条件是：力系中各分力在任意两个坐标轴上投影的代数和分别等于零。

下面举例说明平面汇交力系平衡条件的应用。

【例 3-14】　如图 3-29（a）所示，杆 *AO* 和杆 *BO* 相互以铰 *O* 相连接，两杆的另一端均用铰连接在墙上。铰 *O* 处挂一个重物 *Q*=10kN，试求杆 *AO* 和杆 *BO* 所受的力。

解：（1）以铰 *O* 为研究对象，画出受力图，如图 3-29（b）所示。

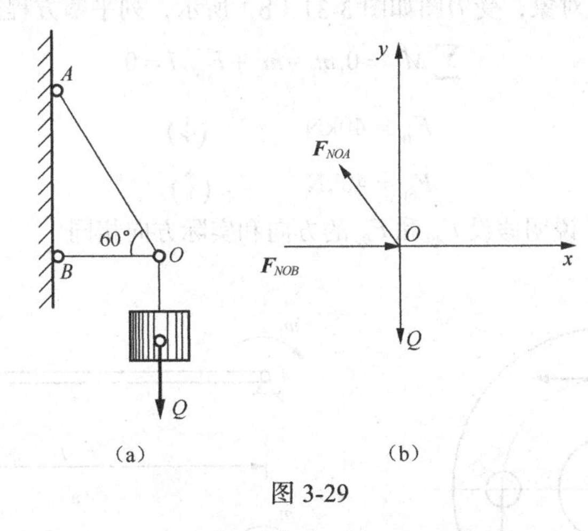

图 3-29

因杆 *AO* 和杆 *BO* 都是二力杆，故 F_{NOA} 和 F_{NOB} 的作用线都沿杆轴方向，指向先任意假定[见图 3-29（b）]。F_{NOA}、F_{NOB}、*Q* 三力汇交于 *O* 点，处于平衡状态。

（2）建立坐标轴系 *xOy*，并列出方程式

$$\sum F_x=0\quad F_{NOB}-F_{NOA}\cos 60^{\circ}=0\quad \text{(a)}$$

$$\sum F_y=0\quad F_{NOA}\sin 60^{\circ}-Q=0\quad \text{(b)}$$

由式（b）得　　$F_{NOA}=\dfrac{Q}{\sin 60^{o}}=\dfrac{10}{0.866}=11.55\text{kN}$

代入式（a）得　　$F_{NOB}=F_{NOA}\cos 60^{o}=11.55\times 0.5=5.77\text{kN}$

3.4.3　平面力偶系

平面力偶系合成的结果是一个合力偶，当合力偶矩等于零时，则力偶系中各力偶对物体的转动效应相互抵消，物体处于平衡状态；反之，当合力偶矩不等于零时，则物体必有转动效应而不平衡。由此可得到平面力偶系平衡的必要与充分条件为：平面力偶系中所有各力偶的力偶矩的代数和等于零，即

$$\sum M=0\tag{3-20}$$

平面力偶系有一个平衡方程，可以求解一个未知量。

【例 3-15】　如图 3-30 所示，电动机轴通过联轴器与工作轴相连，联轴器上 4 个螺栓 *A*、*B*、*C*、*D* 的孔心均匀地分布在同一圆周上，此圆的直径 $d=150\text{mm}$，电动机轴传给联轴器的力偶矩 $m=2.5\text{kN}\cdot\text{m}$，试求每个螺栓所受的力为多少？

解：取联轴器为研究对象，作用于联轴器上的力有电动机传给联轴器的力偶，以及每个螺栓的反力，受力图如图所示。设 4 个螺栓的受力均匀，即 $F_1 = F_2 = F_3 = F_4 = F$，则组成两个力偶并与电动机传给联轴器的力偶平衡。

由 $$\sum M = 0，\ m - F \times d - F \times d = 0$$

解得 $$F = \frac{m}{2d} = \frac{2.5}{2 \times 0.15} = 8.33\text{kN}$$

【例 3-16】 在梁 AB 的两端各作用一力偶，其力偶矩的大小分别为 $m_1 = 120\text{kN·m}$，$m_2 = 360\text{kN·m}$，转向如图 3-31（a）所示。梁跨度 $l = 6\text{m}$，重量不计。求 A、B 处的支座反力。

解：取梁 AB 为研究对象，受力图如图 3-31（b）所示，列平衡方程得

$$\sum M_B = 0, m_1 - m_2 + F_{Ay} \cdot l = 0$$

代入解得 $$F_{Ay} = 40\text{kN} \quad (\downarrow)$$

$$F_{By} = 40\text{kN} \quad (\uparrow)$$

求得的结果为正值，说明假设 F_{Ay} 和 F_{By} 的方向和实际方向相同。

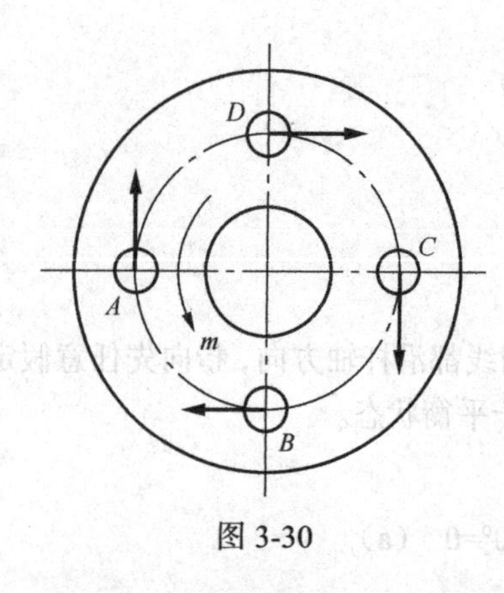

图 3-30

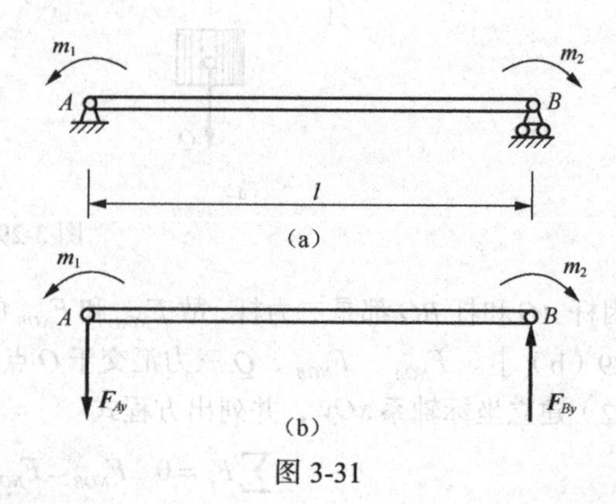

图 3-31

3.4.4 平面平行力系

力系中各力的作用线均相互平行的平面力系称为平面平行力系，是平面任意力系的一种特殊情况。如图 3-32 所示，设物体受平面平行力系 F_1，F_2，…，F_n 的作用。如选取 x 轴（或 y 轴）与各力垂直，则不论力系是否平衡，每一个力在 x 轴（或 y 轴）上的投影恒等于零，即 $\sum F_x = 0$（或 $\sum F_y = 0$）。

于是，平面平行力系只有两个独立的平衡方程，即

$$\left.\begin{aligned}&\sum F_y = 0(\sum F = 0)\\&\sum M = 0\end{aligned}\right\} \tag{3-21}$$

【例 3-17】 塔式起重机如图 3-33 所示。机身重 $G = 220\text{kN}$，作用线过塔架的中心。已知最大起吊重量 $P = 50\text{kN}$，起重悬臂长 12m，轨道 A、B 的间距为 4m，平衡锤重 Q 至机身中心线的距离为 6m。试求：（1）确保起重机不至翻倒的平衡锤重 Q 的大小；（2）当 $Q = 30\text{kN}$，而起重机满载时，轨道对 A、B 的约束反力。

解：取起重机整体为研究对象。其正常工作时的受力情况如图 3-33 所示。

（1）求确保起重机不至翻倒的平衡锤重 Q 的大小。

起重机满载时有顺时针转向绕 B 点翻倒的可能，要保证机身满载时正常工作而不翻倒，则必须满足

$$F_A \geqslant 0$$

$$\sum M_B = 0, Q(6+2) + 2G - 4F_A - P(12-2) = 0$$

解得

$$Q \geqslant (5P - G)/4 = 7.5\text{kN}$$

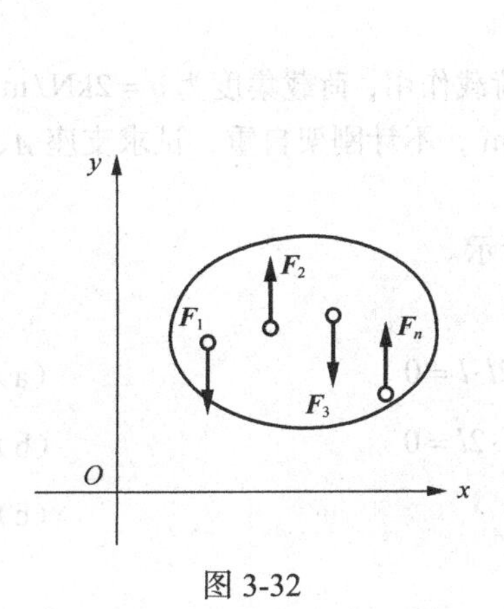

图 3-32

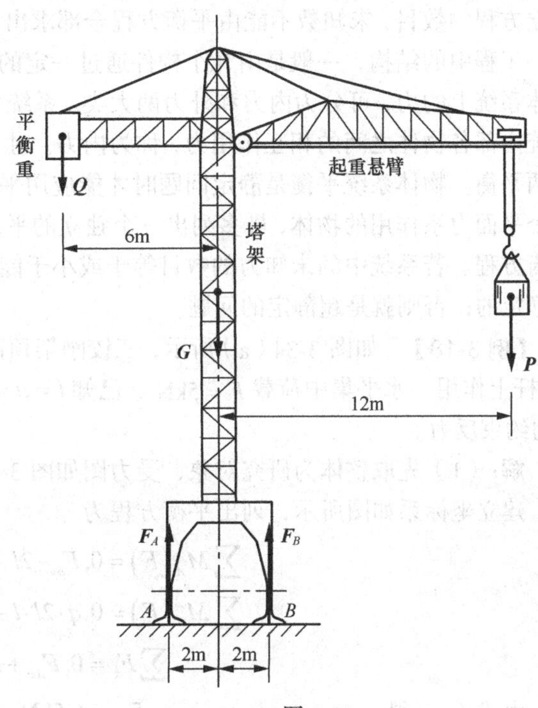

图 3-33

起重机空载时有逆时针转向绕 A 点翻倒的可能，要保证机身空载时平衡而不翻倒，则必须满足下列条件

$$F_B \geqslant 0$$

$$\sum M_A = 0, Q(6-2) + 4F_B - 2G = 0$$

解得

$$Q \leqslant G/2 = 110\text{kN}$$

因此平衡锤重 Q 的大小应满足

$$7.5\text{kN} \leqslant Q \leqslant 110\text{kN}$$

（2）当 $Q = 30\text{kN}$，求满载时的约束反力 F_A、F_B 的大小。

$$\sum M_B = 0, Q(6+2) + 2G - 4F_A - P(12-2) = 0$$

解得

$$F_A = (4Q + G - 5P)/2 = 45\text{kN}$$

由

$$\sum F_y = 0, F_A + F_B - Q - G - P = 0$$

解得

$$F_B = Q + G + P - F_A = 255\text{kN}$$

3.5 物体系统的平衡问题

从前面的讨论已经知道，对每一种力系来说，独立平衡方程的数目是一定的，能求解的未知数的数目也是一定的。对于一个平衡物体，若独立平衡方程数目与未知数的数目恰好相等，则全部未知数可由平衡方程求出，这样的问题称为静定问题。我们前面所讨论的都属于这类问题。但工程上有时为了增加结构的刚度或坚固性，常设置多余的约束，而使未知数的数目多于独立方程的数目，未知数不能由平衡方程全部求出，这样的问题称为静不定问题或超静定问题。

工程中的结构，一般是由几个构件通过一定的约束联系在一起的，称为物体系统。作用于物体系统上的力，可分为内力和外力两大类。系统外的物体作用于该物体系统的力，称为外力；系统内部各物体之间的相互作用力，称为内力。对于整个物体系统来说，内力总是成对出现的，两两平衡。物体系统平衡是静定问题时才能应用平衡方程求解。一般若系统由 n 个物体组成，每个平面力系作用的物体，最多列出三个独立的平衡方程，而整个系统共有不超过 $3n$ 个独立的平衡方程。若系统中的未知力的数目等于或小于能列出的独立的平衡方程的数目时，该系统就是静定的；否则就是超静定的问题。

【例 3-18】 如图 3-34（a）所示，三铰刚架顶部受均布荷载作用，荷载集度为 $q=2\text{kN}/\text{m}$，AC 杆上作用一水平集中荷载 $F=5\text{kN}$。已知 $l=a=2\text{m}, h=4\text{m}$，不计刚架自重，试求支座 A、B 的约束反力。

解：（1）先取整体为研究对象，受力图如图 3-34（b）所示。

建立坐标系如图所示，列出平衡方程为

$$\sum M_A(F)=0, F_{By}\cdot 2l-F\cdot a-q\cdot 2l\cdot l=0 \quad \text{(a)}$$

$$\sum M_B(F)=0, q\cdot 2l\cdot l-F\cdot a-F_{Ay}\cdot 2l=0 \quad \text{(b)}$$

$$\sum F_x=0, F_{Ax}+F_{Bx}+F=0 \quad \text{(c)}$$

由式（a）得 $F_{By}=6.5\text{kN}$

由式（b）得 $F_{Ay}=1.5\text{kN}$

（2）再选取 BC 为研究对象，受力图如图 3-34（c）所示。

列出 BC 的平衡方程为

$$\sum M_C(F)=0, F_{Bx}\cdot h+F_{By}\cdot l-q\cdot l\cdot \frac{l}{2}=0 \quad \text{(d)}$$

将 F_{By} 的值代入式（d），得

$$F_{Bx}=-2.25\text{kN}$$

将 F_{Bx} 的值代入式（c），得

$$F_{Ax}=-2.75\text{kN}$$

【例 3-19】 组合梁的荷载及尺寸如图 3-35（a）所示，求支座 A、C 处的反力及铰链 B 处的约束力。

解：（1）取 BC 为研究对象，画出受力图，如图 3-35（b）所示。

列平衡方程有

$$\sum M_B=0, F_C\cos 30^\circ\times 6-20\times 6\times 3=0$$

得

$$F_C=69.28\text{kN}$$

$$\sum F_x = 0, F_{Bx} - F_C \sin 30^\circ = 0$$

得
$$F_{Bx} = 34.64\text{kN}$$

$$\sum F_y = 0, F_{By} - F_C \cos 30^\circ - 20 \times 6 = 0$$

得
$$F_{By} = 60\text{kN}$$

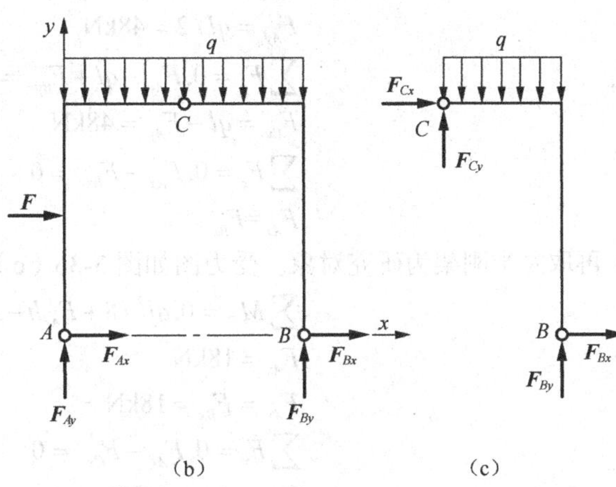

图 3-34

（2）取 AB 为研究对象，画出受力图，如图 3-35（c）所示。

列平衡方程有

$$\sum F_x = 0, F_{Ax} - F'_{Bx} = 0$$

得
$$F_{Ax} = F'_{Bx} = F_{Bx} = 34.64\text{kN}$$

$$\sum F_y = 0, F_{Ay} - F'_{By} = 0$$

得
$$F_{Ay} = F'_{By} = F_{By} = 60\text{kN}$$

$$\sum M_A = 0, -F'_{By} \times 3 - 40 + M_A = 0$$

得
$$M_A = 220\text{kN} \cdot \text{m}$$

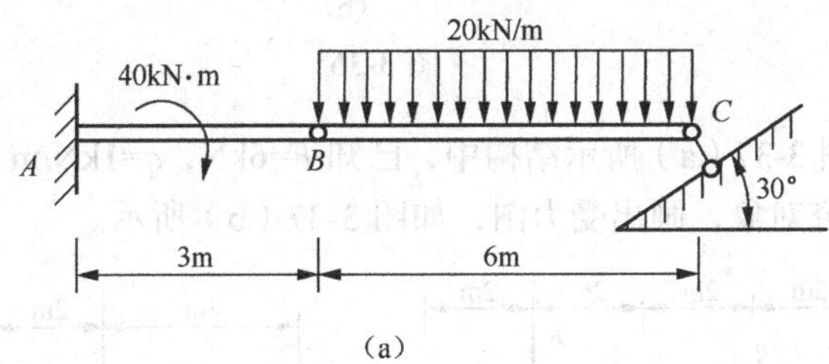

（a）

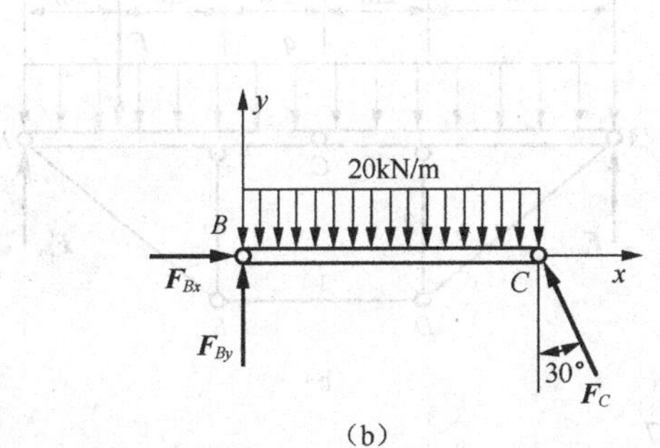

（b）

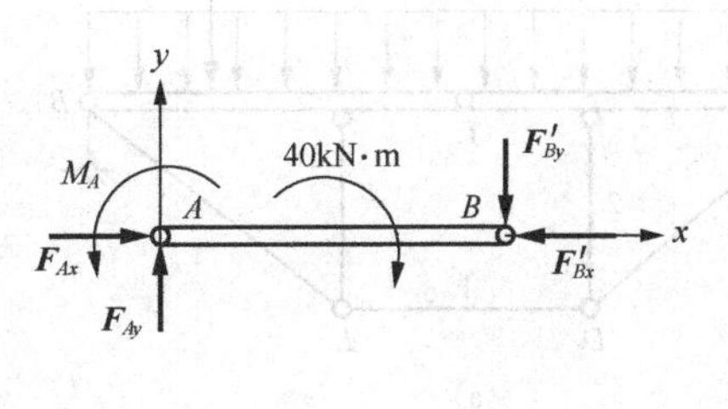

（c）

图 3-35

【例 3-20】 图 3-36（a）所示为一个钢筋混凝土三铰刚架的计算简图，在刚架上受到沿水平方向均匀分布的线荷载 $q=8\text{kN/m}$，刚架高 $h=8\text{m}$，跨度 $l=12\text{m}$。试求支座 A、B 及铰 C 的约束反力。

解：（1）先取刚架整体为研究对象。受力图如图 3-36（b）所示。

由 $\sum M_B=0, ql^2/2-F_{Ay}l=0$

解得 $F_{Ay}=ql/2=48\text{kN}$

由 $\sum F_y=0, F_{Ay}-ql+F_{By}=0$

解得 $F_{By}=ql-F_{Ay}=48\text{kN}$

由 $\sum F_x=0, F_{Ax}-F_{Bx}=0$

解得 $F_{Ax}=F_{Bx}$

（2）再取左半刚架为研究对象。受力图如图 3-36（c）所示。

由 $\sum M_C=0, ql^2/8+F_{Ax}h-F_{Ay}l/2=0$

解得 $F_{Ax}=18\text{kN}$

所以 $F_{Ax}=F_{Bx}=18\text{kN}$

由 $\sum F_x=0, F_{Ax}-F_{Cx}=0$

解得 $F_{Cx}=F_{Ax}=18\text{kN}$

由 $\sum F_y=0, F_{Ay}-ql/2+F_{Cy}=0$

解得 $F_{Cy}=ql/2-F_{Ay}=0$

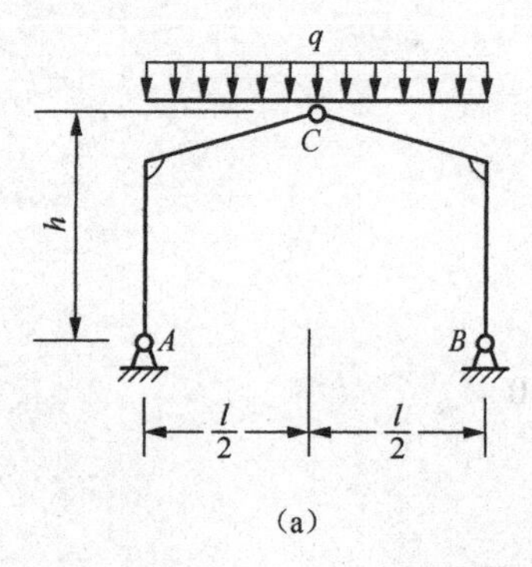

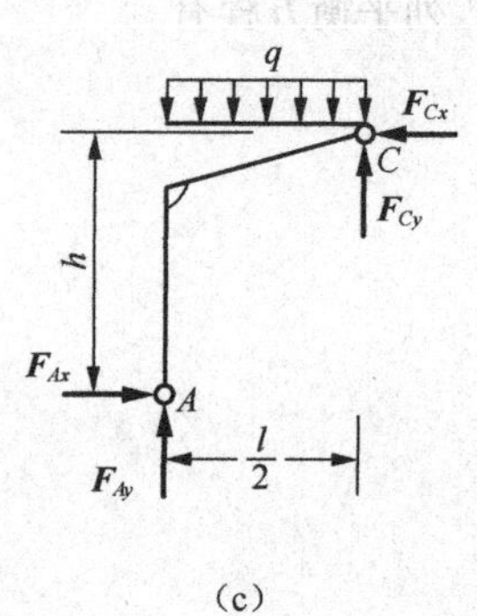

图 3-36

【例 3-21】 在图 3-37（a）所示结构中，已知 $F=6\text{kN}$，$q=1\text{kN/m}$，求支座 A、B 处的反力。

解：取整体为研究对象，画出受力图，如图 3-37（b）所示。

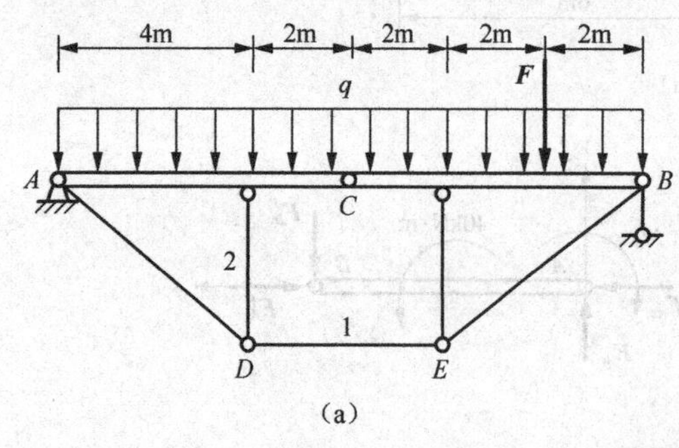

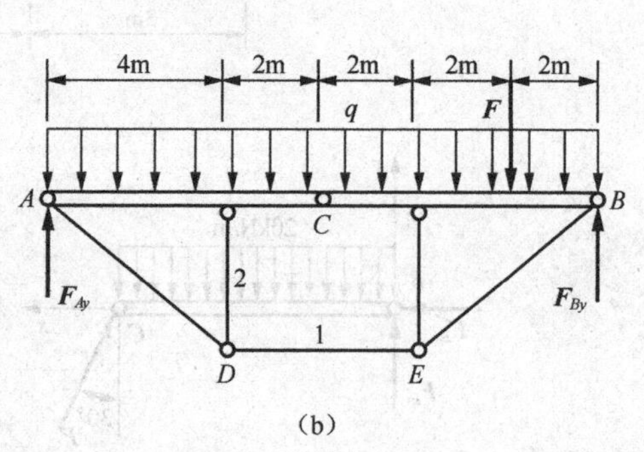

图 3-37

列平衡方程为

$$\sum M_A = 0, F_{By} \times 12 - F \times 10 - q \times 12 \times 6 = 0$$

得
$$F_{By} = \frac{1}{12}(10F + 72q) = \frac{1}{12}(10 \times 6 + 72 \times 1) = 11\text{kN}$$

$$\sum M_B = 0, -F_{Ay} \times 12 + q \times 12 \times 6 + F \times 2 = 0$$

得
$$F_{Ay} = \frac{1}{12}(2F + 72q) = \frac{1}{12}(2 \times 6 + 72 \times 1) = 7\text{kN}$$

思考题与习题

1. 已知 $F_1 = 400\text{N}$，$F_2 = 1000\text{N}$，$F_3 = 100\text{N}$，$F_4 = 500\text{N}$，试用几何法求图 3-38 中所示平面汇交力系的合力。

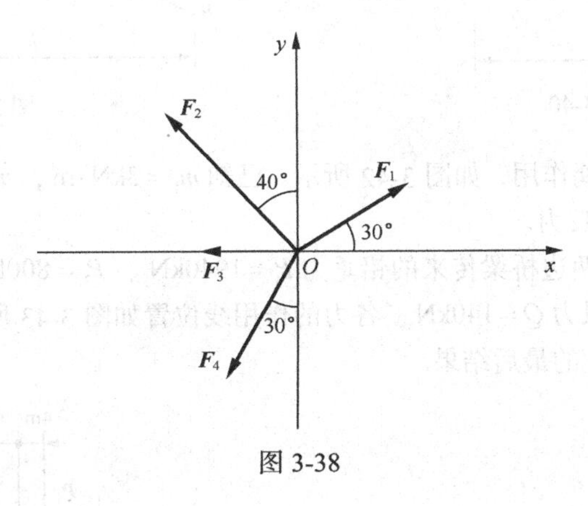

图 3-38

2. 计算图 3-39 中各分图所示力 P 对 O 点的矩。

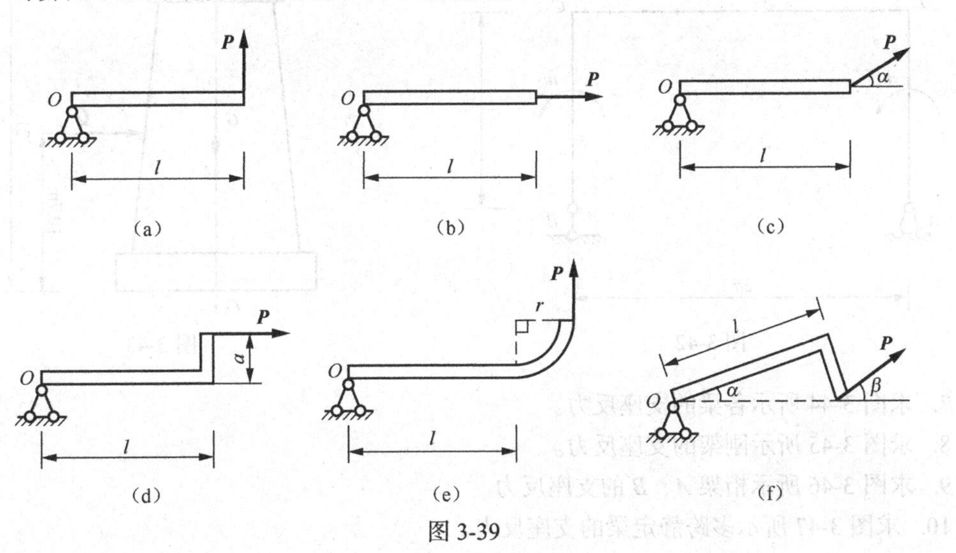

图 3-39

3. 如图 3-40 所示，已知挡土墙重 $G_1 = 70\text{kN}$，垂直土压力 $G_2 = 115\text{kN}$，水平土压力 $P = 85\text{kN}$。试分别求此三力对 A 点的矩，并验算此挡土墙会不会倾覆。

4. 用以下不同方法求图 3-41 所示力 P 对 O 点的矩。

（1）用力 P 计算。

（2）用力 P 在 A 点的两分力计算。

（3）用力 P 在 B 点的两分力计算。

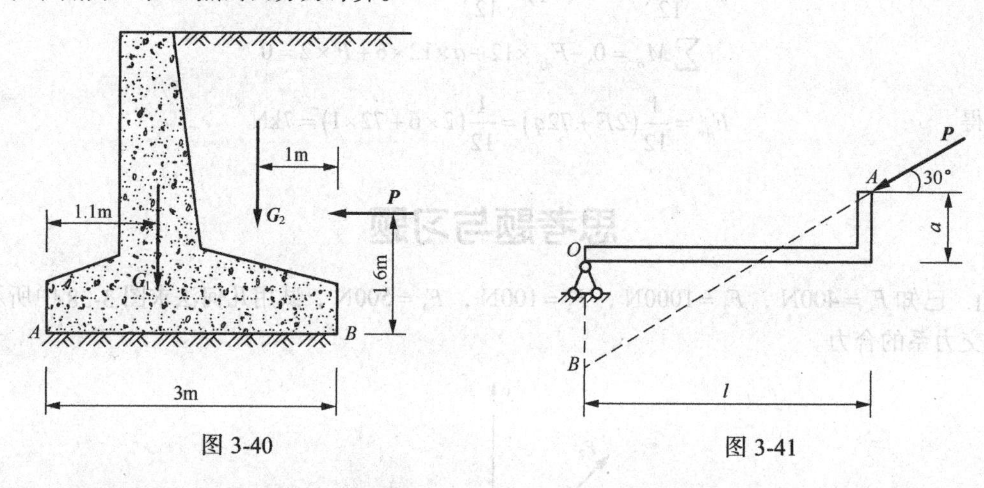

图 3-40　　　　图 3-41

5. 一刚架受两个力偶作用，如图 3-42 所示。已知 $m_1 = 3\text{kN}\cdot\text{m}$，$m_2 = 1\text{kN}\cdot\text{m}$，$a = 1\text{m}$，试求支座 A、B 两处的约束反力。

6. 某桥墩顶部受到两边桥梁传来的铅垂力 $P_1 = 1940\text{kN}$、$P_2 = 800\text{kN}$ 及制动力 $F = 193\text{kN}$。桥墩自重 $G = 5280\text{kN}$，风力 $Q = 140\text{kN}$。各力的作用线位置如图 3-43 所示。试将这些力向底面中心 O 点简化，并求简化的最后结果。

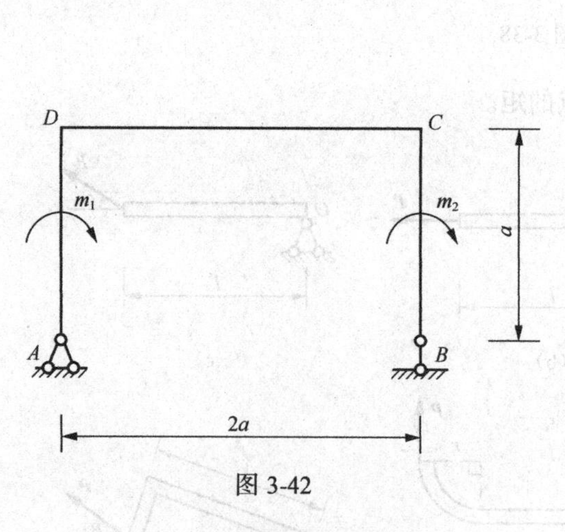

图 3-42

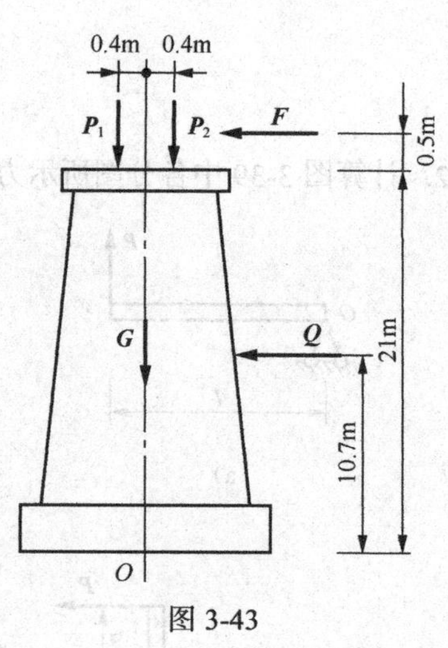

图 3-43

7. 求图 3-44 所示各梁的支座反力。

8. 求图 3-45 所示刚架的支座反力。

9. 求图 3-46 所示桁架 A、B 的支座反力。

10. 求图 3-47 所示多跨静定梁的支座反力。

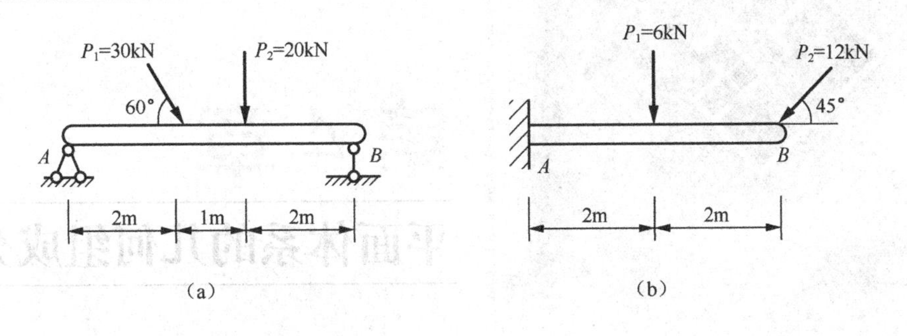

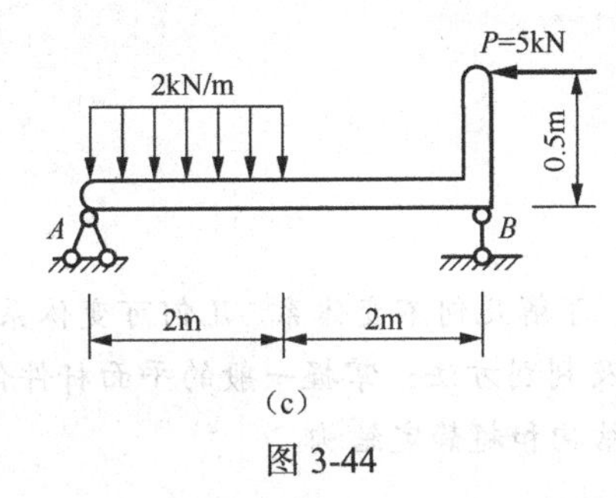

图 3-44

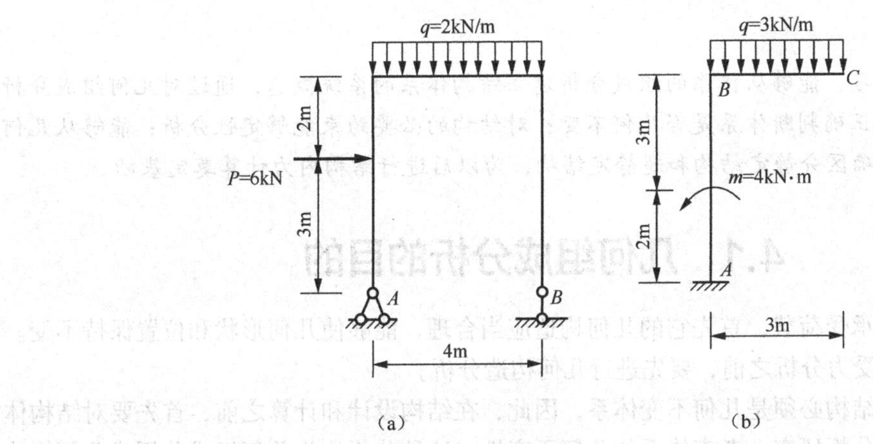

图 3-45

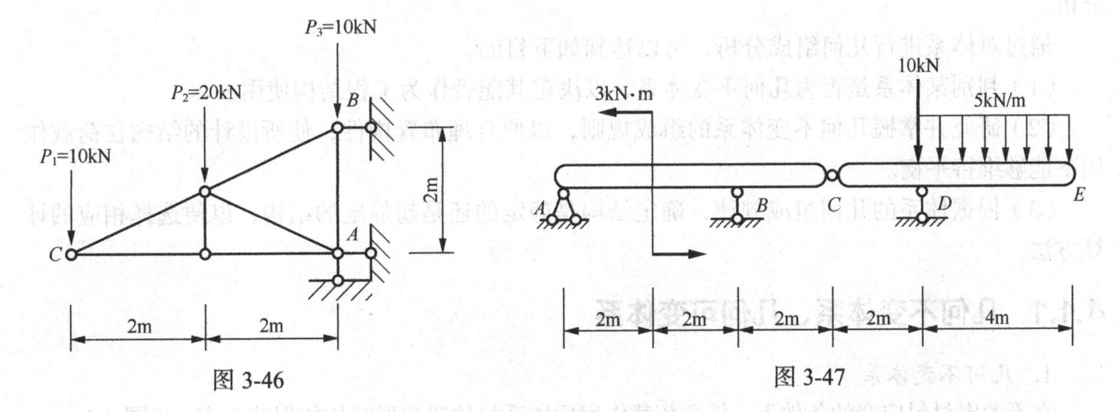

图 3-46　　　　图 3-47

第4章 平面体系的几何组成分析

知识目标

熟悉几何组成分析的目的，了解几何不变体系、几何可变体系及平面体系的自由度等概念；掌握几何不变体系的组成规则及判别方法；掌握一般的平面杆件体系的几何组成分析方法；从几何组成分析的角度判定静定结构和超静定结构。

能力目标

通过本章的学习，能够从体系的组成分析建立结构体系的系统概念，通过对几何组成分析规则的应用，能够正确判断体系是否几何不变；对结构的必要约束能够定性分析；能够从几何组成分析的角度正确区分静定结构和超静定结构，为以后进行结构内力计算奠定基础。

4.1 几何组成分析的目的

一个体系要能承受荷载，首先它的几何构造应当合理，能够使几何形状和位置保持不变。因此，在进行结构受力分析之前，要先进行几何构造分析。

土建工程中的结构必须是几何不变体系，因此，在结构设计和计算之前，首先要对结构体系的几何组成进行分析研究，考查体系的几何不变性，这种分析称为几何组成分析或几何构造分析。

通过对体系进行几何组成分析，可以达到如下目的。

（1）判别某体系是否为几何不变体系，以决定其能否作为工程结构使用。

（2）研究并掌握几何不变体系的组成规则，以便合理布置构件，使所设计的结构在荷载作用下能够维持平衡。

（3）根据体系的几何组成规律，确定结构是静定的还是超静定的结构，以便选择相应的计算方法。

4.1.1 几何不变体系、几何可变体系

1. 几何不变体系

在不考虑材料应变的条件下，任意荷载作用后体系的位置和形状均能保持不变［见图 4-1（a）、（b）、（c）］，这样的体系称为几何不变体系。

2. 几何可变体系

在不考虑材料应变的条件下，即使在微小的荷载作用下也会产生机械运动，从而不能保持

其原有形状和位置的体系［见图 4-1（d）、（e）、（f）］称为几何可变体系。

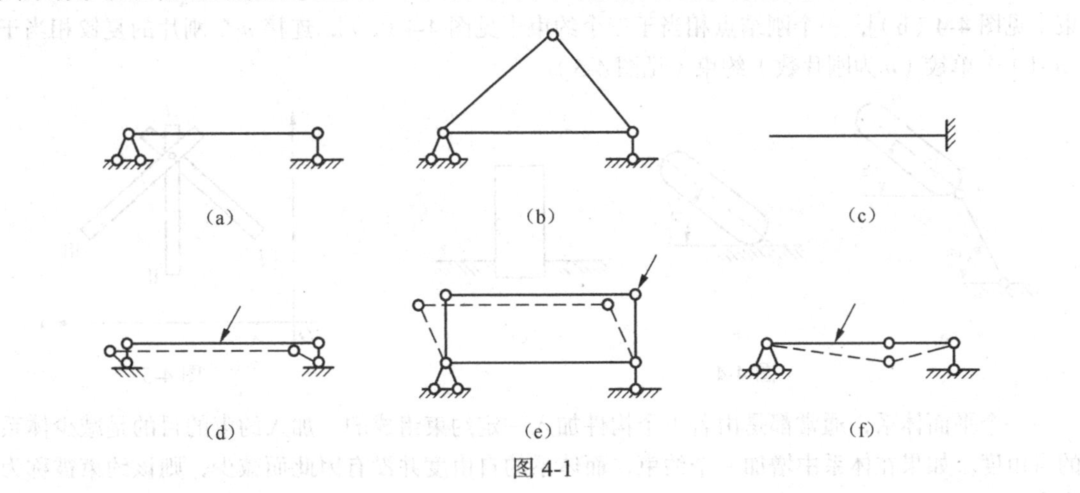

图 4-1

4.1.2　自由度

在介绍自由度之前，先了解一下有关刚片的概念。在几何组成分析中，把体系中的任何杆件都看成是不变形的平面刚体，简称刚片。显然，每一杆件或每根梁、柱都可以看作是一个刚片，建筑物的基础或地球也可看作是一个大刚片，某一几何不变部分也可视为一个刚片。这样，平面杆系的几何组成分析就在于分析体系中各个刚片之间的连接方式能否保证体系的几何不变性。

自由度是指确定体系位置所需要的独立坐标（参数）的数目。例如，一个点在平面内运动时，其位置可用两个坐标来确定，因此平面内的一个点有两个自由度［见图 4-2（a）］。又如，一个刚片在平面内运动时，其位置要用 x、y、ϕ 三个独立参数来确定，因此平面内的一个刚片有三个自由度［见图 4-2（b）］。由此可以看出，体系几何不变的必要条件是自由度等于或小于零。那么，如何适当、合理地给体系增加约束，使其成为几何不变体系就成了以下要解决的问题。

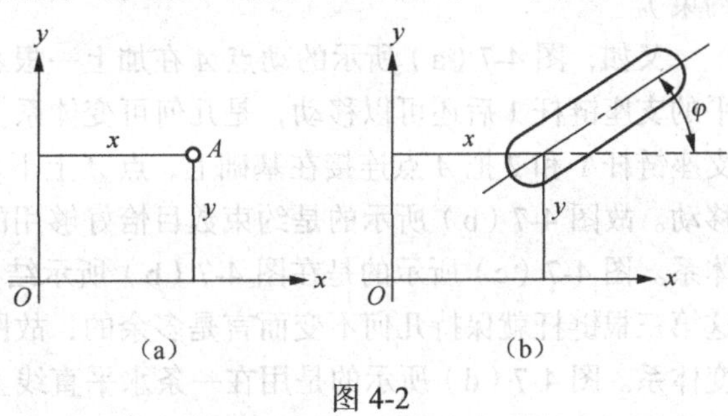

图 4-2

4.1.3　约束

减少体系自由度的装置称为约束。减少一个自由度的装置即为一个约束，并以此类推。约束主要有链杆、单铰（即连接两个刚片的铰）、复铰（图 4-3 中所示用于连接多于两个刚片的铰）和刚结点四种形式。

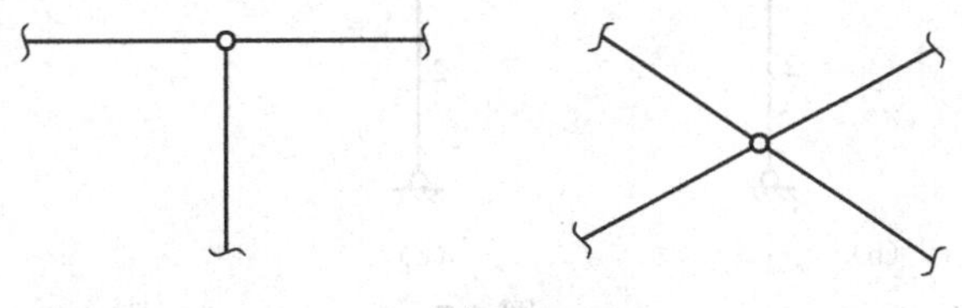

图 4-3

假设有两个刚片连接，一根链杆相当于一个约束［见图 4-4（a）]，一个单铰相当于两个约束［见图 4-4（b）]，一个刚结点相当于三个约束［见图 4-4（c）]，连接 n 个刚片的复铰相当于（n–1）个单铰（n 为刚片数）约束（见图 4-5）。

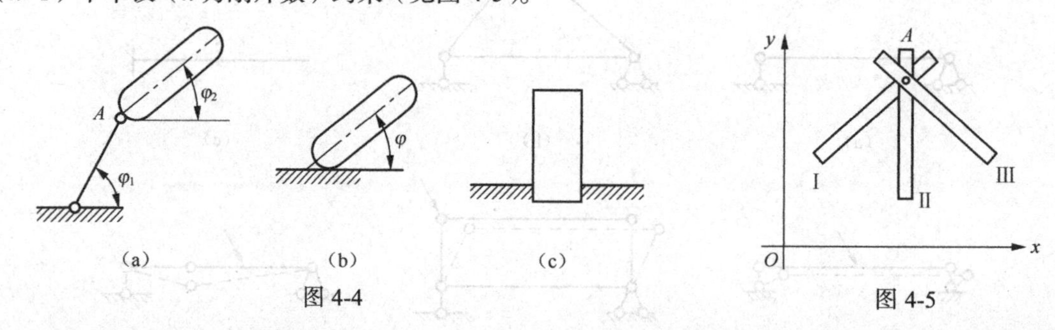

（a）（b）（c）

图 4-4

图 4-5

一个平面体系，通常都是由若干个构件加入一定约束组成的。加入约束的目的是减少体系的自由度。如果在体系中增加一个约束，而体系的自由度并没有因此而减少，则该约束被称为多余约束。应当指出，多余约束只说明为保持体系几何不变是多余的，但在几何体系中增设多余约束，往往可改善结构的受力状况，并非真是多余的。

如图 4-6 所示，平面内有一自由点 A。在图 4-6（a）中，A 点通过两根链杆与基础相连，这时两根链杆分别使 A 点减少一个自由度而使 A 点固定不动，因而两根链杆都是非多余约束。在图 4-6（b）中，A 点通过三根链杆与基础相连，这时 A 点虽然固定不动，但减少的自由度仍然为 2，显然三根链杆中有一根没有起到减少自由度的作用，因而是多余约束（可把其中任意一根作为多余约束）。

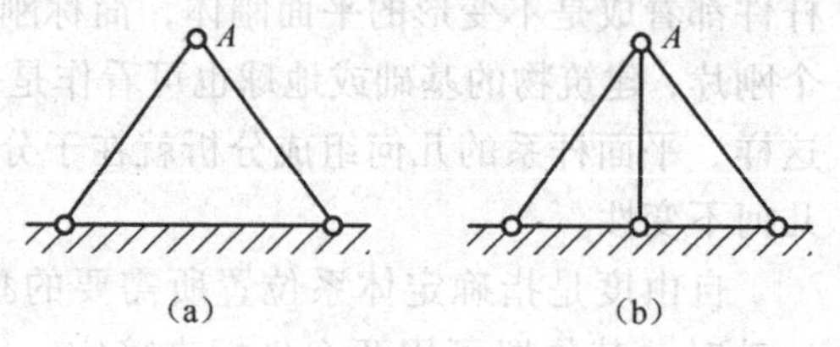

（a）（b）

图 4-6

又如，图 4-7（a）所示的动点 A 在加上一根水平的支座链杆 1 后还可以移动，是几何可变体系。图 4-7（b）所示的是用两根不在一直线上的支座链杆 1 和 2 把 A 点连接在基础上，点 A 上下、左右移动的自由度全被限制住了，不能发生移动。故图 4-7（b）所示的是约束数目恰好够用的几何不变体系，称为无多余约束的几何不变体系。图 4-7（c）所示的是在图 4-7（b）所示结构的基础上又增加了一根水平的支座链杆 3，这第三根链杆就保持几何不变而言是多余的，故图 4-7（c）所示的是有一个多余约束的几何不变体系。图 4-7（d）所示的是用在一条水平直线上的两根链杆 1 和 2 把 A 点连接在基础上，保持几何不变的约束数目是够用的。但是这两根水平链杆只能限制 A 点的水平位移，不能限制 A 点的竖向位移。在图 4-7（d）中，两根链杆处于水平线上的瞬时，A 点可以发生很微小的竖向位移到 A'点处，这时，链杆 1 和 2 不再在一直线上，A'点就不继续向下移动了。这种本来是几何可变的，经微小位移后又成为几何不变的体系，称为瞬变体系。瞬变体系是约束数目够用，但约束的布置不恰当而形成的体系。瞬变体系在工程中也是不能采用的。

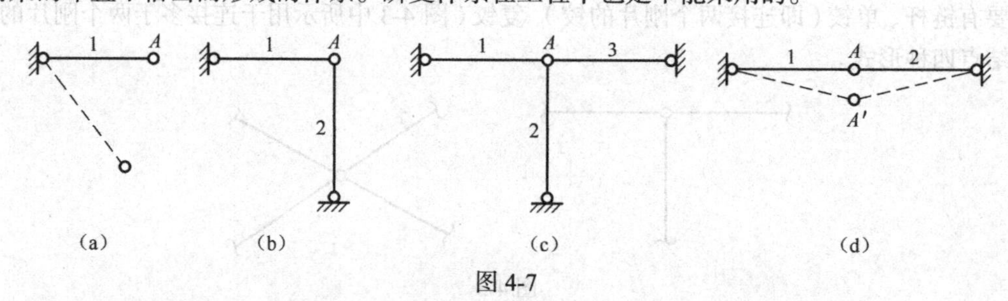

（a）（b）（c）（d）

图 4-7

4.2　几何不变体系的组成规则

为了确定平面体系是否几何不变，首先要了解几何不变体系的组成规则。本节将研究组成几何不变体系的一些简单规律。

4.2.1　三个基本规则

基本规则是几何组成分析的基础，在进行几何组成分析之前需要先介绍一下虚铰的概念。

如果两个刚片用两根链杆连接［见图 4-8（a）］，则这两根链杆的作用就和一个位于两杆交点 O 的铰的作用完全相同。由于在这个交点 O 处并不存在真正的铰，所以称它为虚铰。虚铰的位置即在这两根链杆的交点上，即图 4-8（a）中所示的 O 点。如果连接两个刚片的两根链杆并没有相交，则虚铰在这两根链杆延长线的交点上，如图 4-8（b）所示。

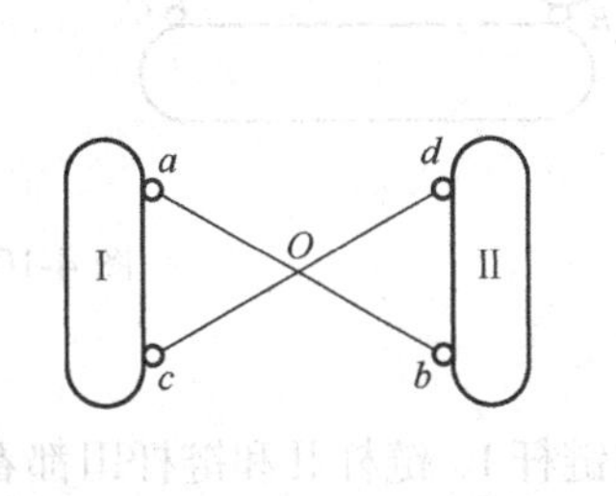

（a）

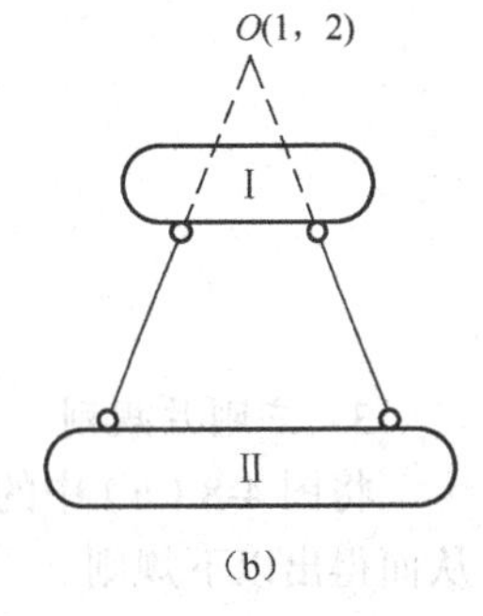

（b）

图 4-8

下面将分别叙述组成几何不变平面体系的三个基本规则。

1. 二元体概念及二元体规则

图 4-9（a）所示为一个三角形铰接体系，假如链杆 I 固定不动，那么通过前面的叙述，我们可知它是一个几何不变体系。将图 4-9（a）中的链杆 I 看作一个刚片，成为图 4-9（b）所示的体系。从而得出以下规则。

规则 1（二元体规则）：一个点与一个刚片用两根不共线的链杆相连，则组成无多余约束的几何不变体系。

由两根不共线的链杆连接一个节点的构造，称为二元体，如图 4-9（b）中的 BAC 所示。

推论 1：在一个平面杆件体系上增加或减少若干个二元体，都不会改变原体系的几何组成性质。

图 4-9（c）所示的桁架，就是在铰接三角形 ABC 的基础上，依次增加二元体而形成的一个无多余约束的几何不变体系。同样，我们也可以对该桁架从 H 点起依次拆除二元体而成为铰接三角形 ABC。

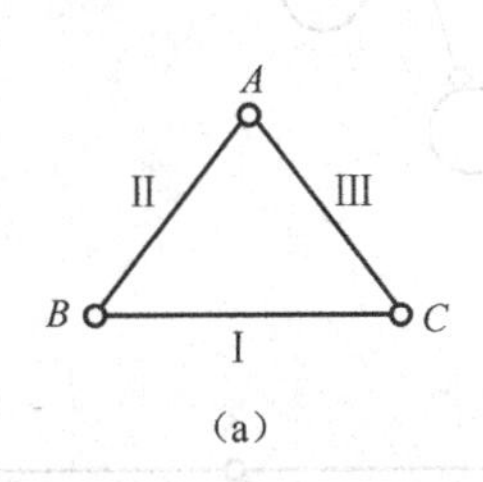

（a）

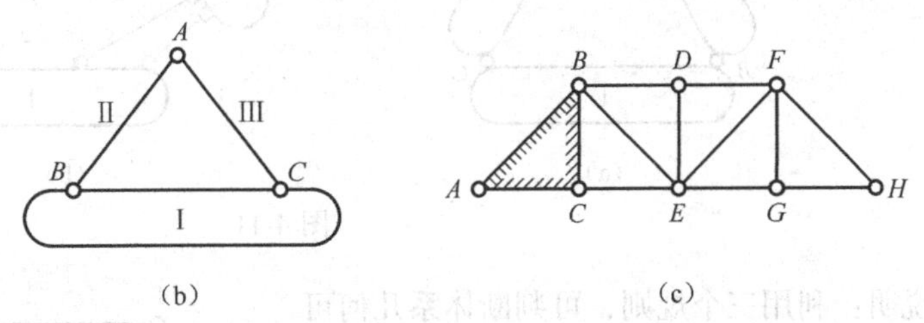

（b）　（c）

图 4-9

2. 两刚片规则

将图 4-9（a）所示中的链杆 I 和链杆 II 都看作是刚片，就成为图 4-10（a）所示的体系。从而得出以下规则。

规则 2（两刚片规则）：两刚片用不在一条直线上的一个铰（B 铰）和一根链杆（AC 链杆）连接，则组成无多余约束的几何不变体系。

如果将图 4-10（a）中连接两刚片的铰 B 用虚铰代替，即用两根不共线、不平行的链杆 a、b 来代替，就成为图 4-10（b）所示体系，则有以下推论。

推论 2：两刚片用既不完全平行也不交于一点的三根链杆连接，则组成无多余约束的几何不变体系。

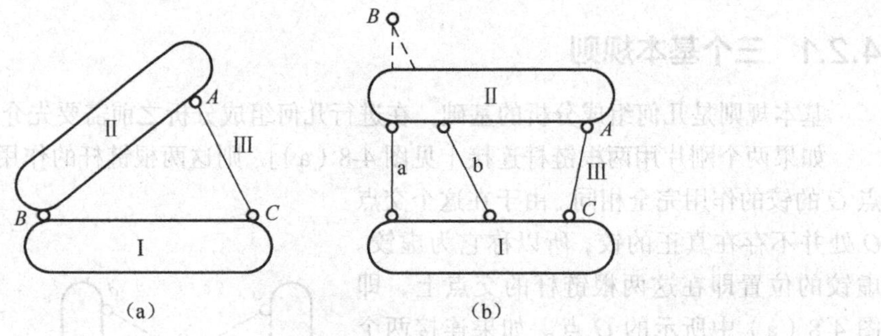

图 4-10

3. 三刚片规则

将图 4-8（a）中的链杆Ⅰ、链杆Ⅱ和链杆Ⅲ都看作是刚片，就成为图 4-11（a）所示的体系。从而得出以下规则。

规则 3（三刚片规则）：三刚片用不在一条直线上的三个铰两两连接，则组成无多余约束的几何不变体系。

如果将图中连接三刚片之间的铰 A、B、C 全部用虚铰代替，即都用两根不共线、不平行的链杆来代替，就成为图 4-11（b）所示体系，则有如下推论。

推论 3：三刚片分别用不完全平行也不共线的二根链杆两两连接，且所形成的三个虚铰不在同一条直线上，则组成无多余约束的几何不变体系。

从以上叙述可知，这三个规则及其推论，实际上都是三角形规律的不同表达方式，即三个不共线的铰，可以组成无多余约束的铰接三角形体系。

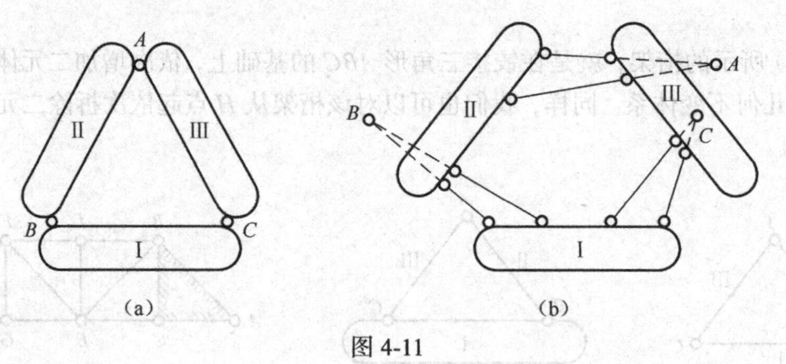

图 4-11

说明：利用三个规则，可判断体系几何可变和几何不变性。

【例 4-1】 试对图 4-12 所示铰接链杆体系进行几何组成分析。

解：在此体系中，先分析基础以上部分。把链杆 1—2 作为刚片，再依次增加二元体 1—3—2、2—4—3、3—5—4、4—6—5、5—7—6、

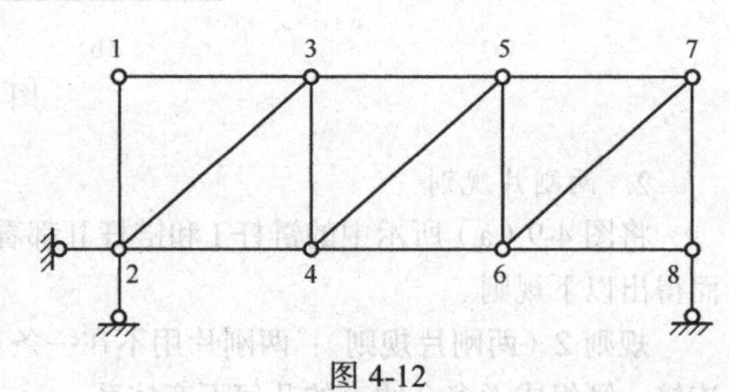

图 4-12

6—8—7，根据二元体法则，此部分体系为几何不变体系，且无多余约束。

把上面的几何不变体系视为刚片，它与基础用三根既不完全平行也不交于一点的链杆相连，根据两刚片规则，图 4-12 所示体系为一几何不变体系，且无多余约束。

【例 4-2】　试对图 4-13 所示体系进行几何组成分析。

解：将 *AB*、*BED* 和基础分别看作刚片 I、II、III。刚片 I 和 II 用铰 *B* 相连；刚片 I 和 III 用铰 *A* 相连；刚片 II 和 III 用虚铰 *C*（*D* 和 *E* 两处支座链杆延长线的交点）相连。因三铰在一直线上，故该体系为瞬变体系。

【例 4-3】　试对图 4-14 所示体系进行几何组成分析。

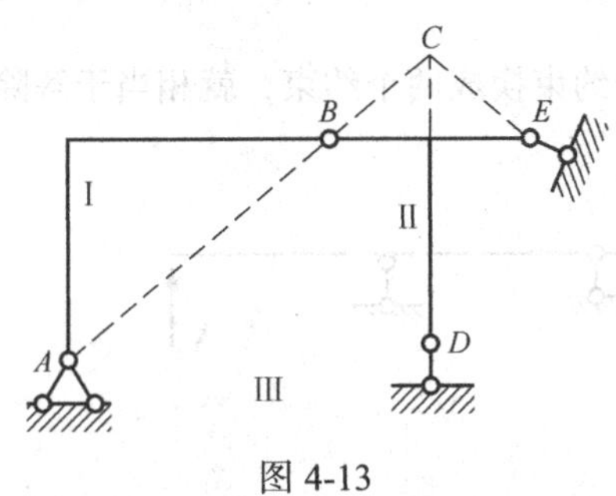

图 4-13

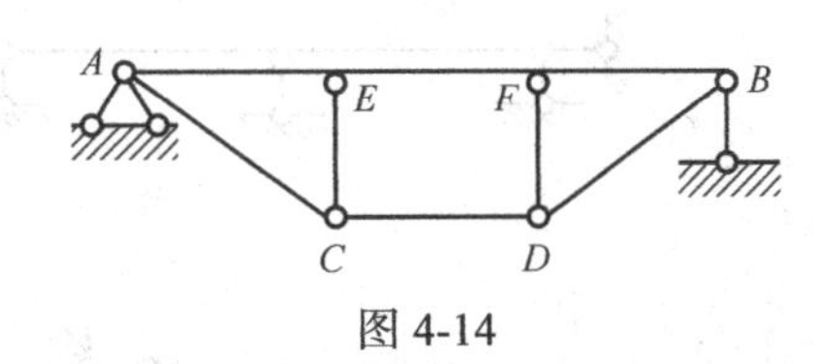

图 4-14

解：杆 *AB* 与基础通过三根既不全交于一点又不全平行的链杆相连，成为一几何不变部分，再增加 *A—C—E* 和 *B—D—F* 两个二元体。此外，又添上了一根链杆 *CD*，故此体系为具有一个多余约束的几何不变体系。

【例 4-4】　试分析图 4-15 所示体系的几何组成。

解：根据三刚片规则，先依次撤除二元体 *G—J—H*、*D—G—F*、*F—H—E*，*D—F—E* 使体系简化。再分析剩下部分的几何组成，将 *ADC* 和 *CEB* 分别视为刚片 I 和 II，基础视为刚片 III。此三刚片分别用铰 *C*、*B*、*A* 两两相连，且三铰不在同一直线上，故知该体系是无多余约束的几何不变体系。

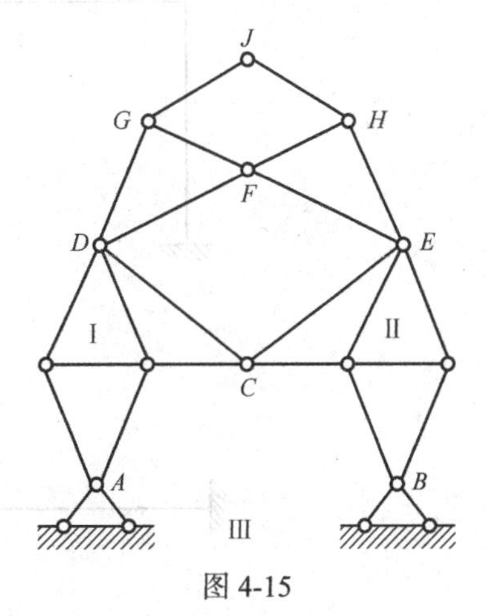

图 4-15

4.3　静定结构与超静定结构的判定

几何不变体系可分为无多余约束的和有多余约束的体系。

对于无多余约束的结构，如图 4-16 所示的简支梁，它的全部反力和内力都可由静力平衡条件求得，这类结构称为静定结构。但是，对于有多余约束的结构，却不能只依靠静力平衡条件来求得其全部的反力和内力。如图 4-17 所示的连续梁，其支座反力共有四个，而根据静力平衡条件只能列出三个独立的平衡方程，仅利用静力平衡条件无法求得其全部反力，从而也就不能求得它的全部内力，这类结构称为超静定结构。显然，通过合理解除多余约束，可以把超静定结构变成静定结构。

实际应用中，我们常常是从几何构造的角度来确定超静定次数的。此法关键在于撤除多余约束，使原结构变成静定结构。在结构上撤除多余约束的方式一般有以下几种。

（1）一根链杆，叫作一个约束。所以撤除一根链杆，相当于解除一个约束，如图 4-18（a）所示。

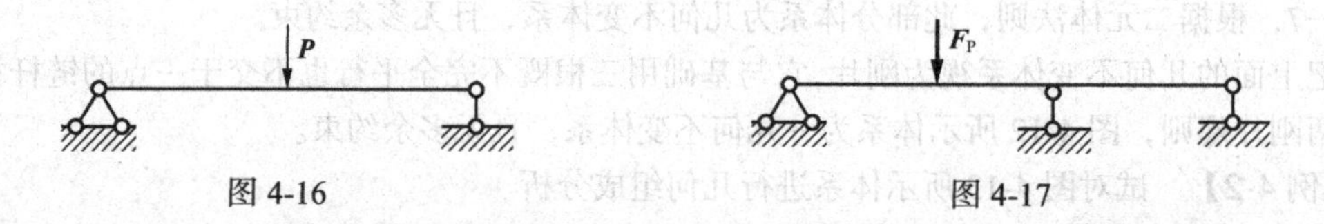

图 4-16　　　　　　图 4-17

（2）一个单铰，约束节点既不发生水平方向的位移，又不发生竖直方向的位移。因此撤除一个单铰，相当于解除两个约束，如图 4-18（b）所示。

（3）撤除一个固定端支座或切开一个刚性杆件横截面，一般有轴力、剪力和弯矩三个内力，相当于解除三个约束，如图 4-18（c）所示。

（4）若将刚性连接换成一个铰，即把原来的三个约束换成两个约束，就相当于解除一个抗弯约束，如图 4-18（d）所示。

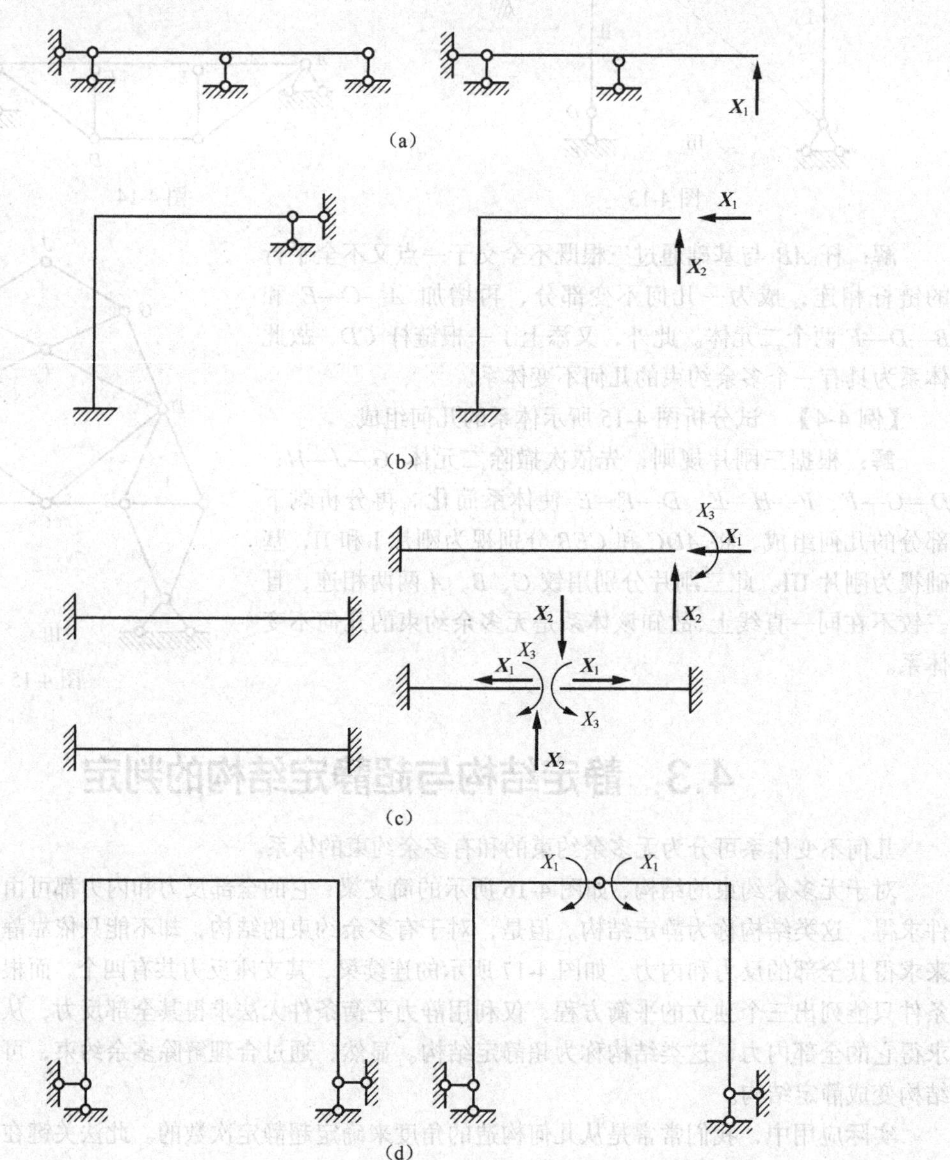

图 4-18

例如，图 4-19（a）所示的单跨超静定梁，可以采用图 4-19（b）或图 4-19（c）中任何一种撤除多余约束的办法，将超静定结构变成相应的静定结构。因此，图 4-19（a）所示的超静定梁是一次超静定结构。

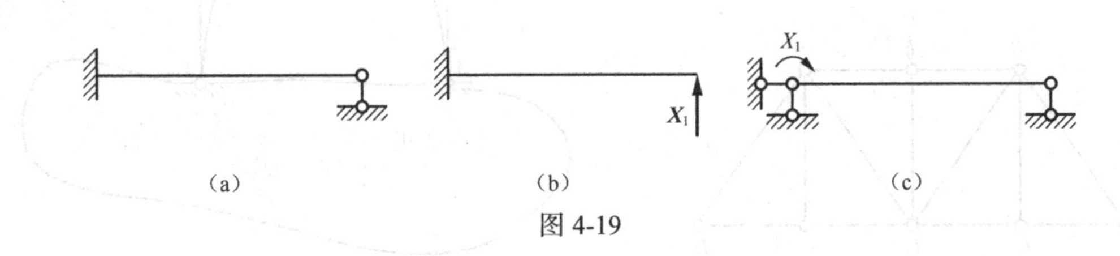

图 4-19

图 4-20（a）所示超静定刚架可以采用图 4-20（b）、（c）、（d）中任何一种撤除多余约束的办法，将超静定结构变成相应的静定结构，因此超静定刚架是三次超静定结构。

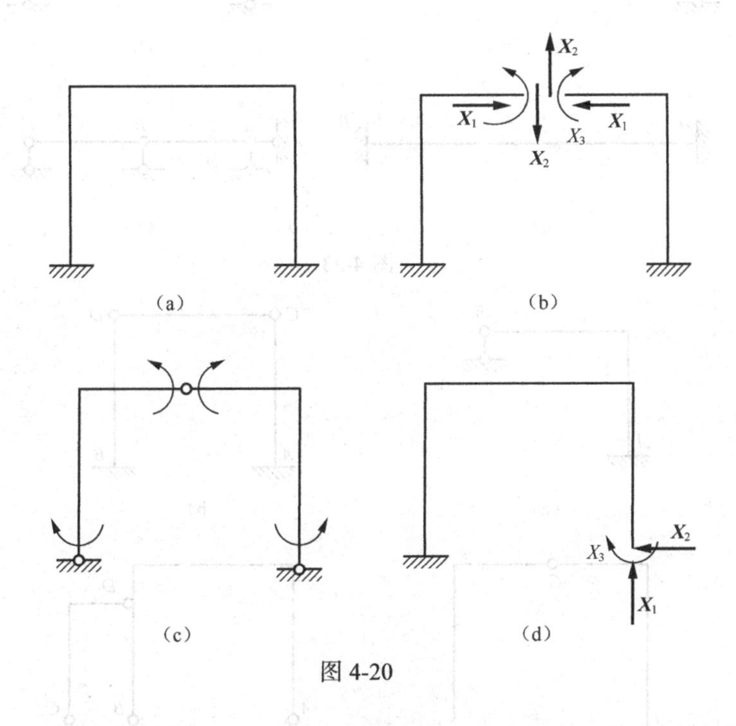

图 4-20

需要强调的是，撤除多余约束后，结构仍保持几何不变。另外，约束只是对几何不变性而言的，这些多余约束对改善结构的强度和刚度是十分必要的。

思考题与习题

1. 什么是几何不变体系？什么是几何可变体系？
2. 什么是静定结构？什么是超静定结构？在几何组成上有什么联系与区别？
3. 试分析图 4-21 所示体系的几何构造。
4. 试分析图 4-22 所示体系的几何构造。
5. 试对图 4-23 所示的平面体系进行几何组成分析。
6. 试对图 4-24 所示的平面体系进行几何组成分析。

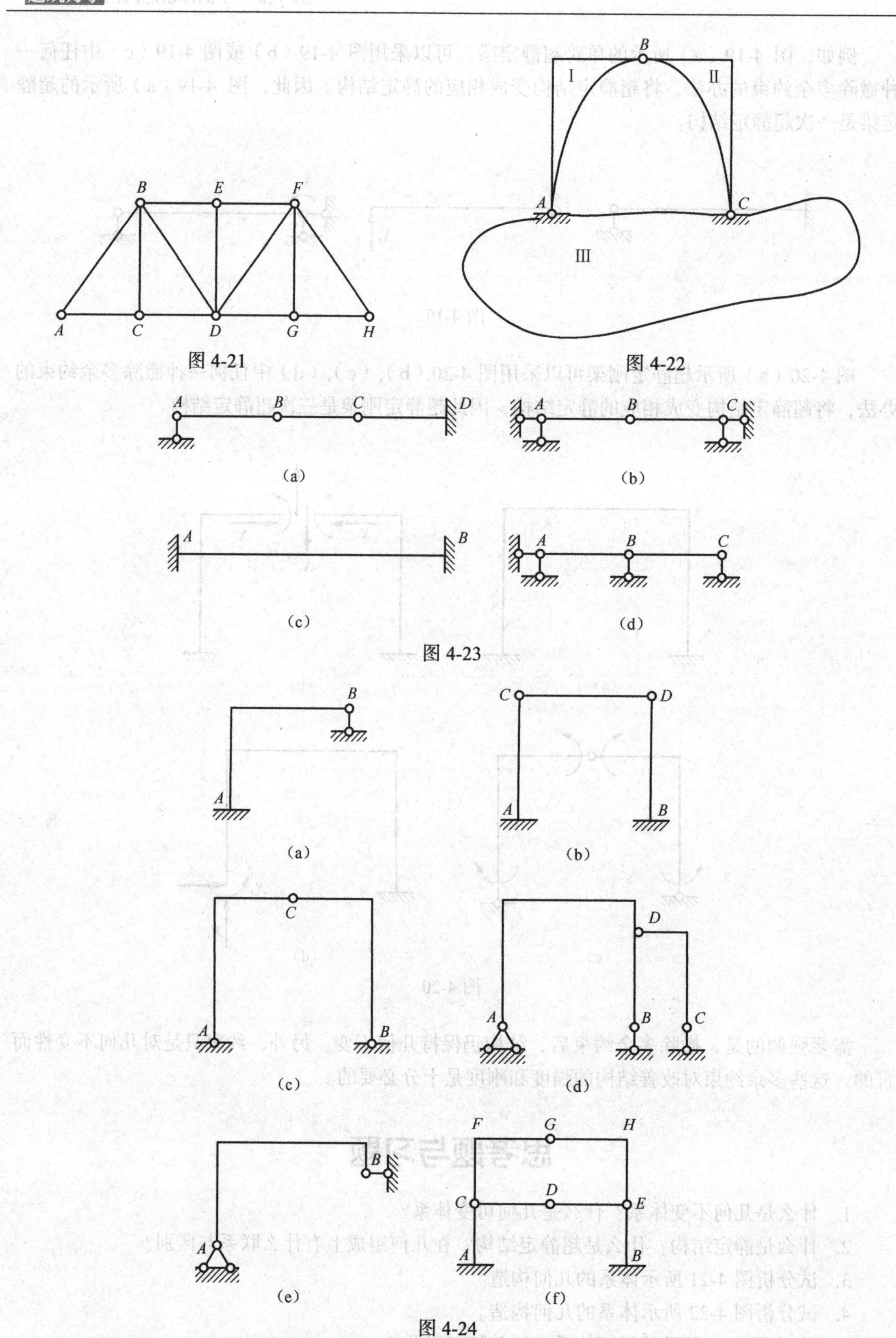

7. 试对图 4-25 所示的平面体系进行几何组成分析。

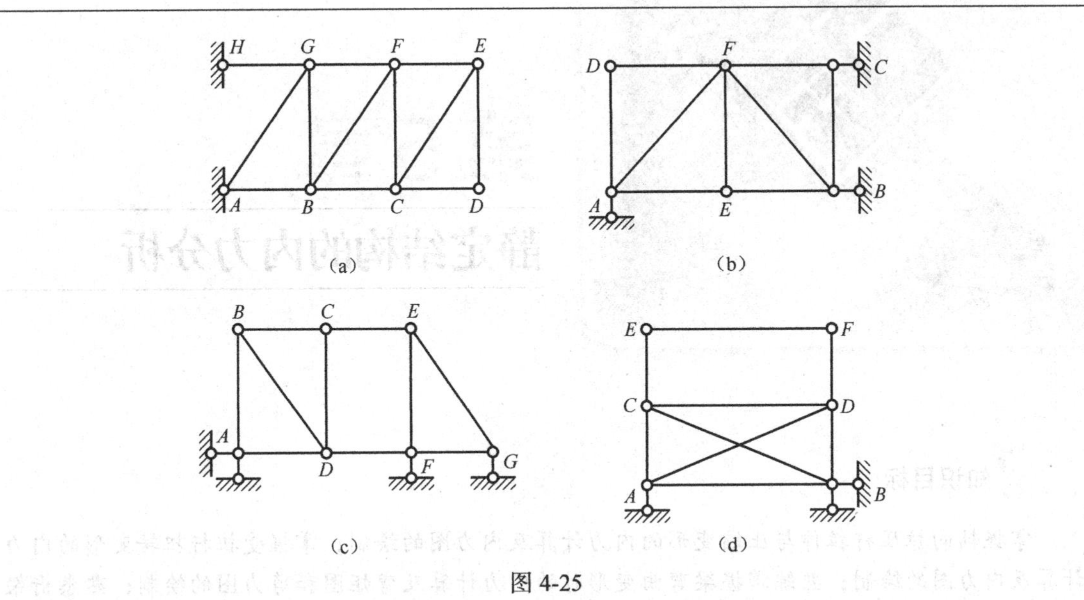

图 4-25

第5章 静定结构的内力分析

知识目标

掌握轴向拉压杆拉伸与压缩变形的内力计算及内力图的绘制；掌握受扭杆扭转变形的内力计算及内力图的绘制；熟练掌握梁弯曲变形时的内力计算及弯矩图和剪力图的绘制；熟悉桁架的受力特点及几何组成；熟练运用结点法、截面法及两种方法的联合应用计算桁架的内力；了解静定梁、静定刚架的受力特点，熟练掌握静定梁、静定刚架的内力计算及内力图的绘制；掌握平面组合结构的内力的计算。

能力目标

通过本章的学习，能初步将常见的静定结构与工程实际建立联系，并能区分各类静定结构的受力特点；能够应用截面法计算各类结构内力，培养学生具有静定结构内力分析的能力及内力图绘制的能力，为以后学习建筑结构奠定理论基础。

材料力学的主要研究对象是杆件。所谓杆件，是指其纵向（沿长度方向）尺寸比其横向（垂直于长度方向）尺寸大得多的构件。常见的柱、梁和传动轴等均属于杆件。

杆件的几何特点是：横截面是与杆件长度方向垂直的截面，而轴线是各横截面形心的连线。

杆系结构中杆件的轴线多为直线，也有轴线为曲线和折线的杆件，分别称为直杆、曲杆和折杆（见图5-1）。横截面沿杆轴线不变者称为等截面杆；改变者称为变截面杆。杆轴线为直线，横截面沿杆轴且不变者称为等截面直杆，简称等直杆。

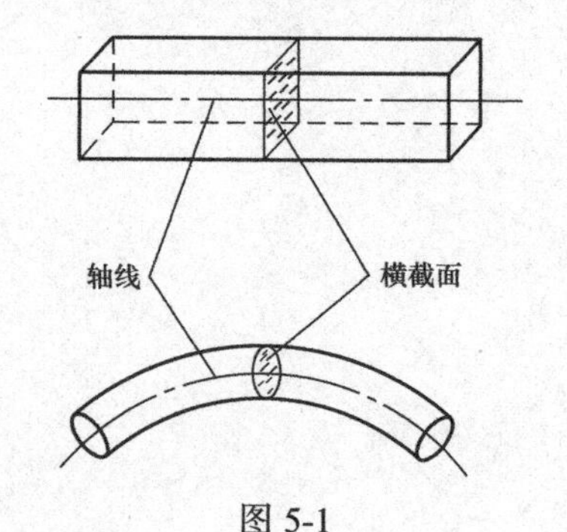

图5-1

受外力作用后，杆件的几何形状和尺寸一般都要发生改变，这种改变称为变形。作用在构件上的荷载是各种各样的，因此，杆件的变形形式就呈现出了多样性，并且有时比较复杂，但分解来看，变形的基本形式却只有以下四种。

（1）轴向拉伸或轴向压缩［见图5-2（a）、（b）］。在一对大小相等、方向相反、作用线与杆轴线重合的外力作用下，杆件将发生伸长或缩短变形，这种变形形式称为轴向拉伸或轴向压缩。

（2）剪切［见图5-2（c）］。在一对相距很近的，大小相等、方向相反、作用线与杆轴线垂直的外力作用下，杆的主要变形是横截面沿外力作用方向发生错动，这种变形形式称为剪切。其受力特点为一对大小相等、方向相反的外力的作用线与杆轴线垂直且相距很近，变形特征为横截面沿外力作用方向发生相对错动。

（3）扭转［见图5-2（d）］。在一对大小相等、转向相反、作用面与杆轴线垂直的外力偶作

用下，杆件的任意两横截面将绕轴线发生相对转动，这种变形形式称为扭转。

（4）弯曲［见图 5-2（e）］。在杆的一个纵向平面内，作用一对大小相等、转向相反的外力偶，这时杆将在纵向平面内弯曲，任意两横截面发生相对倾斜，这种变形形式称为弯曲。其受力特点为外力偶的作用平面在含杆轴线在内的纵向平面内，变形特征为杆件的轴线由直线变为曲线，任意两横截面发生相对倾斜。

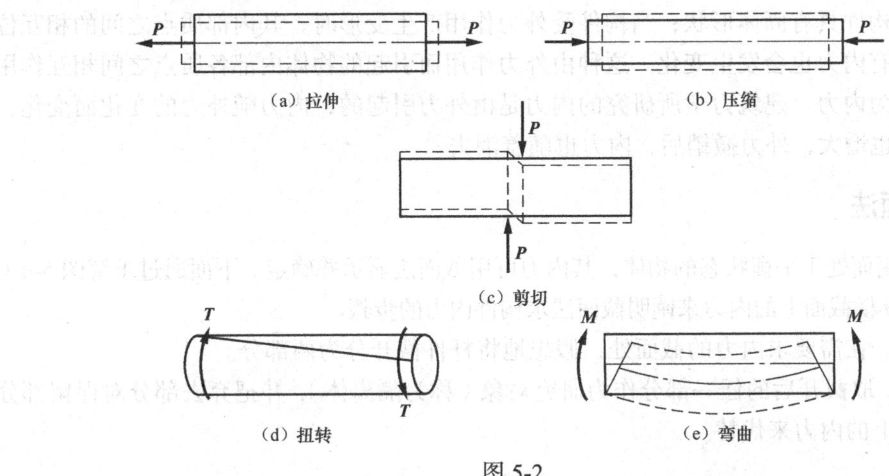

图 5-2

工程中常用构件在荷载作用下的变形，在很多情况下都包含有两种或两种以上的基本变形，我们把这种变形形式称为组合变形。

在进行结构设计时，为保证结构安全正常工作，要求各构件必须具有足够的强度和刚度。解决构件的强度和刚度问题时，首先需要确定危险截面的内力，内力计算是结构设计的基础。

5.1　轴向拉压杆

在建筑物和机械等工程结构中，经常使用受拉伸或压缩的构件。例如液压传动中的活塞杆［见图 5-3（a）］、屋架中的弦杆［见图 5-3（b）］以及牵引桥的拉索和桥塔［见图 5-3（c）］等。

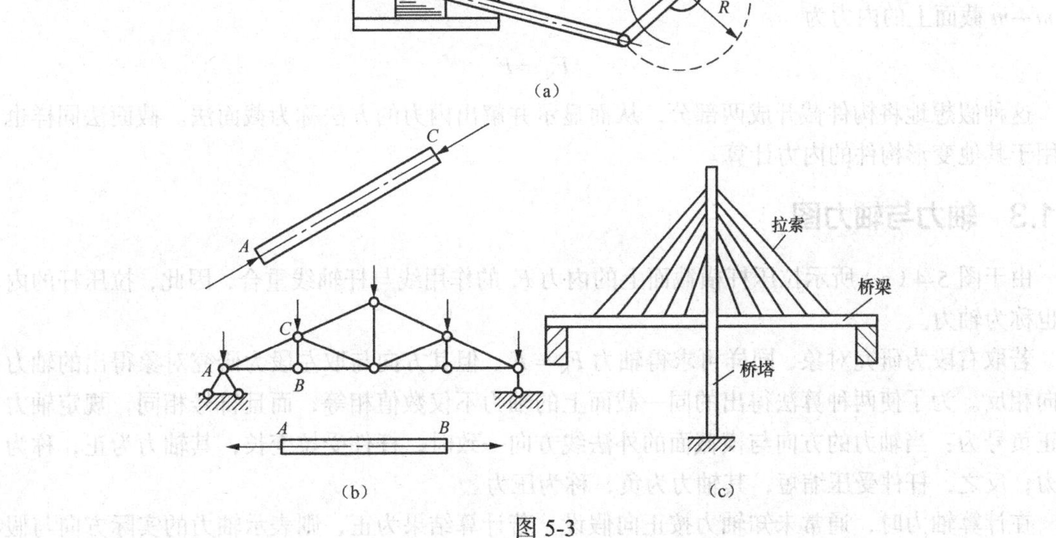

图 5-3

轴向拉伸与压缩变形的受力特点是：外力等值反向，其作用线与轴线相重合。

轴向拉伸与压缩变形的变形特征是：受力后杆件沿其轴线方向伸长或缩短。

5.1.1 内力的概念

构件的材料是由许多质点组成的。构件不受外力作用时，材料内部质点之间保持一定的相互作用力，使构件具有固体形状；当构件受外力作用产生变形时，其内部质点之间的相互位置发生改变，原有内力也会发生变化。这种由外力作用而引起的物体内部各质点之间相互作用的力的改变量称为内力。建筑力学所研究的内力是由外力引起的，内力随外力的变化而变化，外力增大，内力也增大，外力撤销后，内力也随着消失。

5.1.2 截面法

受外力作用而处于平衡状态的物体，其内力可用截面法显示并确定。下面通过求解图 5-4（a）所示杆件 *m—m* 横截面上的内力来阐明截面法求构件内力的步骤。

（1）截开。在需要求内力的截面处，假想地将杆件截开分为两部分。

（2）代替。取截开后的任一部分作为研究对象（称为隔离体），并把弃去部分对保留部分的作用以截开面上的内力来代替。

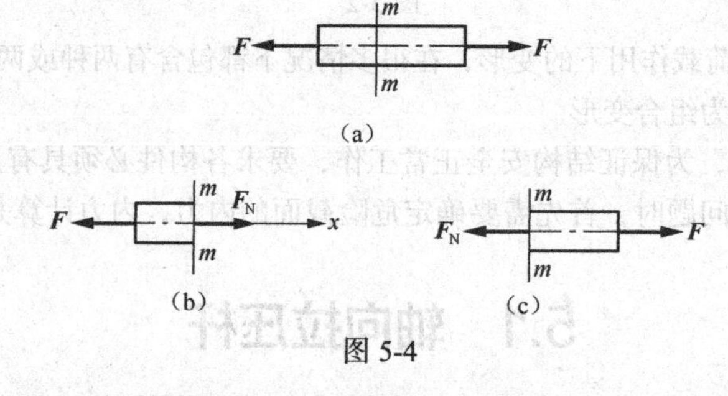

图 5-4

（3）平衡。对保留部分即隔离体建立平衡方程，计算内力的大小和方向。如取左段为研究对象［见图 5-4（b）］，因其处于平衡状态，故列出平衡方程

由 $\sum F_x = 0$ 得 $F_N - F = 0$

即 *m—m* 截面上的内力为

$$F_N = F$$

这种假想地将构件截开成两部分，从而显示并解出内力的方法称为截面法。截面法同样也适用于其他变形构件的内力计算。

5.1.3 轴力与轴力图

由于图 5-4（a）所示拉压杆横截面上的内力 F_N 的作用线与杆轴线重合，因此，拉压杆的内力也称为轴力。

若取右段为研究对象，同样可求得轴力 $F_N = F$，但其方向与取左段为研究对象得出的轴力方向相反。为了使两种算法得出的同一截面上的轴力不仅数值相等，而且符号相同，规定轴力的正负号为：当轴力的方向与横截面的外法线方向一致时，杆件受拉变长，其轴力为正，称为拉力；反之，杆件受压缩短，其轴力为负，称为压力。

在计算轴力时，通常未知轴力按正向假设。若计算结果为正，则表示轴力的实际方向与假

设方向相同，轴力为拉力；若计算结果为负，则表示轴力的实际方向与假设方向相反，轴力为压力。

如果直杆承受多于两个的外力，直杆的不同段上将有不同的轴力，应分段使用截面法，计算各段的轴力。为了形象地表示轴力沿杆件轴线的变化情况，可绘出轴力随横截面变化的图线，通常以平行于杆轴线的坐标 x 表示杆件横截面的位置，以垂直于杆轴线的坐标 F_N 表示轴力的数值，将各截面的轴力按一定比例画在坐标图上，并连以直线，这一图线称为轴力图。通常将正值的轴力画在上侧，负值的轴力则画在下侧。

任一截面上的轴力的数值等于对应截面一侧所有外力的代数和，且当外力的方向使截面受拉时为正，受压时为负。即

$$F_N = \sum F \tag{5-1}$$

【例5-1】 拉杆或压杆如图5-5所示。试用截面法求各杆指定截面的轴力，并画出各杆的轴力图。

解：（1）分段计算轴力。将杆件分为二段，用截面法取图示研究对象并画出受力图如图所示，并假设各截面的轴力为拉力。

列平衡方程　$F - F_{N1} = 0$；$F - 2F - F_{N2} = 0$

得　$F_{N1} = F$；$F_{N2} = -F$

F_{N2} 为负值，表明2—2截面上的轴力 F_{N2} 的实际方向与假设方向相反，为压力。

（2）画轴力图。根据所求轴力画出轴力图，如图所示。

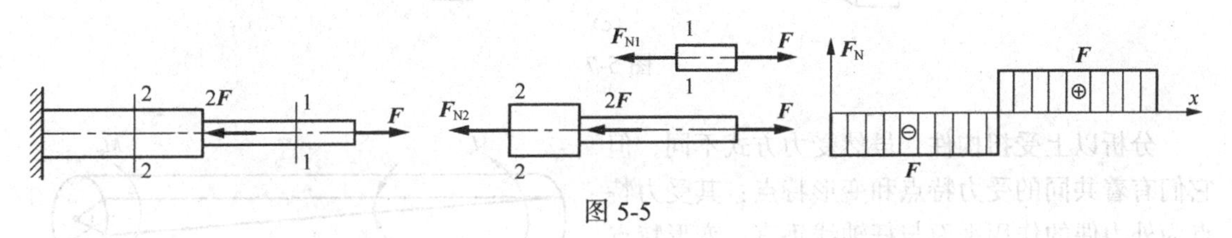

图5-5

【例5-2】 试画出图5-6（a）所示阶梯柱的轴力图，已知 $F = 40\text{kN}$。

解：（1）求各段柱的轴力。计算如下。

$$F_{N_{AB}} = -F = -40\text{kN}\ （压）$$

$$F_{N_{BC}} = -3F = -120\text{kN}\ （压）$$

（2）画出轴力图。如图5-6（b）所示。

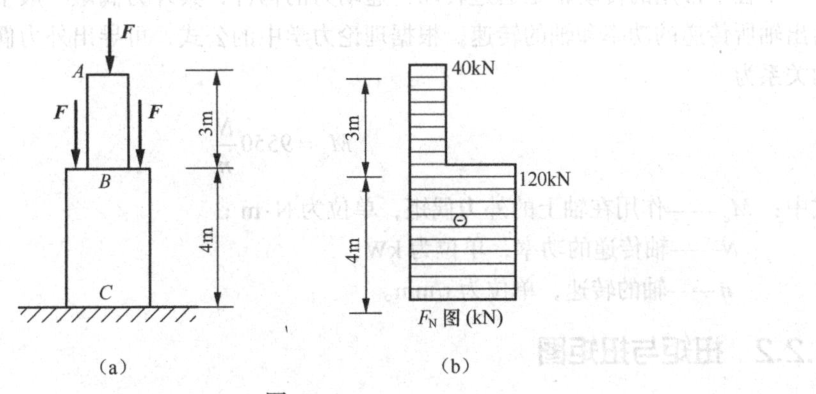

图5-6

5.2 扭转轴

在工程实际中，有很多以扭转变形为主的杆件。例如载重汽车的传动轴［见图 5-7（a）]，用手电钻钻孔的螺丝刀杆和钻头［见图 5-7（b）］以及房屋中的雨篷梁［见图 5-7（c）］等。工程上常把以扭转变形为主要变形的杆件称为轴，截面为圆形的轴称为圆轴。

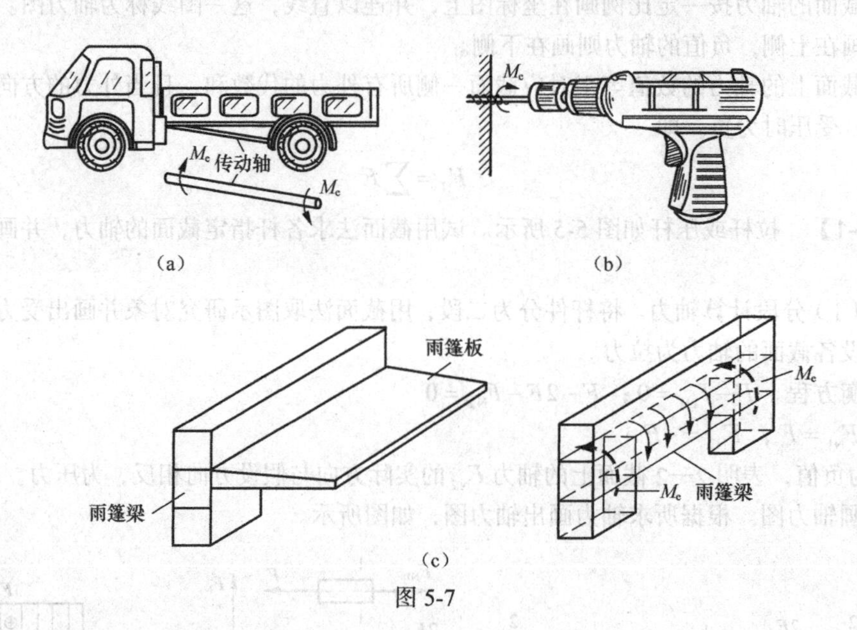

图 5-7

分析以上受扭构件，虽然受力方式不同，但它们有着共同的受力特点和变形特点：其受力特点为外力偶的作用平面与杆轴线垂直；变形特点为任意两相邻横截面绕杆轴线发生相对转动。变形后杆件各横截面之间绕杆轴线相对转动了一个角度，称之为扭转角，用φ表示，如图 5-8 所示。

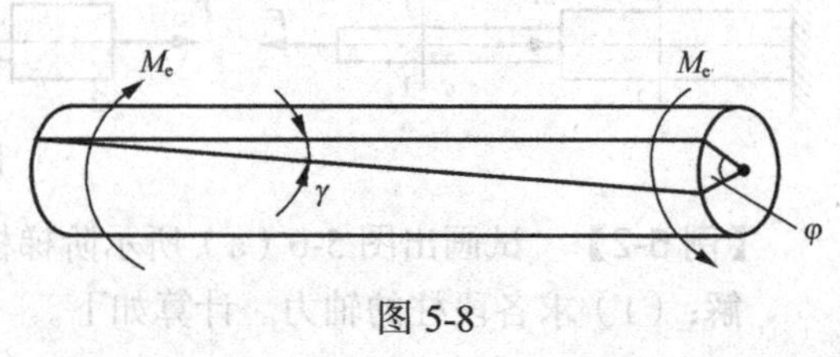

图 5-8

5.2.1 外力偶矩的计算

工程中常用的传动轴是通过转动传递动力的构件，其外力偶矩一般不是直接给出的，而是给出轴所传递的功率和轴的转速。根据理论力学中的公式，可导出外力偶矩、功率和转速之间的关系为

$$M_e = 9550\frac{N}{n} \tag{5-2}$$

式中：M_e——作用在轴上的外力偶矩，单位为 N·m；

N——轴传递的功率，单位为 kW；

n——轴的转速，单位为 r/min。

5.2.2 扭矩与扭矩图

已知受扭圆轴外力偶矩，可以利用截面法求任意横截面的内力。图 5-9（a）所示为受扭圆

轴，设外力偶矩为 M_e，求距 A 端距离为 x 的任意截面 $m—n$ 上的内力。假设在 $m—n$ 截面将圆轴截开，取左部分为研究对象［见图 5-9（b）］，由平衡条件 $\Sigma M_x = 0$，得内力偶矩 T 和外力偶矩 M_e 的关系为

$$T = M_e \tag{5-3}$$

我们称这个内力偶矩 T 为扭矩。

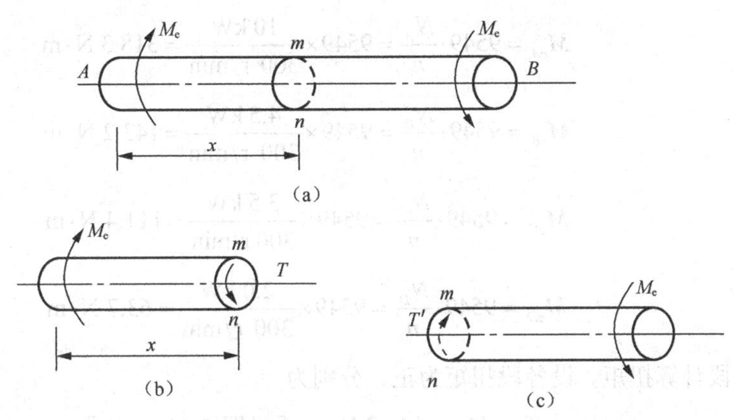

图 5-9

如取 $m—n$ 截面右段轴为研究对象，也可得到同样的结果，但转向相反。为了使由截面的左、右两段轴求得的扭矩具有相同的正负号，对扭矩的正、负作如下规定：采用右手螺旋法则，以右手四指表示扭矩的转向，当拇指的指向与截面外法线方向一致时，扭矩为正号；反之为负号，如图 5-10 所示。

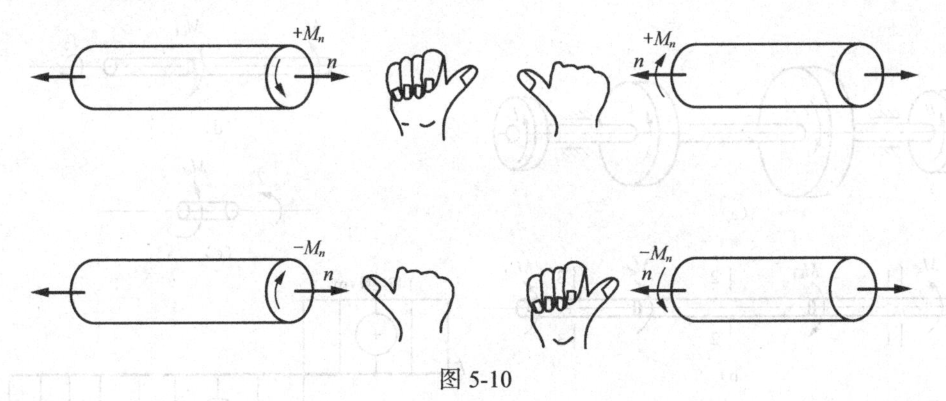

图 5-10

与求轴力一样，用截面法计算扭矩时，通常假定扭矩为正。扭矩的单位与力矩相同，常用 N·m 或 kN·m。

一般情况下，当圆轴上同时受到几个外力偶作用时，圆轴的不同截面上有不同的扭矩，而对圆轴进行强度计算时，要以圆轴内最大的扭矩为计算依据，所以必须知道各个截面上的扭矩。为了清楚地表示扭矩沿轴线变化的规律，以便于确定危险截面，常用与轴线平行的 x 坐标表示横截面的位置，以与之垂直的坐标表示相应横截面的扭矩，把计算结果按比例绘在图上，正值扭矩画在 x 轴上方，负值扭矩画在 x 轴下方，这种图形称为扭矩图。

任一截面上的扭矩值等于对应截面一侧所有外力偶矩的代数和，且外力偶矩应用右手螺旋法则背离该截面时为正，反之为负。即

$$T = \sum M_e \tag{5-4}$$

【例 5-3】 图 5-11（a）所示传动轴的转速 $n = 300\ \text{r/min}$，A 轮为主动轮，输入功率 $N_A = 10\ \text{kW}$，B、C、D 为从动轮，输出功率分别为 $N_B = 4.5\ \text{kW}$，$N_C = 3.5\ \text{kW}$，$N_D = 2.0\ \text{kW}$，试求各段扭矩。

解：（1）计算外力偶矩。

$$M_{eA} = 9549 \cdot \frac{N_A}{n} = 9549 \times \frac{10\ \text{kW}}{300\ \text{r/min}} = 318.3\ \text{N} \cdot \text{m}$$

$$M_{eB} = 9549 \cdot \frac{N_B}{n} = 9549 \times \frac{4.5\ \text{kW}}{300\ \text{r/min}} = 143.2\ \text{N} \cdot \text{m}$$

$$M_{eC} = 9549 \cdot \frac{N_C}{n} = 9549 \times \frac{3.5\ \text{kW}}{300\ \text{r/min}} = 111.4\ \text{N} \cdot \text{m}$$

$$M_{eD} = 9549 \cdot \frac{N_D}{n} = 9549 \times \frac{2.0\ \text{kW}}{300\ \text{r/min}} = 63.7\ \text{N} \cdot \text{m}$$

（2）分段计算扭矩。设各段扭矩为正，分别为

$$T_1 = M_{eB} = 143.2\ \text{N} \cdot \text{m}$$ ［见图 5-11（c）］

$$T_2 = M_{eB} - M_{eA} = 143.2\ \text{N} \cdot \text{m} - 318.3\ \text{N} \cdot \text{m} = -175\ \text{N} \cdot \text{m}$$ ［见图 5-11（d）］

$$T_3 = -M_{eD} = -63.7\ \text{N} \cdot \text{m}$$ ［见图 5-11（e）］

T_2、T_3 为负值，说明实际方向与假设的相反。

（3）画出扭矩图。如图 5-11（f）所示。

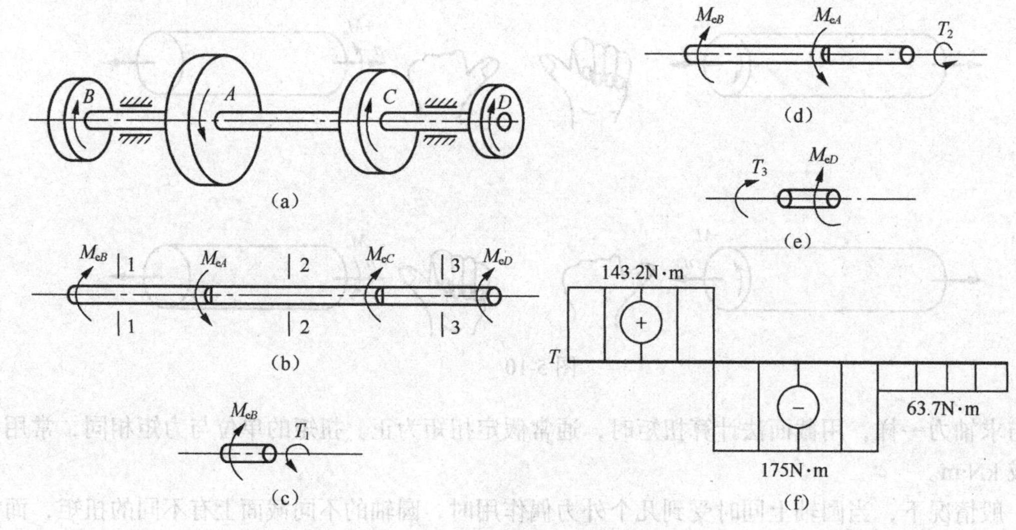

图 5-11

从扭矩图可以看出，最大扭矩 $|T|_{\max} = 175\text{N} \cdot \text{m}$，发生在 AC 段。

5.3 静定梁

弯曲变形是工程中最常见的一种基本变形。杆件受到垂直于杆件轴线的外力或在纵向平面

内的力偶作用时，杆件的轴线将由直线变为曲线，这种变形称为弯曲（见图 5-12）。

凡是以弯曲为主要变形的杆件通常均称为梁。例如房屋建筑中的楼面梁［见图 5-13（a）］和阳台挑梁［见图 5-13（b）］，受到楼面荷载和梁自重的作用，将发生弯曲变形。

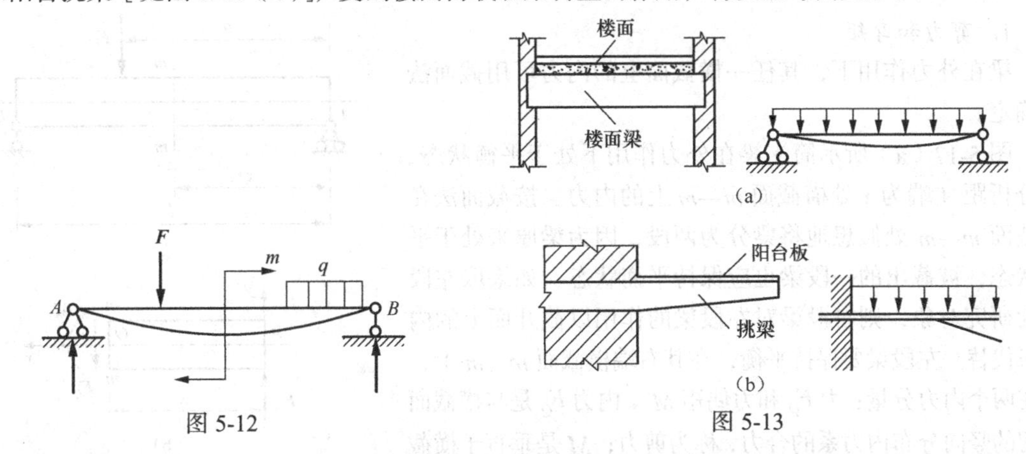

图 5-12　　图 5-13

工程中常见的梁，其横截面一般都有一根竖向对称轴，这根对称轴与梁轴线所组成的平面，称为纵向对称平面（见图 5-14）。如果作用在梁上的外力（包括荷载和支座反力）和外力偶都位于纵向对称平面内，梁变形后，轴线将在此纵向对称平面内弯曲。这种梁的弯曲平面与外力作用平面相重合的弯曲，称为平面弯曲（见图 5-15）。平面弯曲是一种最简单，也是最常见的弯曲变形。本节将主要讨论等截面直梁的平面弯曲问题。

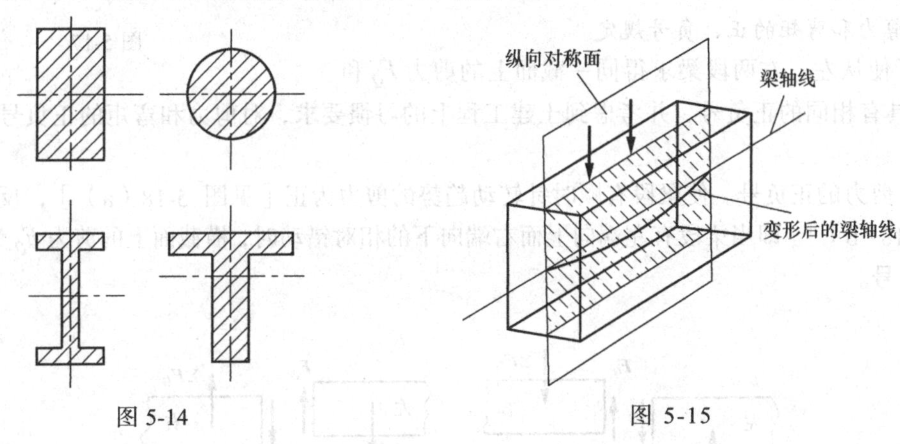

图 5-14　　图 5-15

工程中常见的单跨静定梁按其支座情况可分为下列三种基本形式。

（1）简支梁。梁的一端为固定铰支座，另一端为可动铰支座［见图 5-16（a）］。

（2）悬臂梁。梁的一端固定，另一端自由［见图 5-16（b）］。

（3）外伸梁。简支梁的一端或两端伸出支座之外［见图 5-16（c）］。

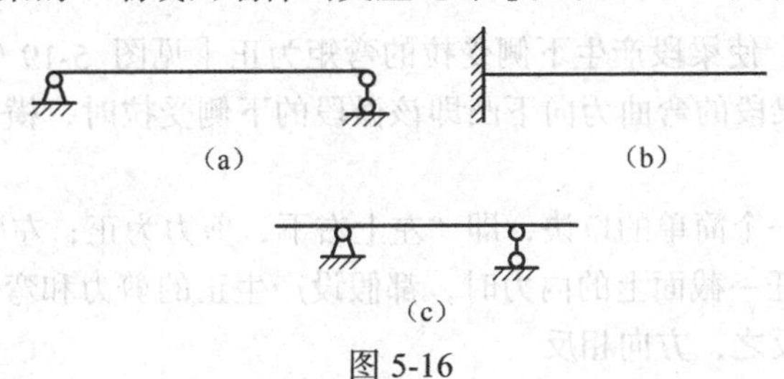

图 5-16

5.3.1 梁的内力——剪力和弯矩

为了计算梁的强度和刚度问题，在求得梁的支座反力后，就必须计算梁的内力。

1. 剪力和弯矩

梁在外力作用下，其任一横截面上的内力可用截面法来确定。

图 5-17（a）所示简支梁在外力作用下处于平衡状态，现分析距 A 端为 x 处横截面 m—m 上的内力。按截面法在横截面 m—m 处假想地将梁分为两段，因为梁原来处于平衡状态，被截出的一段梁也应保持平衡状态。如果取左段梁为研究对象，则右段梁对左段梁的作用以截开面上的内力来代替。左段梁要保持平衡，在其右端横截面 m—m 上，存在两个内力分量：力 F_Q 和力偶矩 M 。内力 F_Q 是与横截面相切的竖向分布内力系的合力，称为剪力；M 是垂直于横截面的合力偶矩，称为弯矩，如图 5-17（b）、（c）所示。

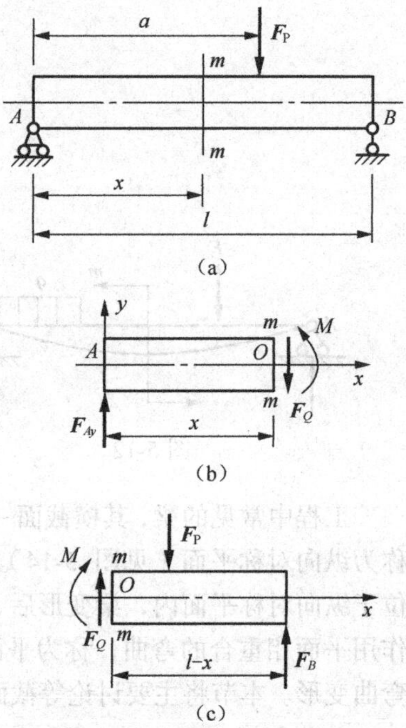

如果取右段梁为研究对象，同样可求得截面 m—m 上的 F_Q 和 M，根据作用力与反作用力的关系，它们与从左段梁求出 m—m 截面上的 F_Q 和 M 大小相等、方向相反，如图 5-17（c）所示。

图 5-17

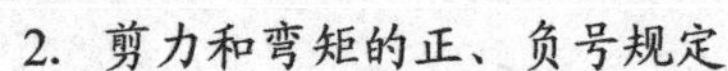

2. 剪力和弯矩的正、负号规定

为了使从左、右两段梁求得同一截面上的剪力 F_Q 和弯矩 M 具有相同的正负号，并考虑到土建工程上的习惯要求，对剪力和弯矩的正负号特做如下规定。

（1）剪力的正负号。使梁段有顺时针转动趋势的剪力为正［见图 5-18（a）］，反之为负［见图 5-18（b）］。即当梁段有左端向上而右端向下的相对错动时，横截面上的剪力 F_Q 为正号，反之为负号。

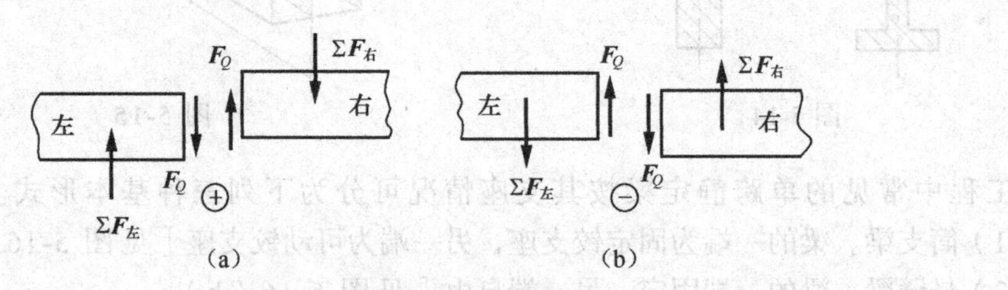

图 5-18　剪力的正负号规定

（2）弯矩的正负号。使梁段产生下侧受拉的弯矩为正［见图 5-19（a）］，反之为负［见图 5-19（b）］。即当梁段的弯曲为向下凸即该微段的下侧受拉时，横截面上的弯矩为正号，反之为负号。

上述结论可归纳为一个简单的口诀，即“左上右下，剪力为正；左顺右逆，弯矩为正”。

在利用截面法求梁任一截面上的内力时，都假设产生正的剪力和弯矩。若结果为正，实际方向与假设方向一致；反之，方向相反。

3. 用截面法计算指定截面上的剪力和弯矩

用截面法求指定截面上的剪力和弯矩的步骤如下。

（1）计算支座反力。

（2）用假想的截面在需求内力处将梁截成两段，取其中任一段为研究对象。

（3）画出研究对象的受力图（截面上的 F_Q 和 M 都先假设为正的方向）。

（4）建立平衡方程，解出内力。

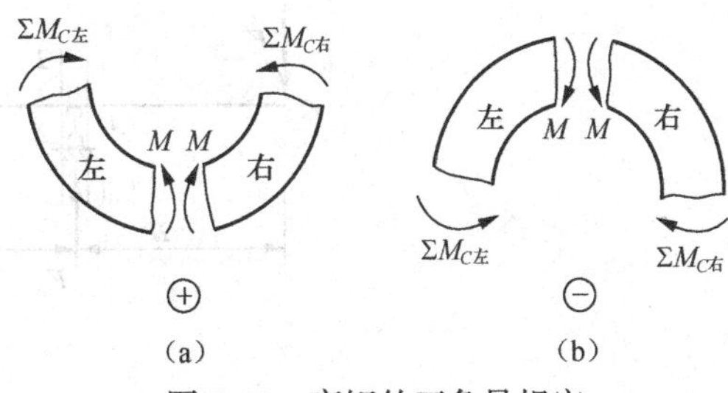

图 5-19　弯矩的正负号规定

【例 5-4】　外伸梁受荷载作用如图 5-20（a）所示，图中截面 1—1 和截面 2—2 都无限接近于截面 A，截面 3—3 和 4—4 也都无限接近于截面 D。求图示各截面的剪力和弯矩。

解：（1）根据平衡条件求约束反力，有

$$F_{Ay}=\frac{5}{4}F, F_{By}=-\frac{1}{4}F$$

（2）求截面 1—1 的内力，受力图如图 5-20（b）所示。

$$\Sigma F_y=0: -F-F_{Q1}=0, F_{Q1}=-F$$

$$\Sigma M_1=0: 2Fl+M_1=0, M_1=-2Fl$$

（3）求截面 2—2 的内力，受力图如图 5-20（c）所示。

$$\Sigma F_y=0: F_{Ay}-F-F_{Q2}=0$$

$$F_{Q2}=F_{Ay}-F=\frac{5}{4}F-F=\frac{1}{4}F$$

$$\Sigma M_2=0: 2Fl+M_2=0$$

$$M_2=-2Fl$$

（4）求截面 3—3 的内力，受力图如图 5-20（d）所示。

$$\Sigma F_y=0: F_{Q3}+F_{By}=0$$

$$F_{Q3}=-F_{By}=\frac{F}{4}$$

$$\Sigma M_3=0: -M_3-M_e+2F_{By}l=0$$

$$M_3=-Fl-2\times\frac{F}{4}l=-\frac{3}{2}Fl$$

（5）求截面 4—4 的内力，受力图如图 5-20（e）所示。

$$\Sigma F_y=0: F_{Q4}+F_{By}=0$$

$$F_{Q4}=-F_{By}=\frac{F}{4}$$

$$\Sigma M_4=0: -M_4+F_{By}\times 2l=0$$

$$M_4=2F_{By}l=-\frac{1}{2}Fl$$

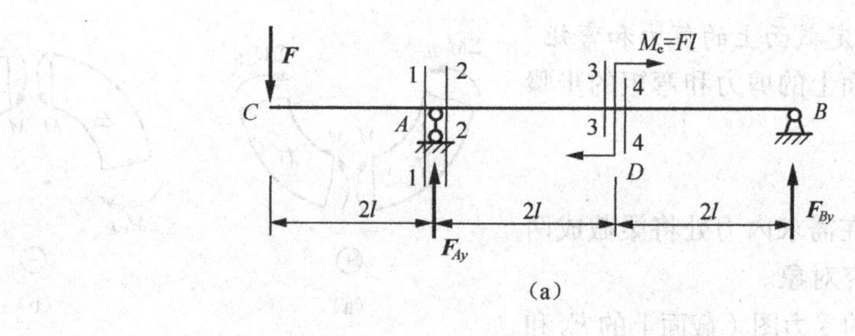

(a)

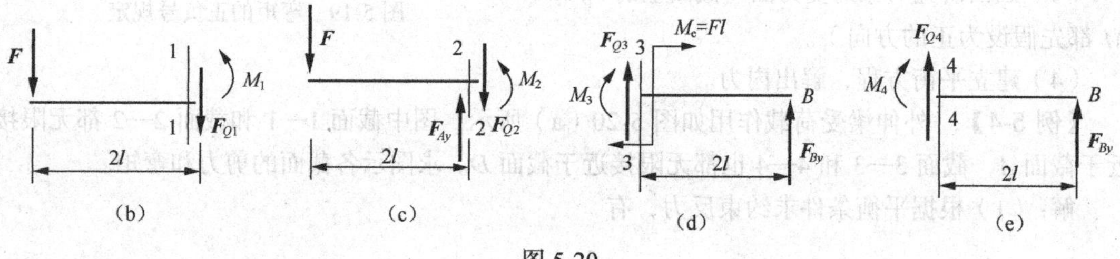

(b) (c) (d) (e)

图 5-20

由此可得出如下两个规律。

(1)梁的任意截面上剪力 F_Q，在数值上等于该截面一侧(左或右)所有竖向外力(包括支座反力)在与截面平行方向投影代数和 $F_Q=\sum F_{yi}$，若外力对该截面形心产生顺时针转向的矩，则剪力为正，反之为负。

(2)弯矩 M，在数值上等于截面一侧(左或右)梁上所有外力(包括外力偶)对该截面形心的矩的代数和，即 $M=\sum M_O(F_i)$，如果外力使梁段下部受压，则引起正弯矩。

利用上述规律求内力时，不必将梁假想地截开，画出受力图，列平衡方程，可直接根据截面左侧或右侧梁段上外力写出截面内力，简化计算过程。

5.3.2 内力方程及内力图

描述内力沿杆长度方向变化规律的坐标 x 的函数，称为内力方程。为了形象直观地反映内力沿杆长度方向的变化规律，以平行于杆轴线的坐标 x 表示横截面的位置，以垂直于杆轴线的坐标表示内力的大小，选取适当的比例尺，便可画出对应的内力图。

为了计算梁的强度和刚度，除了要计算指定截面的剪力和弯矩外，还必须知道剪力和弯矩沿梁轴线的变化规律，从而找到梁内剪力和弯矩的最大值以及它们所在的截面位置。

1. 剪力方程和弯矩方程

梁内各截面上的剪力和弯矩一般随截面的位置而变化。若横截面的位置用沿梁轴线的坐标 x 来表示，则各横截面上的剪力和弯矩都可以表示为坐标 x 的函数，即

$$F_Q=F_Q(x)，\quad M=M(x)$$

以上两个函数式表示梁内剪力和弯矩沿梁轴线的变化规律，分别称为剪力方程和弯矩方程。

2. 剪力图和弯矩图

为了形象地表示剪力和弯矩沿梁轴线的变化规律，可以根据剪力方程和弯矩方程分别绘制剪力图和弯矩图。以沿梁轴线的横坐标 x 表示梁横截面的位置，以纵坐标表示相应横截面上的剪力或弯矩。在土建工程中，习惯上把正剪力画在 x 轴上方，负剪力画在 x 轴下方；而把弯矩图画在梁受拉的一侧，一般不标正负号，这种画法对于钢筋砼配筋是有帮助的，一看弯矩图，

便知道应将受力的纵向钢筋放置在哪一边。

绘制梁的剪力图和弯矩图的步骤如下。

（1）求支座反力。根据梁的支承情况和梁上作用的荷载，求支座反力。对悬臂梁，若选自由端一侧为研究对象，可以不必求出支座反力。

（2）分段列出剪力方程和弯矩方程。在集中力、集中力偶作用处，以及分布荷载的起止点处内力分布规律将发生变化，这些截面称为控制截面，应将梁在控制截面处分段，以梁的左端为坐标原点，分别列出每一段的内力方程。

（3）求出各控制截面的内力值，描点绘图。

【例 5-5】　画图 5-21（a）所示梁的剪力图和弯矩图。

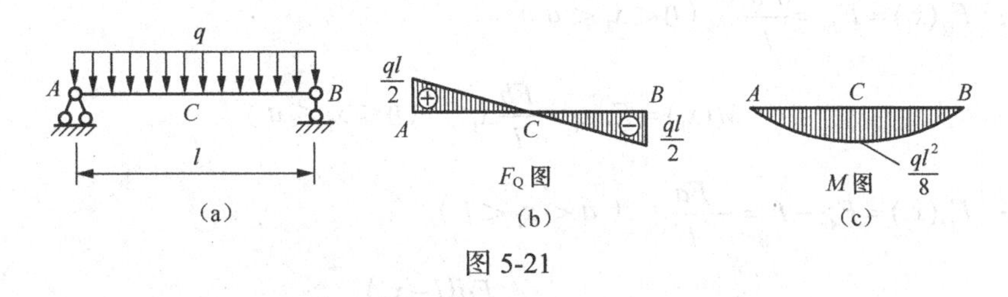

图 5-21

解：（1）求支座反力。由结构与荷载对称，显然

$$F_{Ay}=F_B=\frac{ql}{2}(\uparrow)$$

（2）列出剪力方程和弯矩方程。假想将梁从距 A 点 x 的任意截面切开，取左端分析。有

$$F_Q(x)=F_{Ay}-qx=\frac{ql}{2}-qx \qquad (0<x<l) \tag{a}$$

$$M(x)=F_{Ay}\cdot x-\frac{qx^2}{2}=\frac{qlx}{2}-\frac{qx^2}{2} \qquad (0\leqslant x\leqslant l) \tag{b}$$

（3）画出剪力图和弯矩图。

由剪力方程可知，剪力图为一斜直线。

当 $x=0^+$ 时，$F_{QA}^R=\frac{ql}{2}$

当 $x=l^-$ 时，$F_{QB}^L=-\frac{ql}{2}$

由弯矩方程可知，弯矩图为二次抛物线。

当 $x=0$ 时，$M(x)=M_A=0$

当 $x=l/2$ 时，$M(x)=M_C=\frac{1}{8}ql^2$

当 $x=l$ 时，$M(x)=M_B=0$

根据计算结果画出剪力图［见图 5-21（b）］和弯矩图［见图 5-21（c）］。由图可见，承受均布荷载作用的简支梁，最大剪力发生在梁端，其绝对值 $|F_Q|_{\max}=\frac{ql}{2}$；最大弯矩发生在剪力为零的跨中截面，其绝对值 $|M|_{\max}=\frac{1}{8}ql^2$。

【例 5-6】　简支梁受集中力作用如图 5-22（a）所示，画出此梁的剪力图和弯矩图。

解：（1）求约束反力。

由 $\sum M_A=0$，$F_B\cdot l-F\cdot a=0$

得 $F_B=\dfrac{Fa}{l}(\uparrow)$

由 $\sum M_B=0$，$-F_{Ay}+F\cdot b=0$

得 $F_{Ay}=\dfrac{Fb}{l}(\uparrow)$

（2）分段列剪力方程和弯矩方程。由于 C 截面处有集中力 F，故将梁分为 AC 段和 CB 段。

AC 段：$F_Q(x_1)=F_{Ay}=\dfrac{Fb}{l}\quad(0<x_1<a)$

$$M(x_1)=F_{Ay}x_1=\frac{Fb}{l}x_1\quad(0\leqslant x_1\leqslant a)$$

CB 段：$F_Q(x_2)=F_{Ay}-F=-\dfrac{Fa}{l}\quad(a<x_1<l)$

$$M(x_2)=F_{Ay}x_2-F(x_2-a)=\frac{Fa(l-x_2)}{l}\quad(a\leqslant x_1\leqslant l)$$

（3）F_Q 图和 M 图。

F_Q 图［见图 5-22（b）］：AC 段和 CB 段的剪力图均为一条直线。

$$AC\text{ 段 } F_Q(x_1)=\frac{Fb}{l}\qquad CB\text{ 段 } F_Q(x_2)=-\frac{Fa}{l}$$

M 图［见图 5-22（c）］：AC 段和 CB 段弯矩方程均为一次函数，相应的弯矩图均为斜直线，两点可确定一条直线。

当 $x=0$ 时，$M_A=0$

当 $x_1=a$ 及 $x_2=a$ 时，$M_C=\dfrac{Fab}{l}$

当 $x_2=l$ 时，$M_B=0$

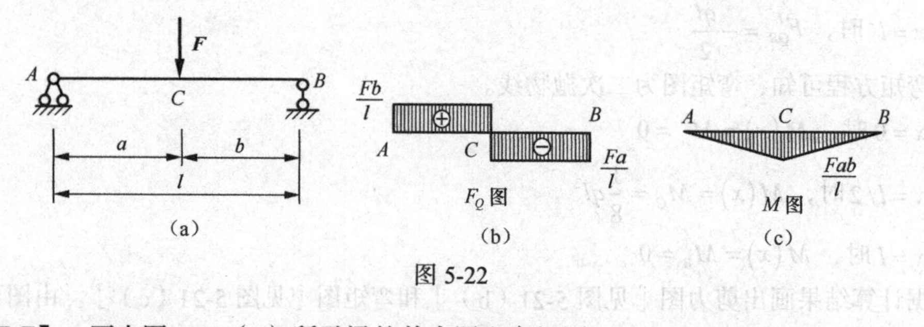

图 5-22

【例 5-7】 画出图 5-23（a）所示梁的剪力图和弯矩图。

解：（1）求支座反力。

由 $\sum M_A=0$，$F_B\cdot l+M=0$

得 $F_B=-\dfrac{M}{l}(\downarrow)$

由　$\sum F_y = 0$，$F_{Ay} + F_B = 0$

得　$F_{Ay} = -F_B = \frac{M}{l}(\uparrow)$

（2）分段列剪力方程和弯矩方程。由于 C 截面处有集中力偶，故将梁分为 AC 段和 CB 段。

AC 段：$F_Q(x_1) = F_{Ay} = \frac{M}{l}$　（$0 < x_1 \leqslant a$）

$$M(x_1) = F_{Ay}x_1 = \frac{M}{l}x_1 \quad (0 \leqslant x_1 < a =$$

CB 段：$F_Q(x_2) = F_{Ay} = \frac{M}{l}$　（$a \leqslant x_1 < l$）

$$M(x_2) = F_{Ay}x_2 - M = \frac{M(x_2 - l)}{l} \quad (a < x_1 \leqslant l)$$

（3）画出 F_Q 图和 M 图。

F_Q 图［见图 5-23（b）］：AC 段 $F_Q(x_1) = \frac{M}{l}$　CB 段 $F_Q(x_2) = \frac{M}{l}$

M 图［见图 5-23（c）］：

当 $x_1 = 0$ 时，$M_A = 0$

当 $x_1 = a^-$ 时，$M_C{}^L = \frac{Ma}{l}$

当 $x_2 = a^+$ 时，$M_C{}^R = \frac{M(a-l)}{l} = -\frac{Mb}{l}$

当 $x_2 = l$ 时，$M_B = 0$

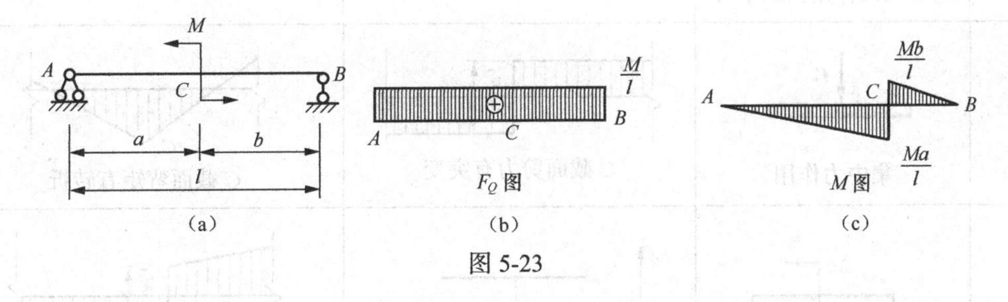

图 5-23

通过例 5-7 至例 5-9 三题，可归纳出梁在常见荷载作用下，F_Q 和 M 图规律如下。

（1）在无荷载梁段，F_Q 图为水平直线，M 图为斜直线。

（2）在均布荷载作用下的梁段，F_Q 图为斜直线，M 图为二次抛物线。

（3）在集中荷载作用处，F_Q 图发生突变，突变值等于集中力大小，M 图发生转折（即出现尖角）。

（4）在集中力偶作用处，F_Q 图无变化，M 图发生突变，突变值等于集中力偶的大小。

（5）剪力等于 0 处，弯矩存在极值。

直梁内力图的形状特征

序号	梁上外力情况	剪力图	弯矩图
1	$q=0$ 无外力作用梁段	F_Q图为水平线 $F_Q=0$ $F_Q>0$ $F_Q<0$	M图为斜直线 $M<0$ $M=0$ $M>0$ $\frac{dM}{dx}>0$ $\frac{dM}{dx}<0$
2	$q=$常数>0 均布荷载作用指向上方	上斜直线	上凸曲线
3	$q=$常数<0 均布荷载作用指向下方	下斜直线	下凸曲线
4	集中力作用	C截面剪力有突变	C截面弯矩有转折
5	集中力偶作用	C截面剪力无变化	C截面左右侧，弯矩突变（M_e顺时针，弯矩增加；反之减少）
6	M极值的求解	$F_Q(x)=0$	M有极值

5.3.3 用叠加法画弯矩图

1. 叠加原理

结构或构件在小变形的情况下，梁的支座反力、剪力和弯矩等参数均与梁上荷载成线性关

系。在这种情况下，梁在几个荷载共同作用下产生的内力等于各荷载单独作用下产生的内力的代数和。这样，就可以先求出单个荷载作用下的内力（剪力和弯矩），然后将对应位置的内力相加，即得到几个荷载共同作用下的内力，这种方法称为叠加法。应该注意，叠加原理只有在参数与外力成线性关系时才成立。由前面的例子可以看出，梁在外力作用下（小变形情况）所产生的内力（以及支座反力、位移）满足这一关系，所以梁在多个外力作用下所引起的内力可以利用叠加原理来求。

2. 叠加法画梁的剪力图和弯矩图

按叠加原理，首先分别画出梁在各个简单荷载作用下的剪力图和弯矩图，然后将其相应的纵坐标叠加，即得梁在所有荷载共同作用下的剪力图和弯矩图，这种方法称为叠加法。下面举例说明运用叠加法画梁的剪力图和弯矩图的方法。

【例 5-8】　试画出图 5-24（a）所示简支梁的剪力图和弯矩图。

解：分别画出在集中力 F 和集中力偶 M 单独作用下的剪力图和弯矩图［见图 5-24（b）、（c）］，叠加时以集中力偶单独作用下的剪力图和弯矩图为基线，然后绘制集中力单独作用下的剪力图和弯矩图。叠加后的剪力图和弯矩图如图 5-24（a）所示。

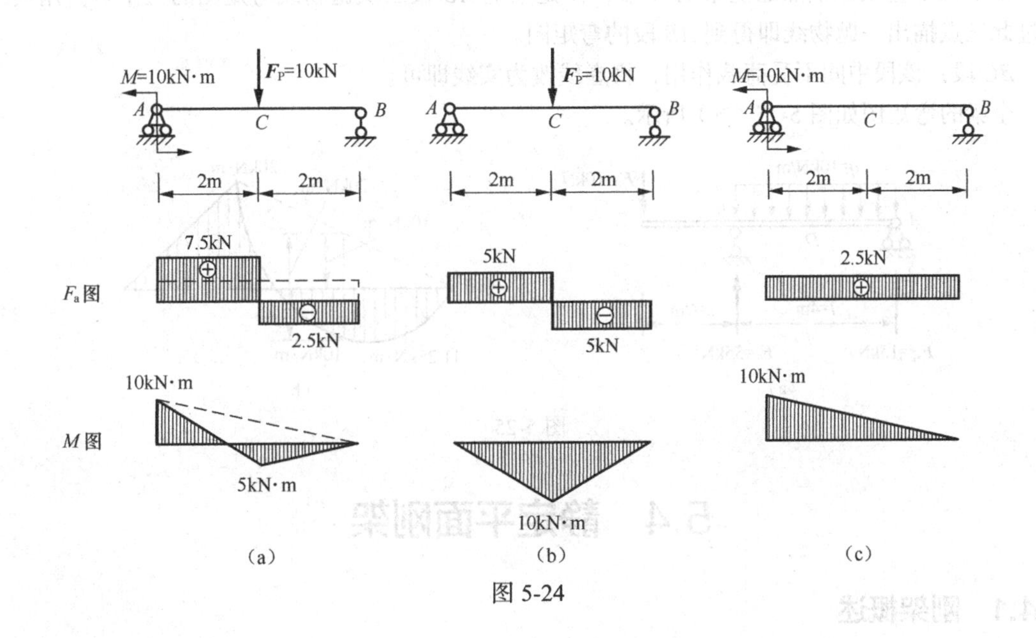

图 5-24

3. 分段叠加法画弯矩图

在复杂荷载作用下的梁，可以将其分为在简单荷载作用下的几段简单梁，再用叠加法逐段画出其弯矩图，这种方法称作分段叠加法。

这里所说的简单梁受简单荷载，是指下列四种情况。

（1）简支梁在中间无任何荷载作用。

（2）简支梁中间只受满跨均布荷载作用。

（3）简支梁中间只受一个集中力作用。

（4）简支梁中间只受一个集中力偶作用。

用分段叠加法作弯矩图的步骤如下。

（1）根据简单梁受简单荷载作用的四种情况将梁适当分段。

（2）求梁的分段点所在横截面及控制截面上的弯矩值。

（3）运用分段叠加法画出梁的弯矩图。

【例 5-9】 应用叠加法画出图 5-25（a）所示梁的弯矩图。

解：（1）求支座反力。有

$$F_{Ay}=15\text{kN}, F_B=35\text{kN}$$

（2）将梁分为 *AB*、*BC* 两段。

（3）求控制截面上的弯矩值，有

$$M_A=0, M_B=20\text{kN}\cdot\text{m}, M_C=0$$

（4）应用分段叠加法画出梁的弯矩图。

AB 段：在界面 *B* 处按比例画出 $M_B=20\text{kN}\cdot\text{m}$ 的相应竖坐标（上侧受拉），并用虚线连结该竖坐标顶端与简支梁的端点 *A*，以此作基线。再自该虚线中点向下画竖坐标，其值为 $\dfrac{ql^2}{8}-\dfrac{1}{2}M_B=10\text{kN}$。

以上两个竖坐标端点加上梁的 *A* 端，便是梁上 *AB* 段二次抛物线弯矩图的三个点。用实线通过此三点描出一抛物线即得到 *AB* 段的弯矩图。

BC 段：该段中间不受荷载作用，将虚线改为实线即可。

全梁的弯矩图如图 5-25（b）所示。

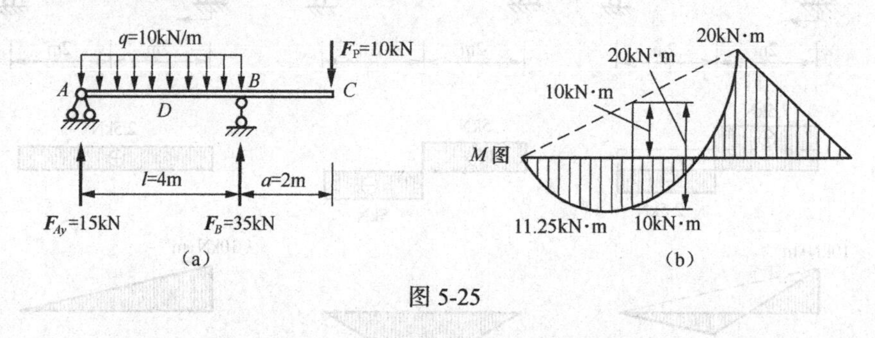

图 5-25

5.4 静定平面刚架

5.4.1 刚架概述

刚架是由若干梁、柱等直杆组成的具有刚结点的结构。刚架在建筑工程中应用十分广泛，如单层厂房、工业和民用建筑（包括教学楼、图书馆、住宅等）等；6~15 层房屋建筑承重结构体系的骨架主要就是刚架。

当所有直杆的轴线在同一平面内且荷载也作用在此平面内时，这种静定刚架可按平面问题处理，称为静定平面刚架，如图 5-26（a）、（b）、（c）所示。其常见的类型有：悬臂刚架[见图 5-26（a）]、简支刚架[见图 5-26（b）]、三铰刚架[见图 5-26（c）]、组合刚架[见图 5-27（a）、（b）、（c）]。其中悬臂刚架在工程上属于独立刚架，常用于小型阳台、挑檐、建筑小品、公共汽车站、雨篷、车站篷、敞廊篷等；悬臂刚架的结构特点为一端固定的悬臂或悬挑结构，或固定柱脚，或固定在梁、板的一端。而三铰刚架结构特点为两杆与基础通过三个铰两两相连，构成静定结构，其主要用于仓库、厂房天窗架、轻钢厂房等无吊车的建筑物。

工程上大多数刚架为超静定刚架，但静定刚架是超静定刚架计算的基础。

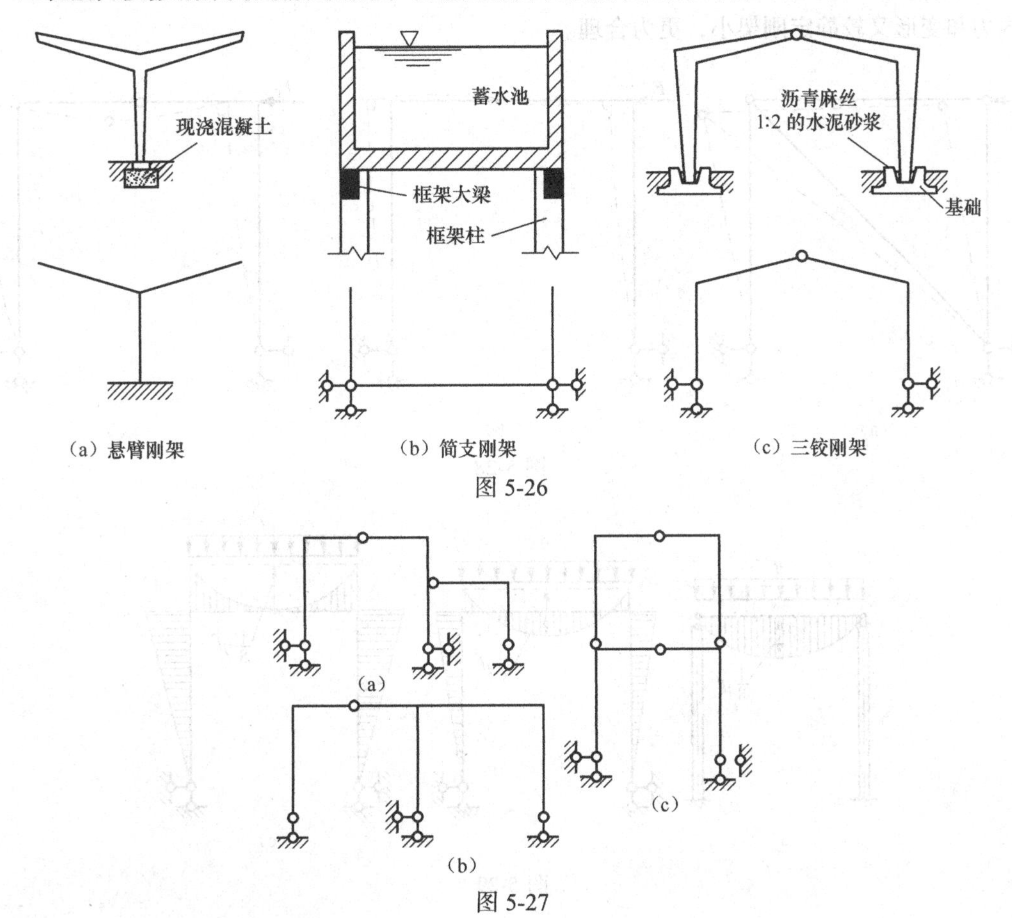

图 5-26

图 5-27

5.4.2　刚架的主要结构特征

（1）变形特征。在刚架中，几何不变体系主要依靠结点刚性连结来维持，无需斜向支撑联系，因而可以使结构的内部具有较大的净空并得到利用。图 5-28（a）所示的静定桁架承受水平荷载，如果把 C、D 两铰结点改为刚结点，并去掉斜杆，就可使其变为一次超静定的两铰刚架，如图 5-28（b）所示。显然，其内部净空得到增大，从变形的角度来看，原来桁架在铰结点处杆件有相对转角的变形；但在刚架中，梁柱形成一个刚性整体，增大了结构刚度，刚结点在刚架的变形中既产生角位移，又产生线位移，但各杆端不能产生相对移动和转动，刚结点各杆端变形前后夹角保持不变。图 5-28（c）给出了三铰静定刚架的变形曲线，将其与图 5-28（b）所示的一次超静定的两铰刚架进行变形比较可知，静定结构由于比超静定刚架缺少多余约束，故产生的变形较超静定刚架大，但较简支梁小。

（2）内力特征。从内力角度来看，刚架的杆件截面内力通常有弯矩 M 、剪力 F_Q 和轴力 F_N。由于刚结点具有约束杆端相对转动的作用，能够承受和传递弯矩，可以削减结构中弯矩的峰值，使弯矩分布较均匀，可以使材料的力学性能充分发挥，达到节省材料的目的。图 5-29（a）、（b）分别给出了简支梁和两铰刚架在均布荷载作用下的弯矩图，由于刚架刚结点对杆端截面相对转动的约束能传递力和力矩，因此，刚架的内力、变形峰值比用铰结点连接时小，而且能跨越较大空间，工程应用广泛。对图 5-29（b）所示的两铰刚架与图 5-29（c）所示的三铰刚架进行受力和变形分析比较，可知超静定刚架由于有更强的约束，使结构在相同的荷载作用下产生的内力和变形又较静定刚架小，更为合理。

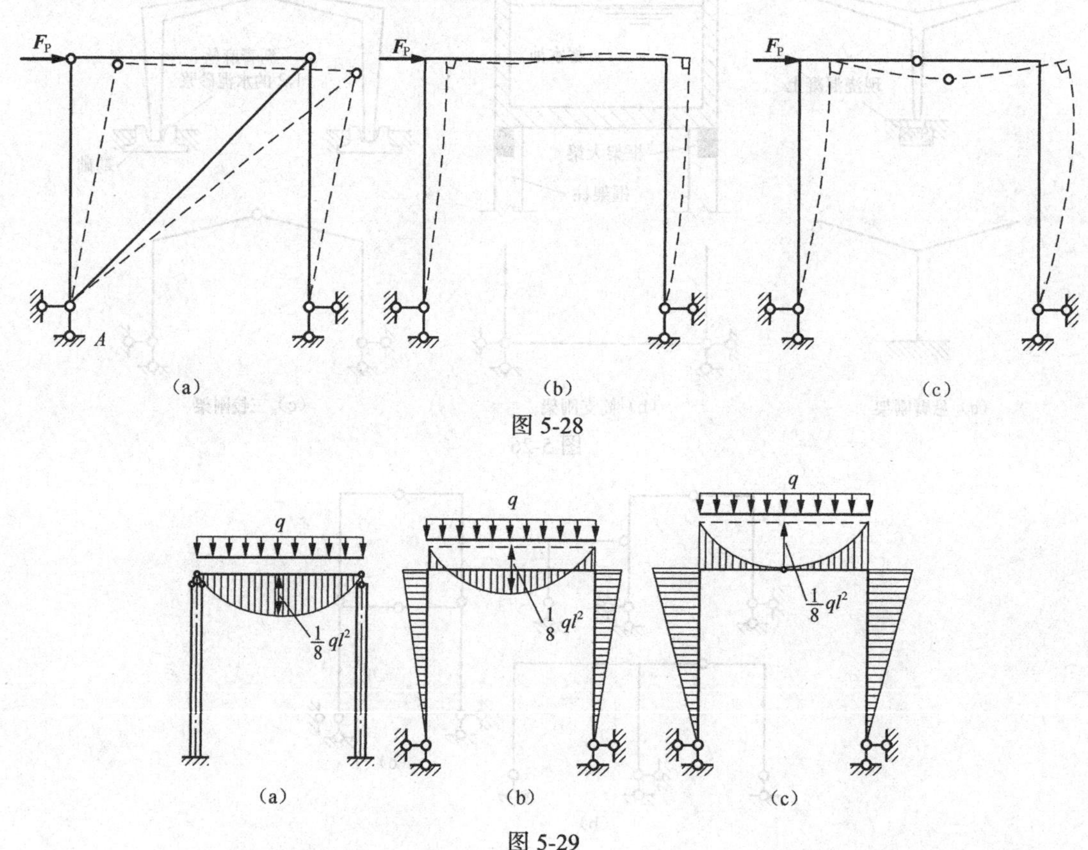

图 5-28

图 5-29

5.4.3 静定平面刚架的内力分析

静定平面刚架的三个内力分量弯矩 M 、剪力 F_Q 和轴力 F_N 的计算方法原则上与静定结构梁相同。通常将刚架的弯矩图画在杆件弯曲时受拉的一侧，而不必标注正负号，但在画剪力图和轴力图时，其正负号仍按以前的规定。画刚架内力图时，可先将刚架拆成单个杆件，由各杆件的平衡条件求出各杆的杆端内力，然后利用杆端内力分别画出各杆件的内力图，将各杆件的内力图合在一起就是刚架的内力图。

静定刚架内力求解的步骤通常如下。

（1）求出支座反力。

① 悬臂刚架（可不求支座反力）、简支刚架。刚架与地基按照两刚片规则组成，荷载作用时产生的支座反力只有三个，利用整体的平衡条件，列平面任意力系的三个独立平衡方程即可求得支座反力。

② 三铰刚架。三铰刚架的两根折杆与地基之间按照三刚片规则组成时，支座反力有四个，其全部反力的求解一般需取两次分离体：首先取整体为分离体列三个平衡方程，然后取刚架的左半部分（或右半部分）再列一个平衡方程（通常列对中间铰的力矩式平衡方程 $\sum M_C(F_i)=0$ ），方可求出全部反力。

③ 组合刚架。先进行几何组成分析，分清附属部分和基本部分。应遵循先计算附属部分支

座反力再计算基本部分的计算顺序。

（2）刚架内力计算的杆件法。将刚架拆成若干个杆件（分段），先用截面法求出各杆件的杆端内力。

（3）连线。然后利用杆端内力，将各杆段的两杆端内力坐标连线，逐杆绘制内力图，将各杆内力图合在一起就是刚架的内力图。

在内力求解及绘制内力图时需特别注意以下几个关键问题。

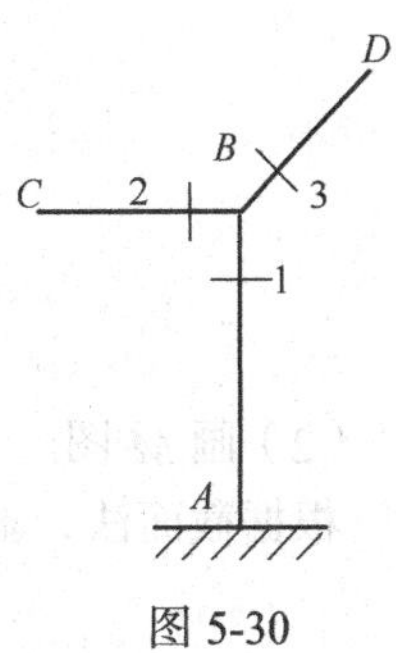

图 5-30

（1）在结点处有不同的杆端截面。每个刚结点连接若干个杆件，如图 5-30 所示。在节点 B 处有三个杆件 BA、BC、BD 相交。因此，在节点 B 处有三个不同截面 B_1、B_2、B_3。如果笼统地说，截面 B 是无意义的。为了区分汇交于同一节点处的各杆杆端截面上的内力，内力符号引用了两个下标，第一个表示内力所属截面的编号，第二个表示该截面所属杆件的另一端的编号。例如，这三个截面 B_1、B_2、B_3 的弯矩通常写为 M_{BA}、M_{BC}、M_{BD}，剪力和轴力也是同样的写法。

（2）校核。由于刚架结构组成受力比较复杂，内力比较复杂，画出内力图后应该加以校核。对弯矩图的校核而言，通常取刚节点为隔离体，验算 $\sum M=0$ 是否满足；对剪力图、轴力图的校核，则多沿柱顶画一横截面，截取刚架某一层以上部分为隔离体，利用投影平衡方程 $\sum F_x=0,\sum F_y=0$ 进行检验。

下面通过例题说明刚架内力图的具体画法。

【例 5-10】 试画出图 5-31（a）所示刚架的内力图。

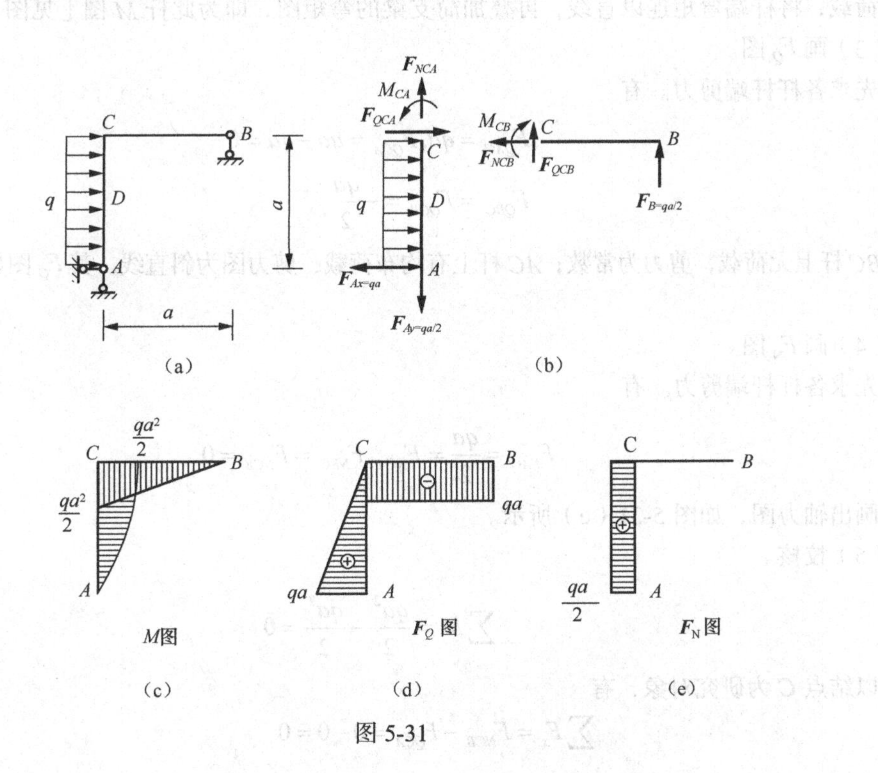

图 5-31

解：（1）求约束反力。

$$\sum F_x=0,\quad F_{Ax}\cdot l+q\cdot a=0$$

$$F_{Ax} = -qa(\leftarrow)$$

$$\sum F_y = 0，\ F_{Ay} + F_B = 0$$

$$\sum M_A = 0，\ -q \cdot a \cdot \frac{a}{2} + F_B \cdot a = 0$$

$$F_B = -\frac{qa}{2}(\uparrow)$$

$$F_{Ay} = -F_B = \frac{qa}{2}(\downarrow)$$

（2）画 M 图。

根据截面法，求得各杆杆端弯矩如下。

$$M_{AC} = 0$$

$$M_{CA} = q \cdot a \cdot a - q \cdot a \cdot \frac{a}{2} = \frac{qa^2}{2}\text{（右端受拉）}$$

$$M_D = q \cdot a \cdot \frac{a}{2} - q \cdot \frac{a}{2} \cdot \frac{a}{4} = \frac{3qa^2}{8}$$

$$M_{BC} = 0$$

$$M_{CB} = \frac{qa}{2} \cdot a = \frac{qa^2}{2}\text{（下边受拉）}$$

然后分别画出各杆 M 图，CB 杆上无荷载，将杆端弯矩连以直线即为其弯矩图。AC 杆上有均布荷载，将杆端弯矩连以直线，再叠加简支梁的弯矩图，即为此杆 M 图［见图 5-31（c）］。

（3）画 F_Q 图。

先求各杆杆端剪力。有

$$F_{QAC} = qa, F_{QCA} = qa - qa = 0$$

$$F_{QBC} = F_{QCB} = -\frac{qa}{2}$$

BC 杆上无荷载，剪力为常数；AC 杆上有均布荷载，剪力图为斜直线。其 F_Q 图如图 5-31（d）所示。

（4）画 F_N 图。

先求各杆杆端剪力。有

$$F_{NAC} = \frac{qa}{2} = F_{NCA}, F_{NBC} = F_{NCB} = 0$$

画出轴力图，如图 5-31（e）所示。

（5）校核。

$$\sum M = \frac{qa^2}{2} - \frac{qa^2}{2} = 0$$

以结点 C 为研究对象，有

$$\sum F_x = F_{NCB} - F_{QCA} = 0 - 0 = 0$$

$$\sum F_y = -F_{NCA} - F_{QCB} = -\frac{qa}{2} - \left(-\frac{qa}{2}\right) = 0$$

满足平衡方程。

5.5 静定平面桁架

5.5.1 桁架的特征

桁架是由若干根直杆在其两端用铰连接而形成的结构。在建筑工程中，是常用于跨越较大跨度的一种结构形式。

实际工程中桁架的受力情况比较复杂，因此，在分析桁架时必须选取既能反映桁架的本质又能便于计算的计算简图。通常对平面桁架的计算简图作如下三条假定（见图5-32）。

（1）各杆的两端用绝对光滑而无摩擦的理想铰连接。

（2）各杆轴均为直线，在同一平面内且通过铰的中心。

（3）荷载均作用在桁架结点上并位于桁架平面内。

（4）桁架杆件的自重可忽略不计，或将杆件的自重平均分配在桁架的结点上。

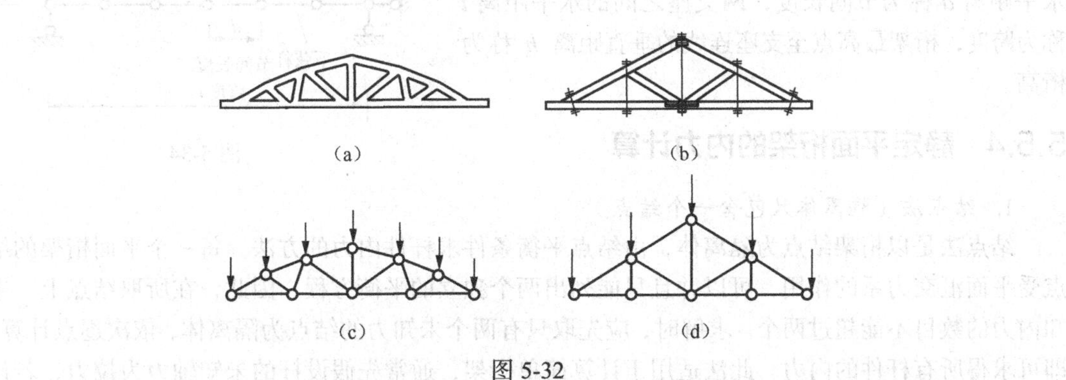

图5-32

必须强调的是，实际桁架与上述理想桁架存在着一定的差别。比如桁架结点可能具有一定的刚性，有些杆件在结点处是连续不断的，杆的轴线也不完全为直线，结点上各杆轴线也不交于一点，存在着类似于杆件自重、风荷载、雪荷载等非结点荷载。因此，通常把按理想桁架算得的内力称为主内力（轴力），而把上述一些原因所产生的内力称为次内力（弯矩、剪力）。此外，工程中通常是将几片桁架联合组成一个空间结构来共同承受荷载。计算时，一般是将空间结构简化为平面桁架进行计算，而不考虑各片桁架间的相互影响。

在理想桁架情况下，各杆均为二力杆，故其受力特点是：各杆只受轴力作用。这样，杆件横截面上的应力分布均匀，使材料能得到充分利用。因此，在建筑工程中，桁架结构得到了广泛的应用，如屋架、施工托架等。

5.5.2 静定平面桁架分类

杆轴线、荷载作用线都在同一平面内的桁架称为平面桁架。按照桁架的几何组成方式，静定平面桁架可分为以下三类。

（1）简单桁架。在铰接三角形（或基础）上依次增加二元体所组成的桁架，如图5-33（a）所示。

（2）联合桁架。由几个简单桁架按几何组成规则所组成的桁架，如图5-33（b）所示。

（3）复杂桁架。凡不属于前两类的桁架都属于复杂桁架，如图5-33（c）所示。

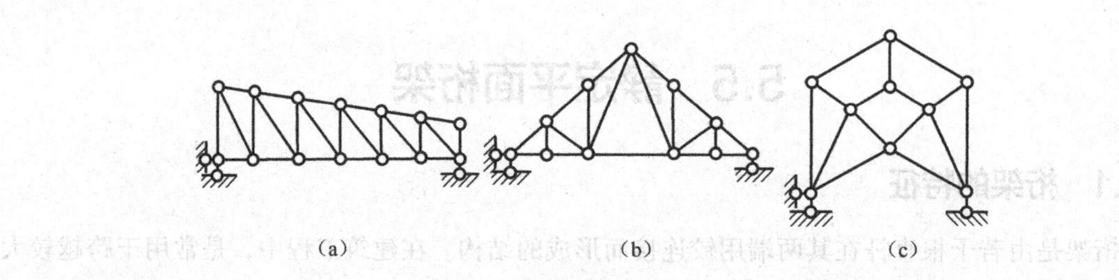

图 5-33

5.5.3 桁架的组成

在图 5-34 中，桁架上、下边缘的杆件分别称为上弦杆和下弦杆，上、下弦杆之间的杆件称为腹杆，腹杆又分为竖腹杆和斜腹杆。弦杆相邻两结点之间的水平距离 d 称为节间长度，两支座之间的水平距离 l 称为跨度，桁架最高点至支座连线的垂直距离 h 称为桁高。

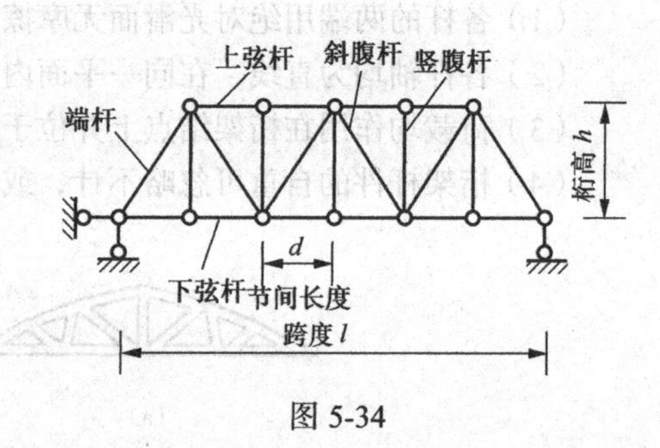

图 5-34

5.5.4 静定平面桁架的内力计算

1. 结点法（隔离体只包含一个结点）

结点法是以桁架结点为隔离体，由结点平衡条件求杆件内力的方法。每一个平面桁架的结点受平面汇交力系的作用，可以并且只能列出两个独立的平衡方程。因此，在所取结点上，未知内力的数目不能超过两个。求解时，应先取只有两个未知力的结点为隔离体，依次逐点计算，即可求得所有杆件的内力。此法适用于计算简单桁架，通常先假设杆的未知轴力为拉力，若计算结果为正即为拉力；反之，表示轴力为压力。

结点单杆：如果在同一结点的所有内力为未知的各杆中，除某一杆外，其余各杆都共线，则该杆称为此结点的单杆。有如下两种情况：

（1）结点只包含两个未知力杆，且二杆不共线，则每杆都是单杆，如图 5-35（a）所示。

（2）结点包含三个未知力杆，其中有两杆共线，则第三杆是单杆，如图 5-35（b）所示。

结点单杆的内力可直接根据静力平衡条件求出。

应用结点法时，利用结点平衡的特殊情况，常可以简化计算。常见的几种特殊情况如下。

（1）不共线的两杆结点，无外力作用时，两杆的内力都等于零。如图 5-36（a）所示。

（2）不共线的两杆结点，当外力 F 沿其中一杆的方向作用时，则该杆内力等于外力 F，而另一杆的内力为零。如图 5-36（b）所示。

（3）无外力作用的三杆结点，其中两杆共线，则第三杆的内力为零，共线的两杆内力相等且性质相同，同为拉力或压力。如图 5-36（c）所示。

（4）无外力作用的四杆结点，其中两杆共线，不共线的两杆与共线的两杆夹角相等（这种结点可称为“K”形结点），则不共线的两杆内力相等，符号相反。如图 5-36（d）所示。

（5）两两共线的四杆结点（“X”形结点），无外力作用时，则在同一直线上的两杆内力相等且性质相同，同为拉力或压力。如图 5-36（e）所示。

上述结论均可由结点的平衡条件得出。桁架中内力为零的杆件称为零杆，在计算时，宜先判断出零杆，使计算得以简化。利用上述结论可判断出图 5-37（a）、（b）中用虚线绘出的杆件为零杆。

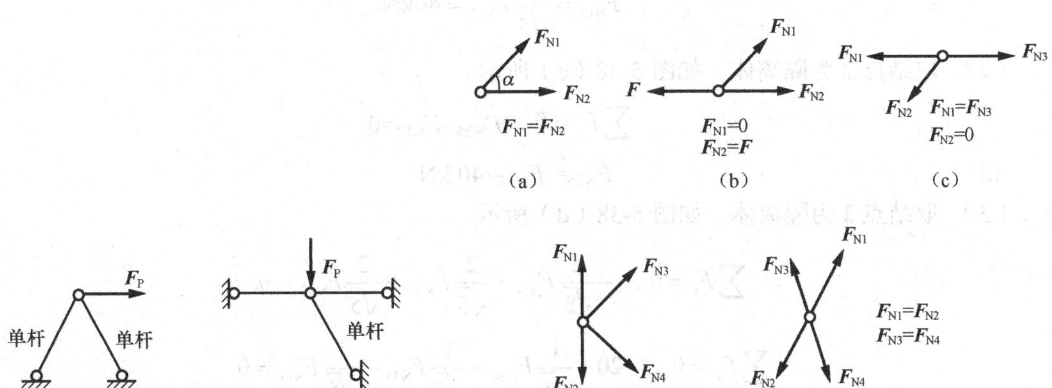

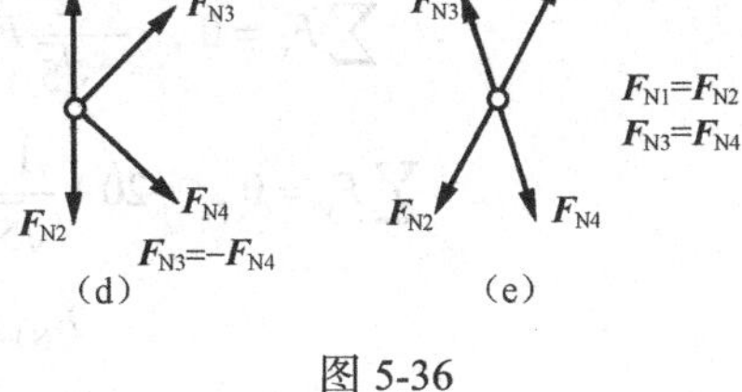

图 5-35　　　　图 5-36

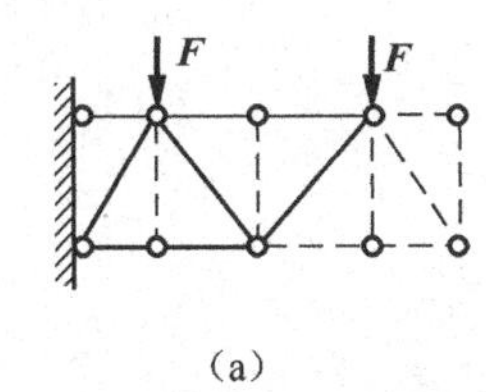

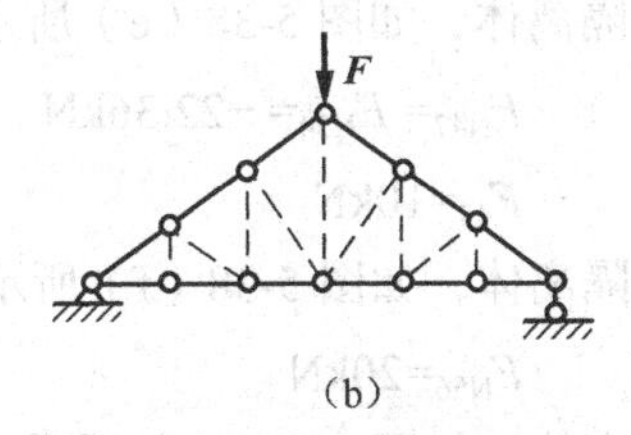

图 5-37

桁架中的零杆在施工时切不可“精减”，因为各零杆仍起着重要的构件作用，更何况按计算简图算出的零杆，其真实内力未必为零。

【例 5-11】　试用结点法计算图 5-38（a）所示桁架中各杆的内力。

解：首先求出支座反力，以整个桁架为隔离体。

$$\sum M_8 = 0\text{，}\quad 8(F_{1y}-10)-20\times 6-10\times 4=0$$

$$F_{1y}=30\text{kN}$$

$$\sum F_y = 0\text{，}\quad 30-10-20-10+F_8=0$$

$$F_8=10\text{kN}$$

反力求出后，可选取结点求解各杆的内力。

先找出零杆：23、67、57 三杆件都是零杆，故 $F_{N23}=0$、$F_{N67}=0$、$F_{N57}=0$。

然后先选取只包含两个未知力的结点，有 1 和 8 两个结点，现在先从结点 1 开始计算。现用结点法计算各杆内力如下。

（1） 取结点 1 为隔离体，如图 5-38（b）所示。

$$\sum F_y = 0\text{，}\quad \frac{1}{\sqrt{5}}F_{N13}-10+30=0$$

$$F_{N13}=-44.72\text{kN}$$

$$\sum F_x = 0\text{，}\quad \frac{2}{\sqrt{5}}F_{N13}+F_{N12}=0$$

$$F_{N12}=\frac{2}{\sqrt{5}}F_{N13}=40\text{kN}$$

（2） 取结点 2 为隔离体，如图 5-38（c）所示。

$$\sum F_x=0,\ F_{N25}-F_{N12}=0$$

得

$$F_{N25}=F_{N12}=40\ \text{kN}$$

（3） 取结点 3 为隔离体，如图 5-38（d）所示。

$$\sum F_x=0,\ -\frac{2}{\sqrt{5}}F_{N13}+\frac{2}{\sqrt{5}}F_{N34}+\frac{2}{\sqrt{5}}F_{N35}=0$$

$$\sum F_y=0,\ -20+\frac{1}{\sqrt{5}}F_{N34}-\frac{1}{\sqrt{5}}F_{N35}-\frac{1}{\sqrt{5}}F_{N13}=0$$

得

$$F_{N34}=-22.36\text{kN}$$

$$F_{N35}=-22.36\ \text{kN}$$

（4）取结点 4 为隔离体，如图 5-38（e）所示。

由 $\sum F_x=0$ 得 $F_{N47}=F_{N34}=-22.36\text{kN}$

由 $\sum F_y=0$ 得 $F_{45}=10\text{kN}$

（5）取结点 5 为隔离体，如图 5-38（f）所示。

由 $\sum F_x=0$ 得 $F_{N56}=20\text{kN}$

（6）取结点 6 隔离体，如图 5-38（g）所示。

由 $\sum F_x=0$ 得 $F_{N68}=F_{N56}=20\text{kN}$

（7）取结点 7 为隔离体，如图 5-38（h）所示。

$$F_{N78}=F_{N47}=-22.36\text{kN}$$

至此，桁架中各杆件的内力都已求得。最后可根据结点 8 的隔离体［见图 5-38（i）］是否满足平衡条件来做校核。此时

$$\sum F_x=-（-22.36）\times\frac{2}{\sqrt{5}}-20=0$$

$$\sum F_y=0,\ -22.36\times\frac{1}{\sqrt{5}}+10=0$$

故知计算结果无误。

2. **截面法**

截面法就是用截面截断拟求内力的杆件，取桁架的一部分为隔离体（隔离体包含两个以上的结点，所作用的力系为平面一般力系），利用力系为平面一般力系的三个平衡方程，计算所截各杆中的未知轴力。如果所截各杆中的未知轴力只有三个，它们既不相交于同一点，也不彼此平行，则用截面法即可直接求出这三个未知轴力。因此，截面法适用于联合桁架的计算，简单桁架中少数杆的计算，在计算中仍先假设未知轴力为拉力。

截面单杆：如果某个截面所截的内力为未知的各杆中，除某一杆外其余各杆都交于一点（或彼此平行），则此杆称为该截面的单杆。有如下两种情况。

（1）截面只截断三个杆，且此三杆不交于一点（或不彼此平行），则其中每一杆都是截面单杆，如图 5-39（a）所示。

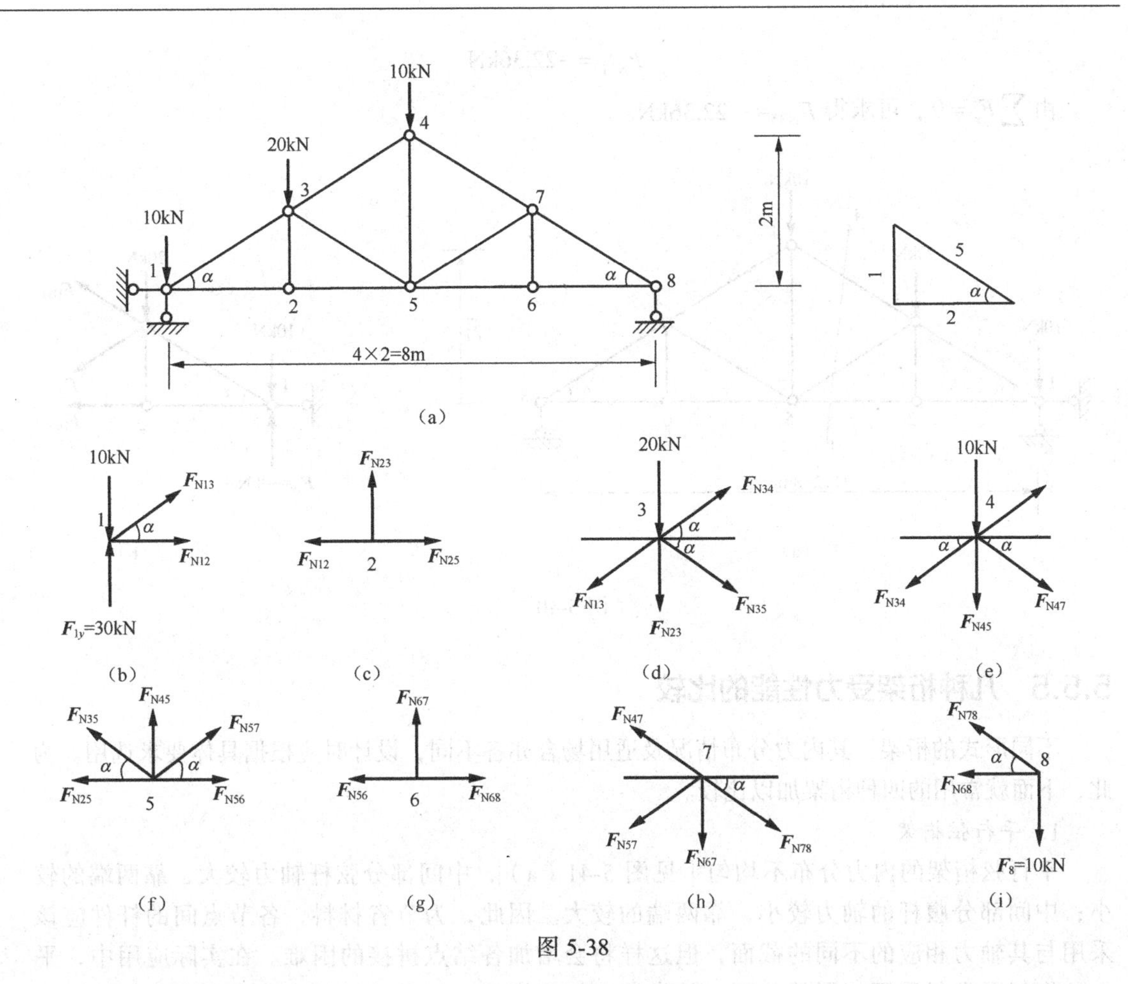

图 5-38

（2）截面所截杆数大于三个，但除某一杆外，其余各杆都交于一点（或都彼此平行），则此杆也是截面单杆，如图 5-39（b）、（c）所示。

m　m　m

m　m　m

(a)　(b)　(c)

图 5-39

截面单杆的内力可直接根据隔离体列平衡方程求出。

【例 5-12】　试求图 5-40（a）所示桁架（与例 5-11 同）中 25、34、35 三杆的内力。

解：首先求出支座反力。由例 5-11 已得

$$F_{1y}=30\text{kN}\qquad F_8=10\text{kN}$$

然后用截面 1—1 将 34、35、25 三杆截断，将桁架分成两部分。取桁架左边部分为隔离体，如图 5-40（b）所示。

以 F_{N34} 和 F_{N35} 两未知力的交点 3 为矩心，由平衡条件得

$$\sum M_3=0,\quad (10-30)\times2-F_{N25}\times1=0$$

$$F_{N25}=40\text{kN}$$

以 F_{N35} 和 F_{N25} 两力的交点 5 为矩心，由平衡条件得

$$\sum M_5=0,\quad -F_{N34}\times\frac{2}{\sqrt{5}}\times1-F_{N34}\times\frac{1}{\sqrt{5}}\times2+20\times2+(10-30)\times4=0$$

$$F_{N34} = -22.36\text{kN}$$

由 $\sum F_x = 0$，可求得 $F_{N35} = -22.36\text{kN}$。

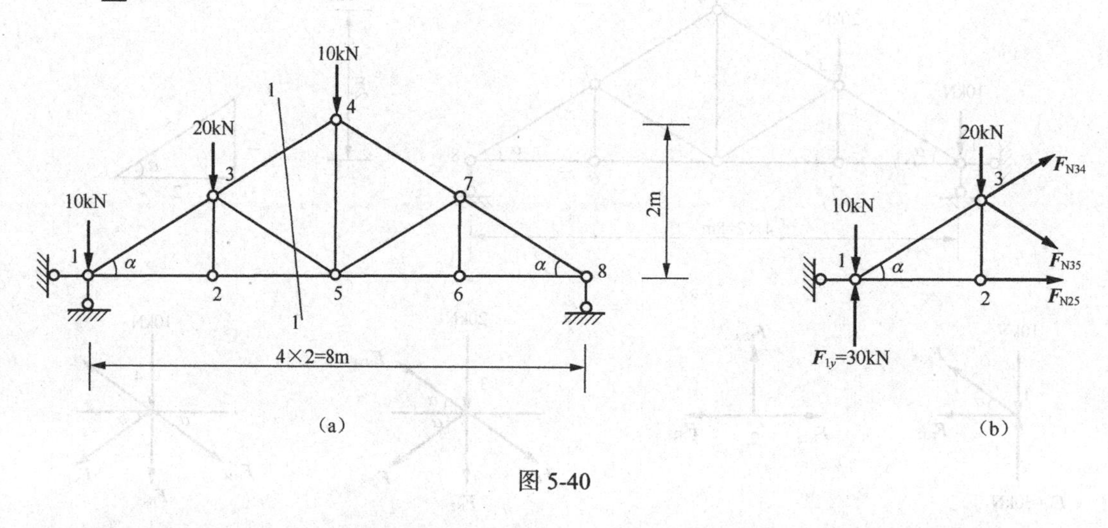

图 5-40

5.5.5 几种桁架受力性能的比较

不同形式的桁架，其内力分布情况及适用场合亦各不同，设计时应根据具体要求选用。为此，下面就常用的四种桁架加以比较。

1. 平行弦桁架

平行弦桁架的内力分布不均匀［见图 5-41（a）］，中间部分弦杆轴力较大，靠两端的较小；中间部分腹杆的轴力较小，靠两端的较大。因此，为节省材料，各节点间的杆件应该采用与其轴力相应的不同的截面，但这样将会增加各结点拼接的困难。在实际应用中，平行弦桁架通常仍采用相同的截面，并常用于轻型桁架，此时材料的浪费不至太大，如厂房中跨度在 12m 以上的吊车梁。平行弦桁架的优点是各节间的弦杆、斜腹杆和竖腹杆的长度都统一，节点的构造单一，便于制作和施工。因现场施工较为方便，故其在铁路桥梁中也常被采用。

2. 三角形桁架

三角形桁架的内力分布不均匀［见图 5-41（b）］，弦杆的轴力由两端向中间递减，腹杆的轴力则由两端向中间递增。三角形桁架两端结点处弦杆的轴力最大，而夹角又很小，构造复杂，制作困难。但其两斜面外形符合屋顶构造的要求，故三角形桁架只应用在屋盖结构中。

3. 梯形桁架

梯形桁架的受力性能介于平行弦桁架和三角形桁架之间，其受力较平行弦桁架均匀［见图 5-41（c）］，弦杆的轴力变化不大，腹杆的轴力由两端向中间递减。梯形桁架的构造较简单，施工也较方便，且有利于屋面排水，常用于钢结构厂房的屋盖。

4. 抛物线形桁架

抛物线形桁架的内力分布均匀［见图 5-41（d）］，上、下弦杆的轴力几乎相等，腹杆的轴力等于零。抛物线形桁架的受力性能较好，但这种桁架的上弦杆在每一结点处均需转折，结点构造复杂，制作和施工较麻烦，因此只有在大跨度结构中才会被采用，如 24～30m 的屋架和 100～300m 的桥梁等。

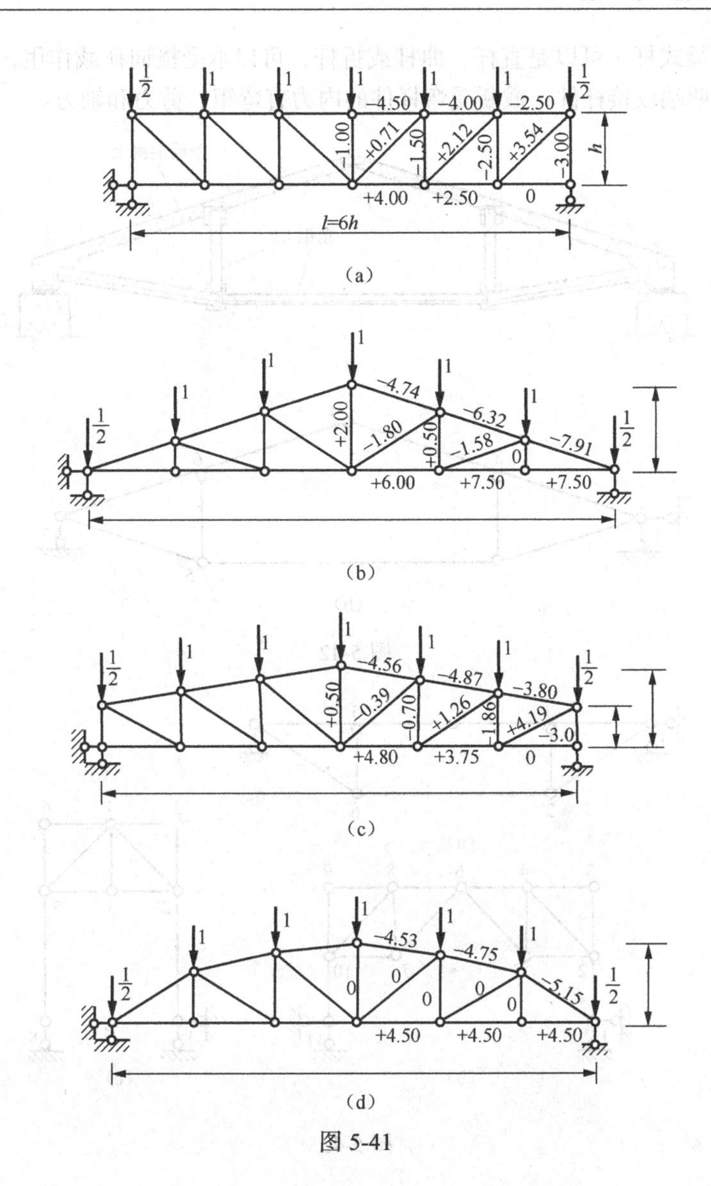

图 5-41

5.6　静定平面组合结构

组合结构是指由链杆（桁架杆）和受弯杆件（梁式杆）组合而成的结构。组合结构中，链杆只受轴力，是二力杆；受弯杆件除了承受轴力外，还受弯矩和剪力。两类构件以组合节点相互连接。

组合结构常用于房屋建筑中的屋架、吊车梁和桥梁的承重结构。工程中以钢筋混凝土斜梁为上弦、型钢为下弦和腹杆的下撑式屋架，其计算简图就是组合结构（见图 5-42）。组合结构中，链杆可以改善受弯构件的受力状态，减小弯矩并增大刚度。

组合结构通常由梁与桁架组成，也可由刚架与桁架构成。图 5-43（a）所示为梁与桁架的组合结构形式；图 5-43（b）、（c）所示为刚架与桁架的组合形式。

组合结构的内力计算一般采用截面法。计算组合结构的关键之处是能否正确区分链杆和受弯杆件。链杆应为直杆，两端铰接且无横向（垂直于杆轴）荷载作用，截断链杆的内力只有轴力；受弯杆件（梁式杆）可以是直杆、曲杆或折杆，可以承受横向荷载作用，也可以是内部带有组合铰节点的两端铰接杆件，截断受弯杆件的内力有弯矩、剪力和轴力。

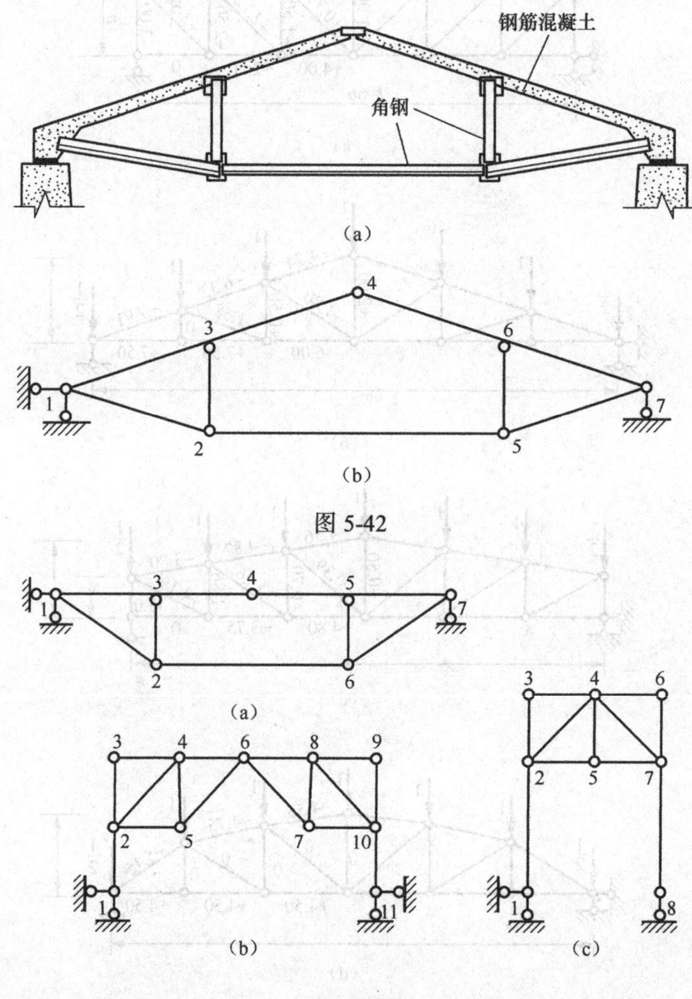

图 5-42

图 5-43

因此，用截面法求解组合结构时应注意以下几点。

（1）尽量避免截开梁式杆，因为 M、F_{Q}、F_{N} 未知量太多不便求解。

（2）尽量截开轴力杆，先求轴力杆；或截断连结铰，求相互连结力。

（3）如果截断的全是链杆，桁架的计算方法及结论可以适用。

（4）梁式杆的内力图画法同梁及刚架。

因此，组合结构的内力计算应是桁架的计算方法与梁、刚架的计算方法。组合结构的求解步骤为：先求出支座反力，然后计算各链杆的轴力，最后再分析梁式杆的内力。当然，如受弯杆件的弯矩图很容易先行绘出时，则可灵活处理。因此，上述步骤不是固定不变的。

【例 5-13】 试对图 5-44 所示组合结构进行内力分析。

解：（1）求附属部分的支座反力。取 FGC 部分为隔离体图［见图 5-44（b）］，利用平衡条件有

$$\sum M_F = 0, F_{Cy} = 22.5\text{kN} \ (\uparrow)$$

$$\sum F_x = 0, F_{Fx} = 45\text{kN}\ (\rightarrow)$$

$$\sum F_y = 0, F_{Fy} = 22.5\text{kN}\ (\downarrow)$$

（2）求附属部分各杆端内力。分别取 FG 段［见图 5-44（c）］、结点 G［见图 5-44（d）］和 GC 段［见图 5-44（e）］为隔离体，有

$M_{GF} = 101.25\text{kN·m}$（上拉）　$F_{QGF} = -22.5\text{kN}$　$F_{NGF} = -45\text{kN}$

$M_{GC} = 101.25\text{kN·m}$（右拉）　$F_{QGC} = 45\text{kN}$　$F_{NGC} = -22.5\text{kN}$

（3）分析基本部分。如图 5-44（f）、（g）所示。

（4）画出内力图。

画出弯矩图、剪力图和轴力图，如图 5-44（h）所示。

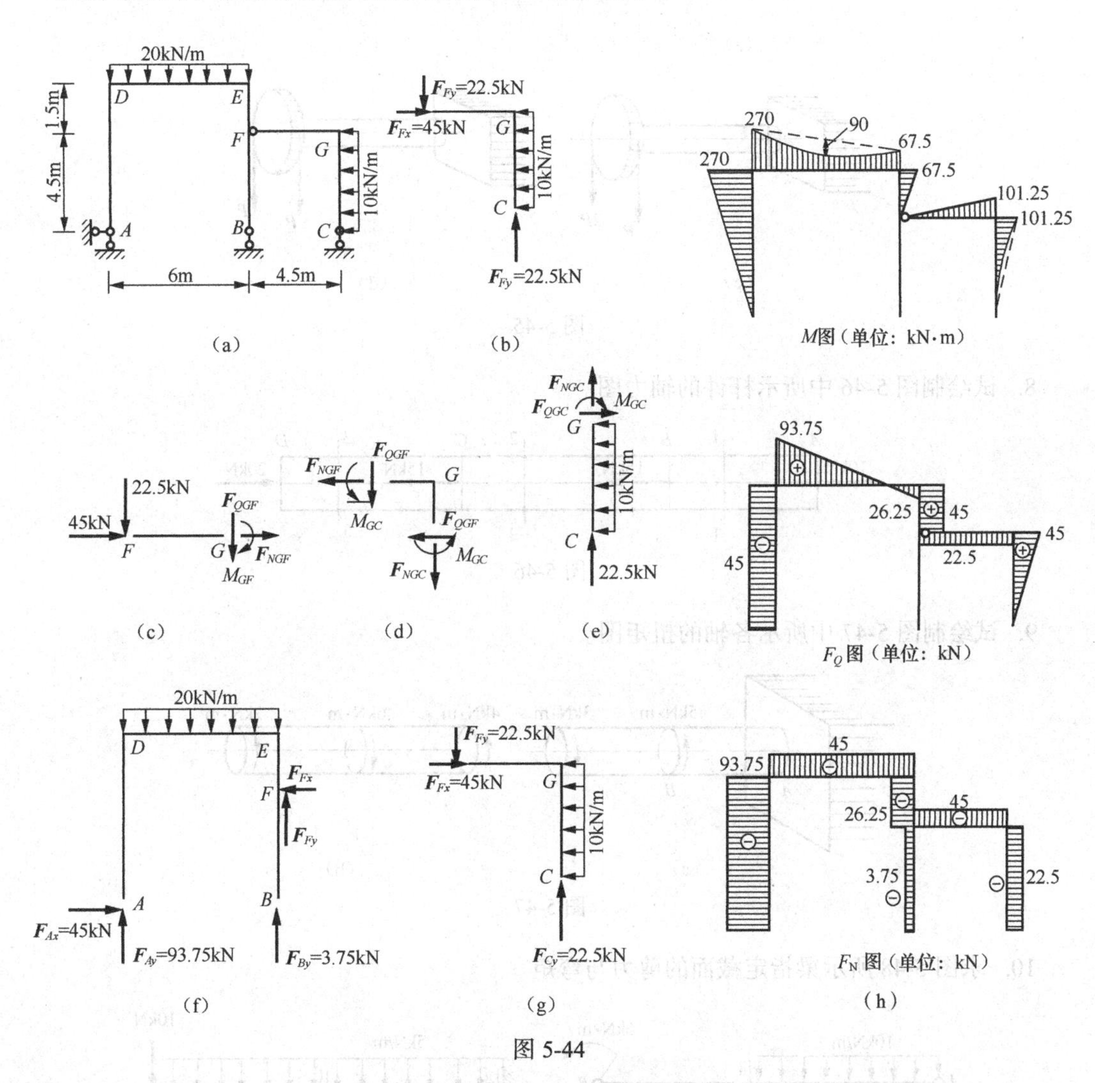

图 5-44

思考题与习题

1. 轴向拉（压）杆的受力特点和变形特点是什么？

2. 什么是轴力？轴力的正负号是如何规定的？

3. 何为扭矩？扭矩的正负号是怎样规定的？扭矩与外力偶矩有何区别？
4. 弯曲变形的特点是什么？什么是平面弯曲？
5. 剪力与弯矩的正负号是如何规定的？
6. 什么是叠加原理？应用叠加原理如何绘制梁的弯矩图？
7. 试指出图 5-45 所示各轴中哪些会产生扭转变形，并画出其受力简图。

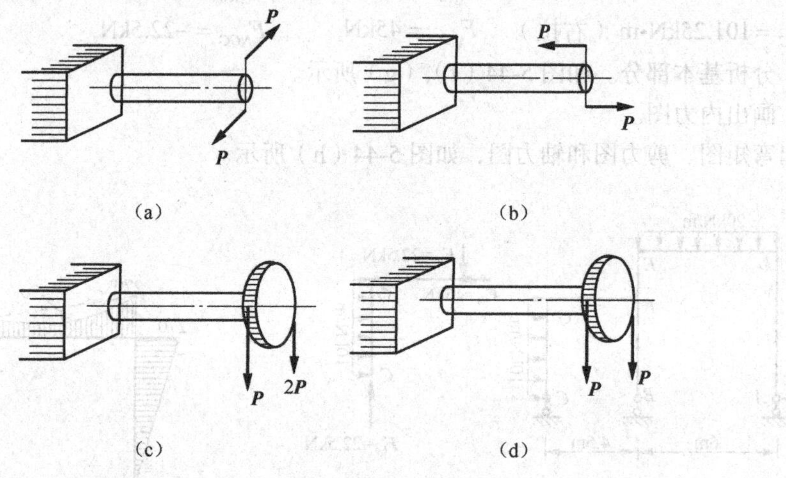

图 5-45

8. 试绘制图 5-46 中所示杆件的轴力图。

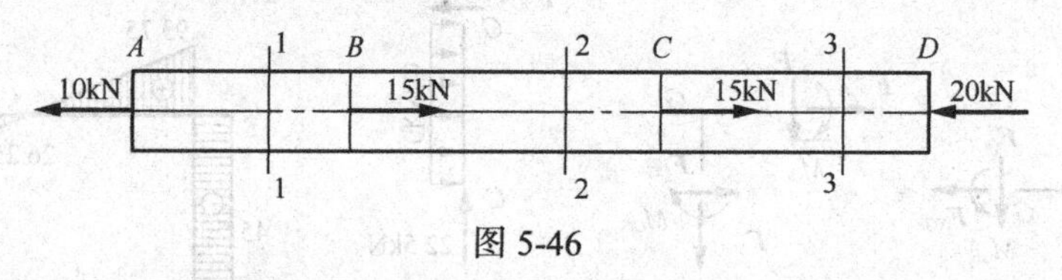

图 5-46

9. 试绘制图 5-47 中所示各轴的扭矩图。

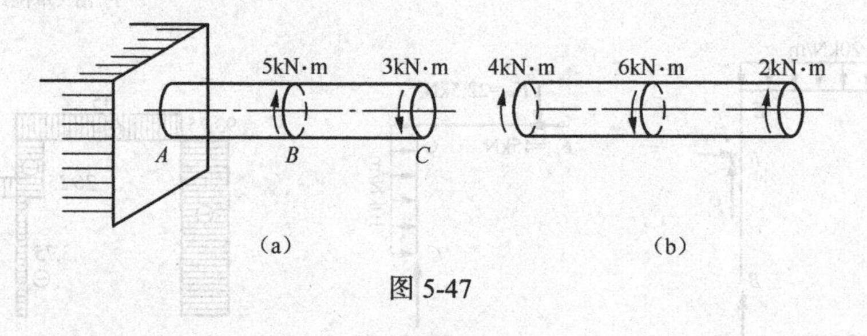

图 5-47

10. 求图 5-48 所示梁指定截面的剪力与弯矩。

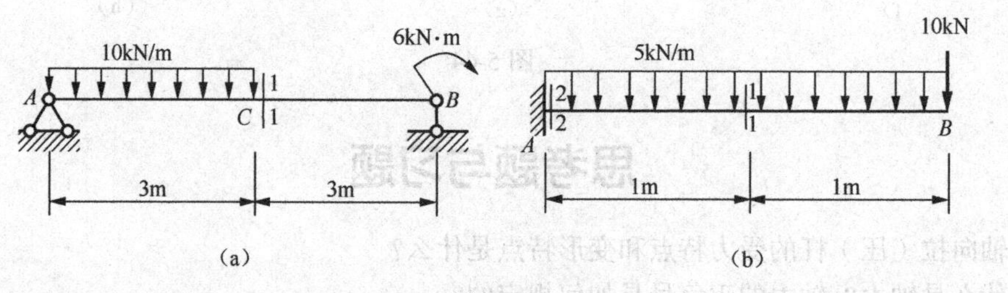

图 5-48

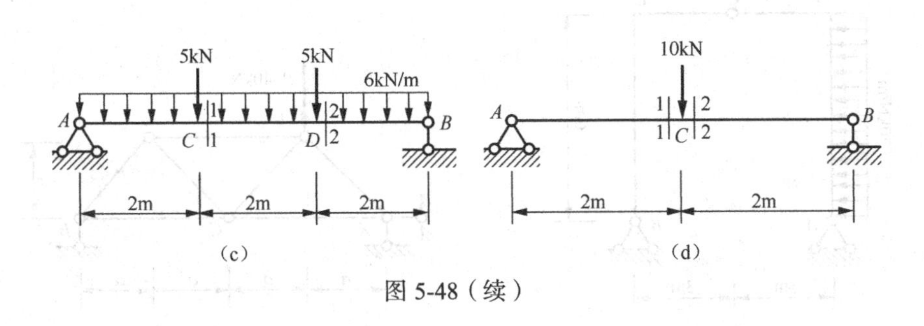

图 5-48（续）

11. 写出图 5-49 所示梁的剪力方程和弯矩方程，并画出剪力图和弯矩图。

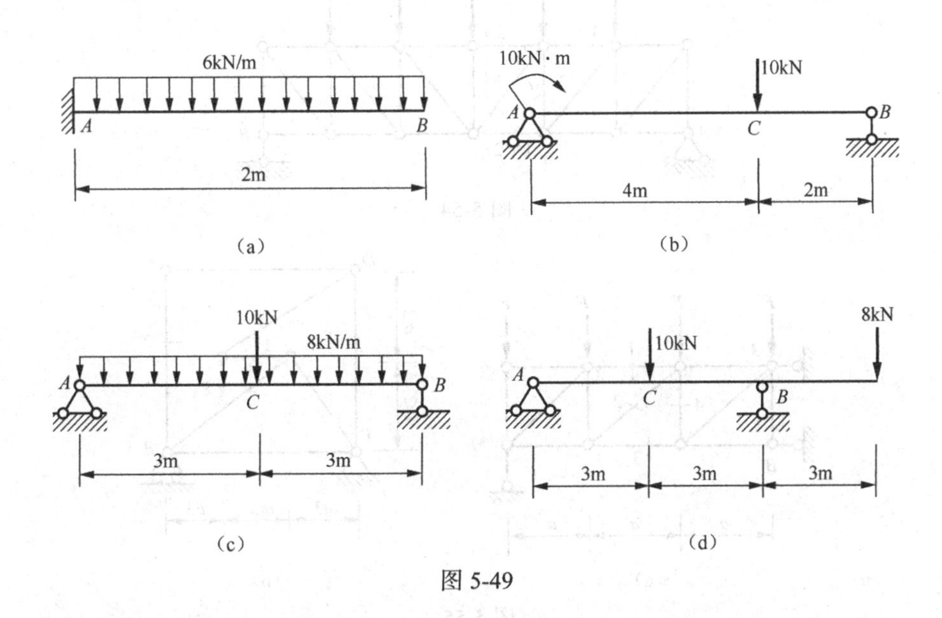

图 5-49

12. 画出图 5-50 所示简支梁的剪力图和弯矩图。

13. 用叠加法画出图 5-51 所示梁的弯矩图。

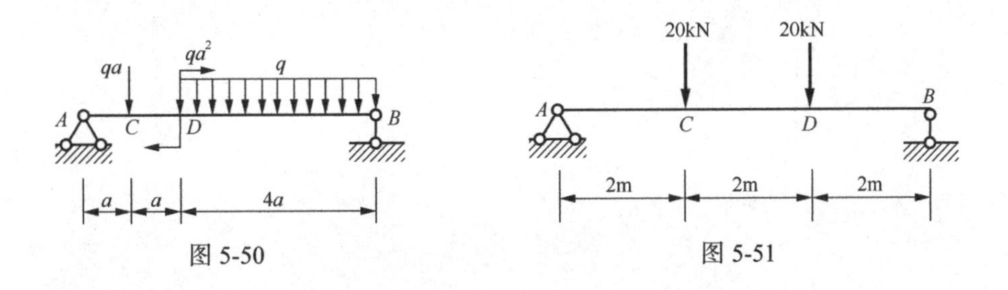

图 5-50　　图 5-51

14. 试画出图 5-52 所示三铰刚架的内力图。

15. 用结点法求图 5-53 所示桁架各杆的内力。其中 $P = 40\text{kN}$ 。

16. 用截面法求图 5-54 所示桁架中 a、b 二杆的内力，$\alpha = 45^\circ$ 。

17. 求图 5-55 所示平面桁架中指定杆 1、2、3、4 的内力。

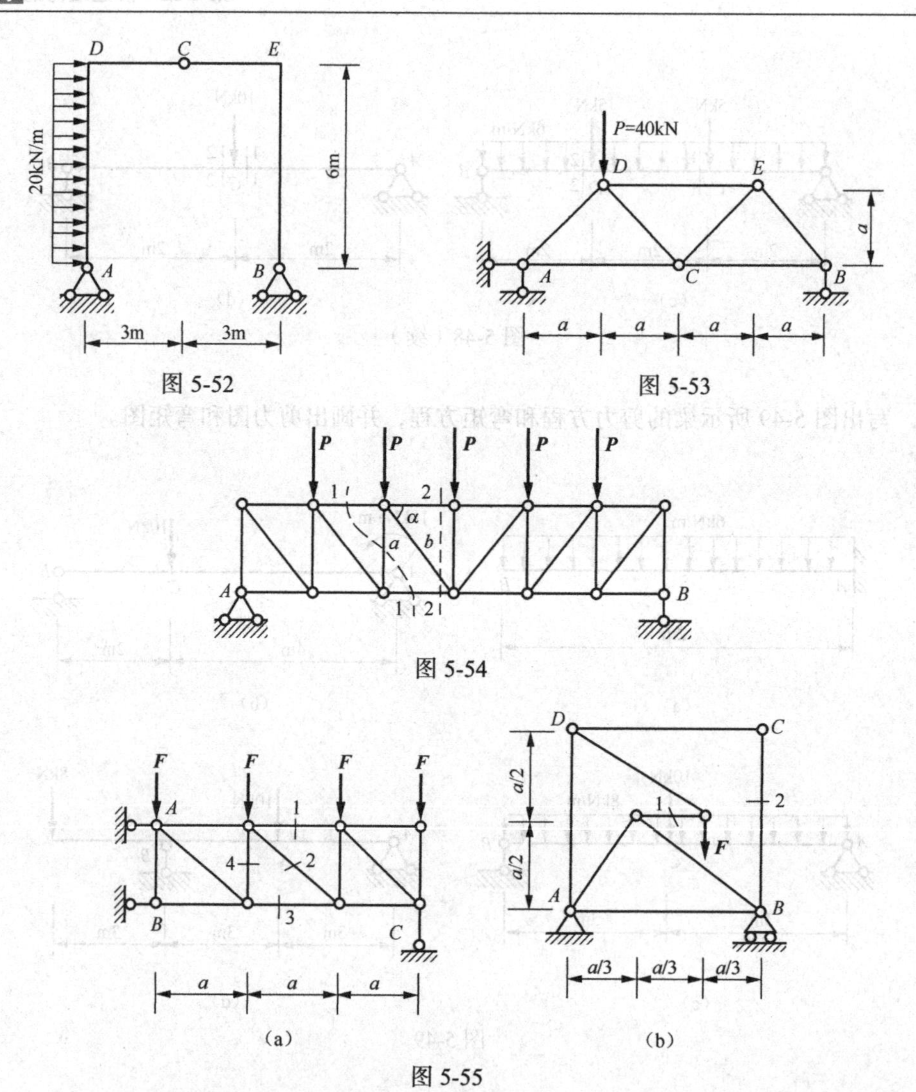

图 5-52

图 5-53

图 5-54

(a)

(b)

图 5-55

第6章 杆件的应力与强度计算

知识目标

了解应力的概念；了解轴向拉压杆的拉伸与压缩、圆轴扭转及梁弯曲时横截面的应力分布规律，掌握三种基本变形应力的计算公式；掌握轴向拉压杆的拉伸与压缩、圆轴扭转及梁弯曲时的强度计算，以及杆类构件组合变形时的强度计算；掌握提高梁强度的措施。

能力目标

通过本章的学习，能将常见的几种基本变形与实际结构建立起联系，通过应力分析基本方法的应用，培养学生观察变形、分析问题的能力；通过各种变形及组合变形强度计算及强度准则的应用，培养学生从强度分析的角度判断构件的强度、正确设计构件的截面、合理确定许可荷载的能力，为以后结构课程学习中的应力法及钢结构中相关的强度计算奠定基础。

外力作用在杆件上，就会在杆件内产生内力，但杆件的内力只表示截面上总的受力情况，确定了它还不能判断杆件是否会因强度不足而被破坏。例如：两根材料相同的拉杆，但截面面积不同，在相同的轴向拉力 F 作用下，显然两根杆件横截面上的轴力是相等的，但截面面积小的杆件可能被拉断而截面面积大的未被拉断，这说明拉杆的强度不仅与轴力有关，而且还与拉杆的横截面面积有关，所以必须研究横截面上的应力。

6.1 应力的概念

受力杆件某一截面上一点处的内力的集度称为该点的应力。为了定义截面上某一点 E 处的应力，可绕 E 点取一微小面积 ΔA，作用在 ΔA 上的内力合力记为 ΔF [见图 6-1（a）]，则比值 $P_m=\dfrac{\Delta F}{\Delta A}$ 称为面积 ΔA 上的平均应力。

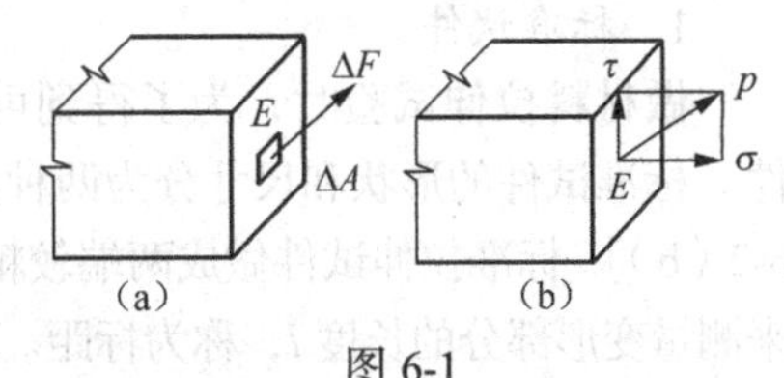

图 6-1

一般情况下，截面上各点处的内力虽然是连续分布的，但并不一定是均匀的，因此，平均应力 P_m 的大小和方向将随 ΔA 的大小而不同，它还不能表明内力在 E 点处的真实强弱程度。为表明分布内力在 E 点处的集度，令微面积无限缩小并使 ΔA 趋于零，则平均应力 P_m 的极限值 $P=\lim\limits_{\Delta A\to 0}\dfrac{\Delta F}{\Delta A}=\dfrac{\mathrm{d}F}{\mathrm{d}A}$，$P$ 即为 E 点处的内力集度，称为 E 点处的应力。

应力 P 也称为 E 点的总应力。由于 ΔF 是矢量，因而总应力 P 也是矢量，其方向一般与截面既不垂直也不相切，因此，力学中总是将它分解为垂直于截面和相切于截面的两个分量［见图 6-1（b）］。与截面垂直的应力分量称为正应力（或法向应力），用σ表示；与截面相切的应力分量称为剪应力（或切向应力），用τ表示。

应力的单位是帕斯卡，简称为帕，符号为“Pa”。

$$1\text{Pa}=1\text{N/m}^2\ (1\text{帕}=1\text{牛/米}^2)$$

工程实际中应力数值较大，常用千帕（kPa）、兆帕（MPa）及吉帕（GPa）作为单位。

$$1\text{kPa}=10^3\text{Pa}$$

$$1\text{MPa}=10^6\text{Pa}$$

$$1\text{GPa}=10^9\text{Pa}$$

工程图纸上，长度尺寸常以 mm 为单位，而工程中常采用兆帕（MPa），有

$$1\text{MPa}=1\text{N/mm}^2$$

从上述关于应力的定义可见，应力具有如下特征。

（1）应力是在受力杆件的某一截面上某一点处定义的，因此，讨论应力时必须明确指出杆件、截面、点的位置。

（2）应力是矢量，不仅有大小还有方向。通常规定：正应力σ以拉应力（箭头背离截面）为正，压应力（箭头指向截面）为负；剪应力τ以顺时针（剪应力对隔离体内任一点取矩时，力矩的转向为顺时针）为正，逆时针为负。

（3） 内力与应力的关系。内力在某一点处的集度为该点的应力；整个截面上各点处的应力总和（各点应力与微面积乘积的总和）等于该截面上的内力。

6.2 轴向拉压杆的应力与强度计算

6.2.1 拉伸与压缩时材料的力学性能

材料在拉伸和压缩时的力学性能，是指材料在受力过程中的强度和变形方面表现出的特性，是解决强度、刚度和稳定性问题时不可缺少的依据。

材料在拉伸和压缩时的力学性能，是通过试验得出的。拉伸与压缩通常在万能材料试验机上进行。拉伸与压缩的试验过程是：把按标准制成的不同材料试件装到试验机上，试验机对试件施加荷载，使试件产生变形甚至破坏；试验机上的测量装置测出试件在受荷载作用变形过程中所受荷载的大小，以及试件变形情况等数据，由此测出材料的力学性能。

1．标准试件

做材料拉伸试验时，为了得到可靠的试验数据并便于比较试验结果，应将材料做成标准试件。标准试件的形状和尺寸分为两种：一种为圆形截面［见图 6-2（a）］，一种为矩形截面［见图 6-2（b）］。标准拉伸试件做成两端较粗而中间段为等直的部分，这个等直段称为工作长度。其中用来测量变形部分的长度 l，称为标距。通常规定的标距 l 与截面直径 d 或截面面积 A 的比例如下。

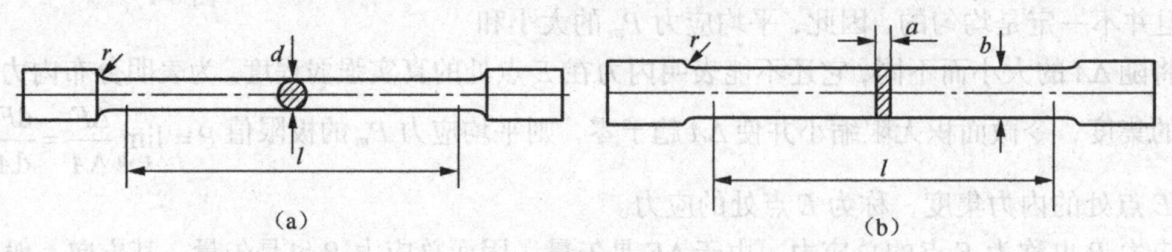

图 6-2

（1）圆形截面标准试件：$l=10d$ 或 $l=5d$。

（2）矩形截面标准试件：$l=11.3\sqrt{A}$ 或 $l=5.65\sqrt{A}$。

2. 低碳钢拉伸时的力学性能

低碳钢为典型的塑性材料，其应力-应变图具有典型意义（见图 6-3）。应力–应变图呈现以下四个阶段。

（1）弹性阶段（OA 段）。OA 段为直线段，A 点对应的应力称为比例极限，用 σ_p 表示。此阶段内，正应力和正应变成线性正比关系，即遵循胡克定律，$\sigma=E\cdot\varepsilon$。设直线的斜角为 α，则可得弹性模量 E 和 α 的关系

$$\tan\alpha=\frac{\sigma}{\varepsilon}=E \tag{6-1}$$

A 点和 B 点非常靠近，AB 线段微弯，若自 B 点以前卸载，试样无塑性变形，B 对应的应力称为弹性极限，用 σ_e 表示。弹性极限与比例极限物理意义不同，但数值非常接近，在工程上对二者不做严格区分。

（2）屈服阶段（$C'D$ 段）。超过比例极限之后，应力和应变之间不再保持正比关系。过 C' 点后，应力变化不大，应变急剧增大，曲线上出现水平锯齿形状，材料失去继续抵抗变形的能力，发生屈服现象，一般称试样发生屈服而力首次下降前的最高应力（C' 点处）为上屈服强度（上屈服极限）；在屈服期间，不计初始瞬时效应时的最低应力（C 点处）称为下屈服强度（下屈服极限）。工程上常称下屈服强度为材料的屈服极限，用 σ_s 表示。材料屈服时，在光滑试样表面可以观察到与轴线呈 45° 的纹线，称为滑移线，如图 6-4（a）所示，它是屈服时晶格发生相对错动的结果。

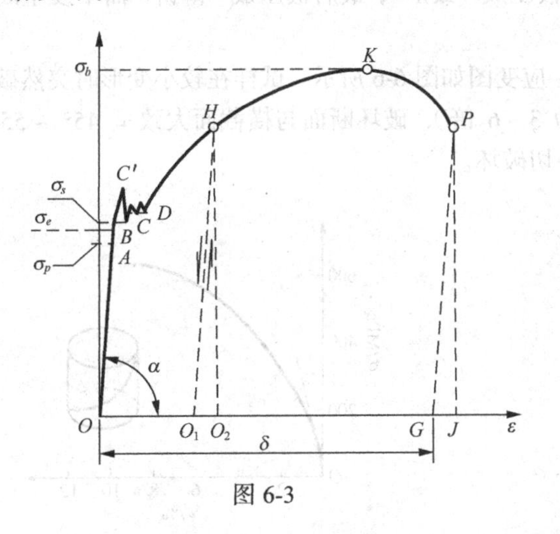

图 6-3

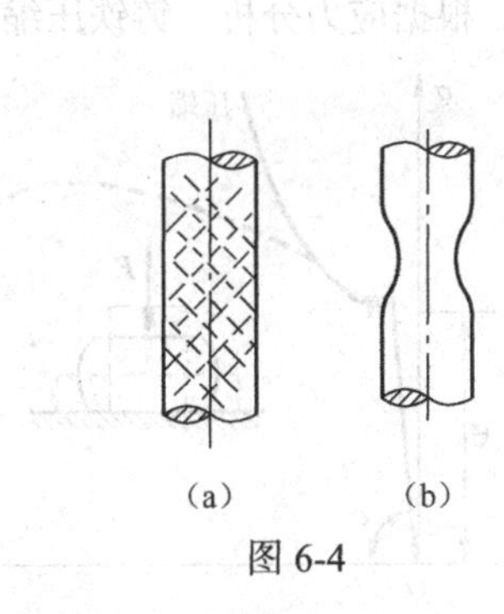

图 6-4

（3）强化阶段（DK 段）。经过屈服阶段，材料晶格重组后，又增加了抵抗变形的能力，要使试件继续伸长就必须再增加拉力，这个阶段称为强化阶段。曲线最高点 K 处的应力，称为强度极限，用 σ_b 表示，代表材料破坏前能承受的最大应力，也是衡量材料强度的重要指标。

（4）局部变形阶段（KP 段）。当应力增大到 σ_b 以后，即过 K 点后，试样变形集中到某一局部区域，由于该区域横截面的收缩，形成了图 6-4（b）所示的“颈缩”现象。因局部横截面的收缩，试样再继续变形，所需的拉力逐渐减小，曲线自 K 点后下降，最后在“颈缩”处被拉断。

在工程中，代表材料强度性能的主要指标是屈服极限 σ_s 和强度极限 σ_b。

在拉伸试验中，可以测得表示材料塑性变形能力的两个指标：伸长率和断面收缩率。其中，

伸长率的计算公式为

$$\delta=\frac{l_1-l}{l}\times100\% \tag{6-2}$$

式中：l——试验前在试样上确定的标距；

l_1——试样断裂后标距变化后的长度。

工程上根据材料破坏时有无明显的塑性变形，将材料分为两大类：在破坏时有明显塑性变形（$\delta\geqslant5\%$）的材料称为塑性材料，它的典型代表是低碳钢，其伸长率为（20～30）%；在破坏时无明显塑性变形（$\delta<5\%$）的材料称为脆性材料，它的典型代表是铸铁，其伸长率几乎为零。工程上常用的脆性材料还有混凝土、玻璃等。

断面收缩率的计算公式为

$$\psi=\frac{A-A_1}{A}\times100\% \tag{6-3}$$

式中：A——试验前试样的横截面面积；

A_1——断裂后断口处的横截面面积。

3. 材料压缩时的力学性能

金属材料的压缩试样一般制成短圆柱形，圆柱的高度为直径的 1.5～3 倍，试样的上下平面有平行度和光洁度的要求。非金属材料的压缩试样，如混凝土、石料等通常制成正方形。

低碳钢是塑性材料，其在被压缩时的应力-应变图如图 6-5 所示。和拉伸时的曲线相比较，可以看出，在屈服以前，压缩时的曲线和拉伸时的曲线基本重合，而且σ_P、σ_s、E 与拉伸时大致相等；屈服以后，随着压力的增大，试样被压成“鼓形”，最后被压成“薄饼”而不发生断裂，所以低碳钢压缩时无强度极限。

铸铁是脆性材料，其在被压缩时的应力–应变图如图 6-6 所示。试样在较小变形时突然破坏，压缩时的强度极限远高于拉伸强度极限（为 3～6 倍），破坏断面与横截面大致呈 45°～55° 的倾角。根据应力分析，铸铁压缩破坏属于剪切破坏。

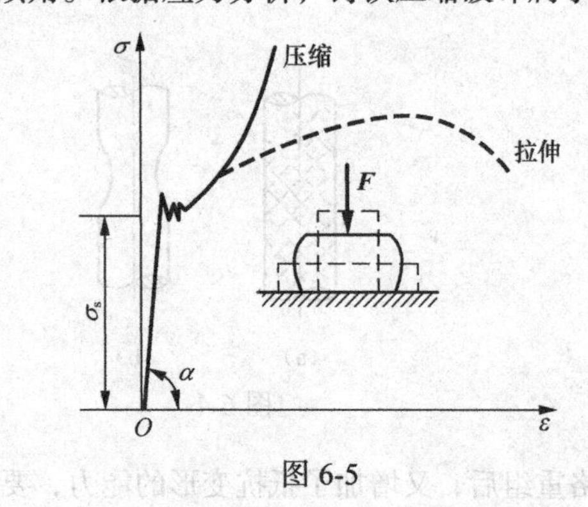

图 6-5

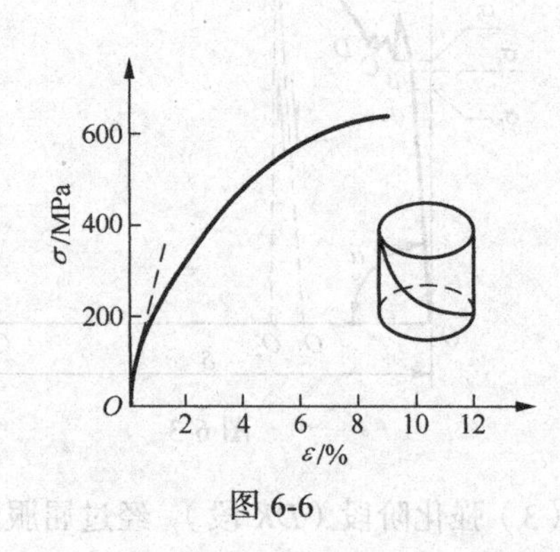

图 6-6

再如工程上用的混凝土，其在被压缩时的应力–应变图如图 6-7 所示。从曲线上可以看出，混凝土的抗压强度要比抗拉强度大 10 倍左右。混凝土试样的压缩破坏形式与两端面所受摩擦阻力的大小有关。如图 6-8（a）所示，混凝土试样两端面加润滑剂后，压坏时沿纵向开裂。如图 6-8（b）所示，若试样两端面不加润滑剂，压坏时是靠中间剥落而形成两个锥截面。

总地来说，塑性材料的抗拉、抗压能力都较好，既能用于受拉构件又能用于受压构件；脆性材料的抗压能力比抗拉能力好，一般只用于受压构件。但在实际工程中选用材料时，不仅要从材料本身的力学性能方面考虑，同时还要考虑到经济的原则。

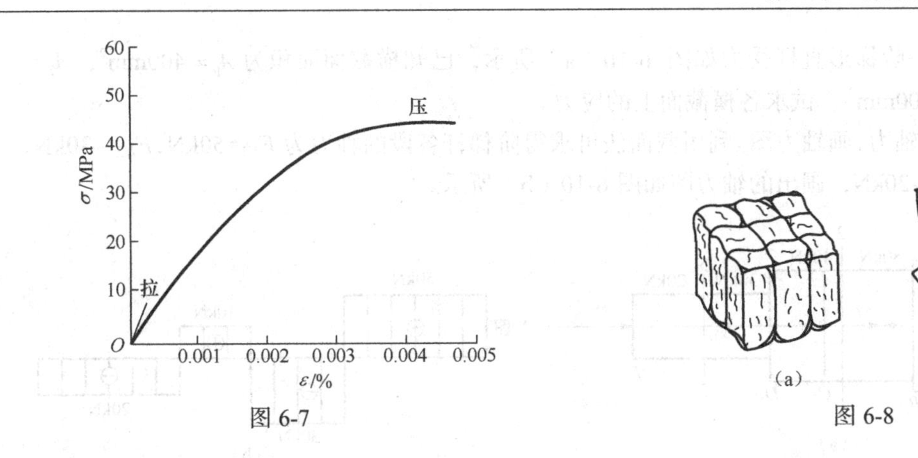

图 6-7　　　　　　　　　　　　图 6-8

6.2.2　横截面上的应力

轴力是轴向拉压杆横截面上的唯一内力分量，但是，轴力不是直接衡量拉压杆强度的指标，因此必须研究拉压杆横截面上的应力，即轴力在横截面上分布的集度。图 6-9（a）所示的是横截面为正方形的试样，其边长为 a，在试样表面相距 l 处画了两个垂直轴线的边框线 m—m 和 n—n。试验开始，在试样两端缓慢加轴向外力，当达到 F 值时，可以观察到边框线 m—m 和 n—n 产生了相对位移Δl［见图 6-9（b）]，同时，正方形的边长 a 减小，但其形状保持不变，m'—m' 和 n'—n'仍垂直于轴线。

根据变形特点，可得出结论：原为平面的杆件的横截面在变形后仍保持为平面，两平面相对平移了一段距离，且垂直于杆的轴线，这个假设称为平面假设。根据这个假设可以推知，杆件在受拉后 m'—n'段纵向纤维伸长量是相同的。由此可知，轴向拉压等截面直杆，横截面上只有垂直于横截面方向的正应力，且该正应力在横截面上是均匀分布的［见图 6-9（c）]。轴向拉压杆横截面上的正应力计算公式为

$$\sigma = \frac{F_N}{A} \tag{6-4}$$

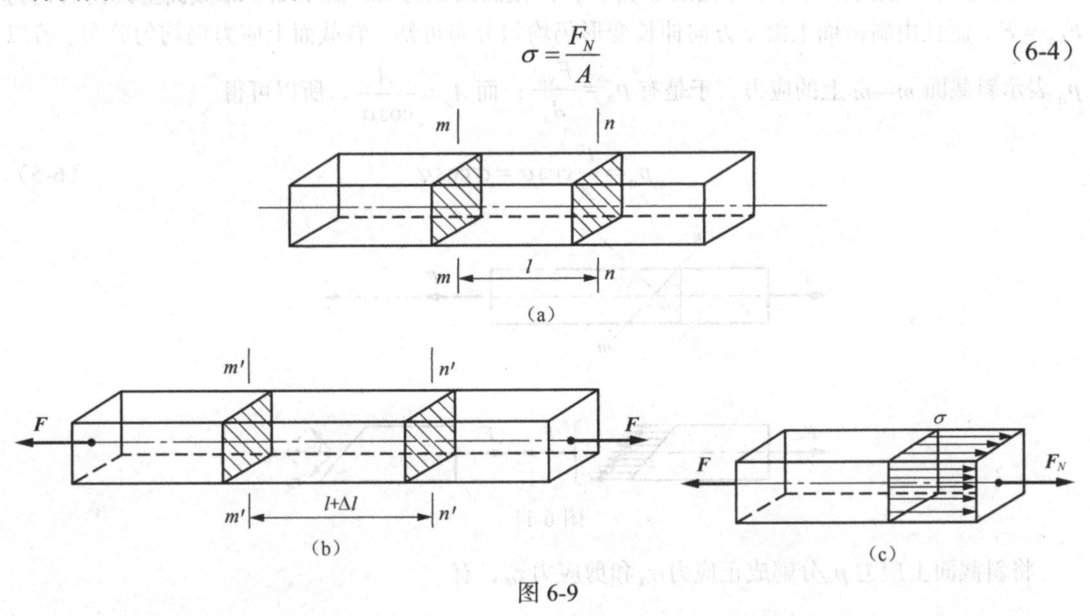

图 6-9

经试验证实，以上公式适用于轴向拉压杆，符合平面假设的横截面为任意形状的等截面直杆。正应力与轴力有相同的正、负号，即拉应力为正，压应力为负。

【例 6-1】一阶梯形直杆受力如图 6-10（a）所示，已知横截面面积为 $A_1 = 400\text{mm}^2$，$A_2 = 300\text{mm}^2$，$A_3 = 200\text{mm}^2$，试求各横截面上的应力。

解:(1)计算轴力,画轴力图。利用截面法可求得阶梯杆各段的轴力为 F_{N1}=50kN,F_{N2}=-30kN，F_{N3}=10kN，F_{N4}=-20kN，画出的轴力图如图 6-10（b）所示。

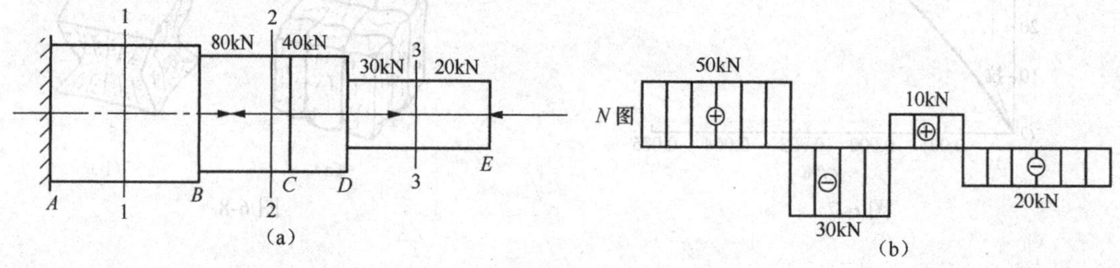

图 6-10

（2） 计算各段的正应力。

AB 段： $\sigma_{AB} = \dfrac{F_{N1}}{A_1} = \dfrac{50\times10^3}{400}\text{MPa} = 125\text{MPa}$

BC 段： $\sigma_{BC} = \dfrac{F_{N2}}{A_2} = \dfrac{-30\times10^3}{300}\text{MPa} = -100\text{MPa}$

CD 段： $\sigma_{CD} = \dfrac{F_{N3}}{A_2} = \dfrac{10\times10^3}{300}\text{MPa} = 33.3\text{MPa}$

DE 段： $\sigma_{DE} = \dfrac{F_{N4}}{A_3} = \dfrac{-20\times10^3}{200}\text{MPa} = -100\text{MPa}$

6.2.3 斜截面上的应力

设等直杆的轴向拉力为 F（见图 6-11），横截面面积为 A，由于 m—m 截面上的内力仍为 $F_{N\alpha} = F$，而且由斜截面上沿 x 方向伸长变形仍均匀分布可知，斜截面上应力仍均匀分布。若以 p_α 表示斜截面 m—m 上的应力，于是有 $p_\alpha = \dfrac{F_{N\alpha}}{A_\alpha}$；而 $A_\alpha = \dfrac{A}{\cos\alpha}$，所以可得

$$p_\alpha = \frac{F}{A}\cos\alpha = \sigma\cos\alpha \tag{6-5}$$

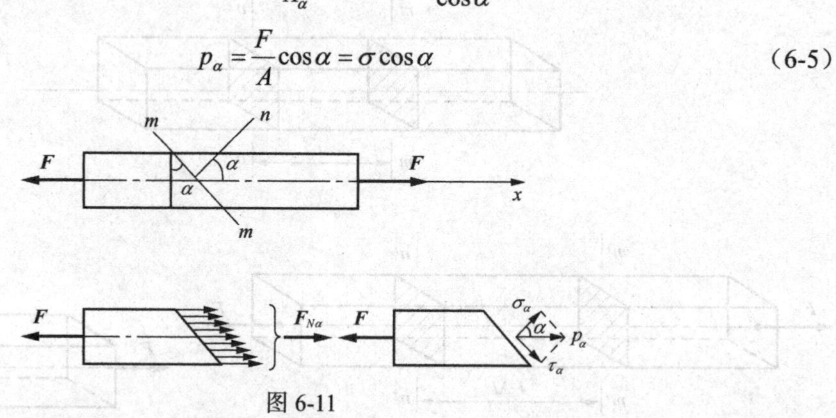

图 6-11

将斜截面上应力 p_α 分解成正应力 σ_α 和剪应力 τ_α，有

$$\sigma_\alpha = p_\alpha\cos\alpha = \sigma\cos^2\alpha \tag{6-6}$$

$$\tau_\alpha = p_\alpha\sin\alpha = \frac{\sigma}{2}\sin2\alpha \tag{6-7}$$

由此可知，杆内某一点处最大正应力发生在通过该点的横截面上（$\alpha=0$），$\sigma_{max}=\sigma$；最大剪应力发生在与横截面呈 45° 的斜截面上（$\alpha=45^\circ$），$\tau_{max}=\dfrac{\sigma}{2}$。

α，σ_α，τ_α的正负号规定如下。

α——自横截面的外法线量起，到所求斜截面外法线为止，逆时针转为正，顺时针转为负。

σ_α——拉应力为正，压应力为负。

τ_α——取保留截面内任一点为矩心，当τ_α对矩心顺时针转动时为正，反之为负。

6.2.4　强度计算

杆件在使用时必须具有足够的强度以承载荷载的作用，这样才能保证杆件安全可靠的工作。

1. 强度条件

杆件中所有横截面上正应力的最大值称为最大工作应力，用σ_{max}表示，其所在的截面为危险截面。保证构件正常工作，不至于破坏的强度条件是

$$\sigma_{max}=\left(\frac{F_N}{A}\right)_{max}\leqslant[\sigma] \tag{6-8}$$

对于等截面拉压杆，轴力最大截面为危险截面，$\sigma_{max}=\dfrac{F_{N,max}}{A}\leqslant[\sigma]$。

对于轴力不变而截面变化的杆，则截面面积最小的截面为危险截面，$\sigma_{max}=\dfrac{F_N}{A_{min}}\leqslant[\sigma]$。

2. 强度计算

强度计算包括强度校核、截面选择和承载力计算。

（1）强度校核。强度校核就是利用强度条件对杆件的强度进行验算。已知杆件轴力 F_N、截面面积 A 和材料许用应力$[\sigma]$，若$\sigma_{max}\leqslant[\sigma]$，则杆件满足强度条件，否则杆件强度不够，易发生破坏。

（2）截面选择。已知轴力 F_N和材料许用应力$[\sigma]$，根据强度条件得

$$A\geqslant\frac{F_{N,max}}{[\sigma]} \tag{6-9}$$

可据此来确定杆件最小横截面面积。

（3）承载力计算。已知截面面积 A 和材料许用应力$[\sigma]$，根据强度条件确定杆件所能承受最大轴力 $F_{N\max}\leqslant A[\sigma]$。由 $F_{N\max}$ 进一步确定结构的最大承载力。

在计算中，若工作应力不超过许用应力的 5%，在工程中仍然是允许的。

【例 6-2】一受轴向拉力 F=50 kN 的等直圆杆，直径 d=18mm，材料为 Q345 钢，其许用应力$[\sigma]=227\text{MPa}$，校核该杆的强度。

解：杆件最大工作应力

$$\sigma=\frac{F}{A}=\frac{50\times10^3}{\dfrac{\pi}{4}\times18^2}=196.5\text{MPa}<[\sigma]=227\text{MPa}$$

故杆件安全。

【例 6-3】如图 6-12 所示，已知该三角架中，AB 杆由两根 80×80×7 等边角钢组成，横截面面积为 A_1，长度为 2m；AC 杆由两根 10 号槽钢组成，横截面面积为 A_2，钢材为 3 号钢，容许应力$[\sigma]=120\text{MPa}$。

求：此结构所能承担的最大荷载。

解：（1）取结点 A 为研究对象进行受力分析，如图 6-12（b）所示。

$$\Sigma F_y = 0：F_{NAB}\sin 30^\circ - F = 0 \qquad F_{NAB} = \frac{F}{\sin 30^\circ} = 2F \quad （受拉）$$

$$\Sigma F_x = 0：-F_{NAB}\cos 30^\circ - F_{NAC} = 0 \qquad F_{NAC} = -F_{NAB}\cos 30^\circ = -1.732F \quad （受压）$$

（2）计算能承担的最大轴力。

查型钢表：$A_1 = 10.86\text{cm}^2 \times 2 = 21.7\text{cm}^2$；$A_2 = 12.74\text{cm}^2 \times 2 = 25.48\text{cm}^2$

由强度计算公式：$\sigma_{\max} = \dfrac{F_{N,\max}}{A} \leqslant [\sigma]$

$$F_{NAB} = 2F \leqslant 21.7 \times 10^2 \times 120 = 260.4\text{kN}$$

$$\left|F_{NAC}\right| = 1.732F \leqslant 25.48 \times 10^2 \times 120 = 305.8\text{kN}$$

（3）计算能承担的最大荷载。

$$F_1 \leqslant \frac{260.4}{2} = 130.2\text{kN}$$

$$F_2 \leqslant \frac{305.8}{1.732} = 176.5\text{kN}$$

所以 $F_{\max} = \min\{F_1, F_2\} = 130.2\text{kN}$

【例 6-4】在图 6-13 所示的托架中，AC 是圆钢杆，许用拉应力 $[\sigma_t] = 160\text{ MPa}$，$BC$ 是方木杆，$F = 60\text{kN}$，AC 杆与 BC 杆间夹角为 α，试选定圆钢杆直径 d。

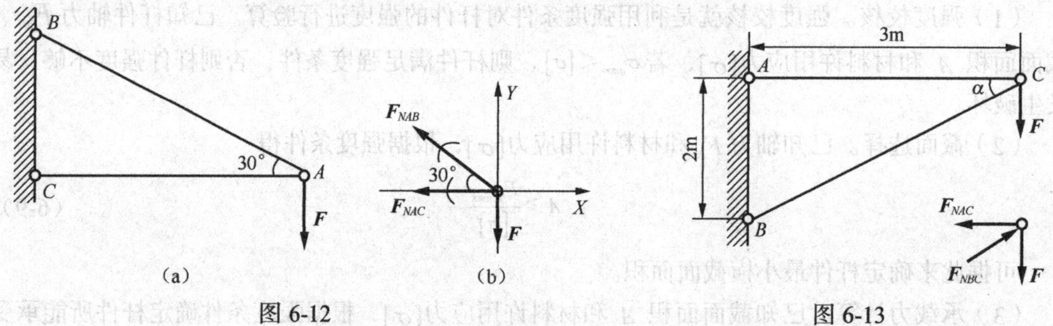

图 6-12　　　　图 6-13

解：（1）计算杆 AC 的轴力。取结点 C 为研究对象，并假设钢杆的轴力 F_{NAC} 为拉力，木杆的轴力 F_{NBC} 为压力，由静力平衡条件

$$\Sigma F_y = 0 \qquad F_{NBC} \cdot \sin\alpha - F = 0$$

$$F_{NBC} = \frac{F}{\sin\alpha} = \frac{60}{\frac{2}{\sqrt{13}}} = 108.2\text{kN}$$

$$\Sigma F_x = 0 \qquad F_{NBC} \cdot \cos\alpha - F_{NAC} = 0$$

$$F_{NAC} = F_{NBC}\cos\alpha = 108.2 \times \frac{3}{\sqrt{13}} = 90\text{kN}$$

（2）截面选择。对于圆钢杆有

$$A = \frac{\pi d^2}{4} \geqslant \frac{F_{NAC}}{[\sigma_t]}$$

$$d \geqslant \sqrt{\frac{4 \cdot F_{NAC}}{\pi[\sigma_t]}} = \sqrt{\frac{4 \times 90 \times 10^3}{\pi \times 160}} = 26.8\text{mm}$$

故按模数取 $d = 28\text{mm}$。

6.2.5 应力集中的概念

轴向拉压杆件在截面形状和尺寸发生突变处，如在杆件上钻孔等，都会使横截面突变处的局部区域内的应力急剧增大，离开突变区域稍远处，应力又趋于均匀。通常将这种横截面尺寸突然变化处，应力急剧增大的现象称为应力集中，如图 6-14 所示。应力集中的程度用最大局部应力 $\sigma_{\max}$ 与该截面上的名义应力 σ_n（不考虑应力集中的条件下截面上的平均应力）的比值表示，即

$$\alpha = \frac{\sigma_{\max}}{\sigma_n}$$

比值 α 称为应力集中系数，它反应了应力集中的程度，是一个大于 1 的系数。

为了避免和减小应力集中对杆件的不利影响，应尽量使杆件外形平缓光滑，不使杆件截面尺寸发生突变，当必须开孔洞时，应尽量将孔洞开在低应力区内。

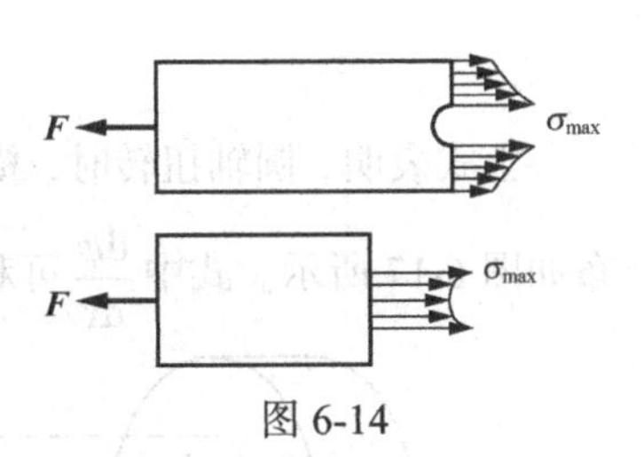

图 6-14

6.3 圆轴扭转时的应力与强度计算

6.3.1 横截面上的应力

工程中要求对受扭杆件进行强度计算，根据扭矩 T 确定横截面上各点的剪应力。下面用实心圆轴推导剪应力在横截面上的分布规律。

1. 变形几何关系

取一实心圆轴，在其表面等距离地画上圆周线和纵向线，如图 6-15（a）所示，然后在圆轴两端施加一对大小相等、方向相反的扭转力偶矩 M_e，使圆轴产生扭转变形，如图 6.15（b）所示。可观察到，圆轴表面上各圆周线的形状、大小和间距均未改变，仅是绕圆轴线做了相对转动；各纵向线均倾斜了一微小角度 γ，γ 称为切应变。根据这些变形特点，可得到以下两点结论。

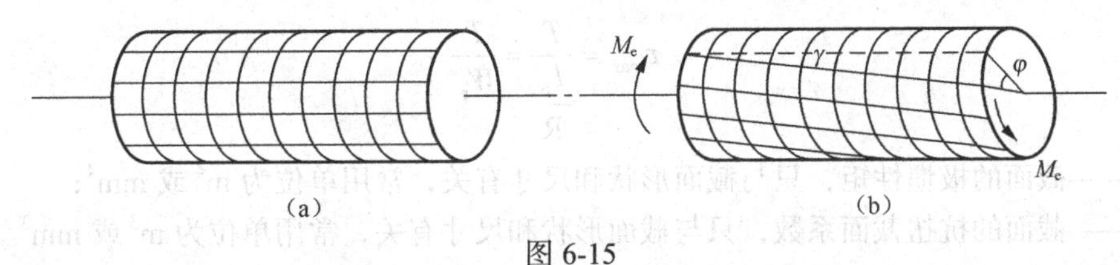

图 6-15

圆轴扭转时，横截面上的剪应力非均匀分布，仅依靠静力方程无法求出，必须利用变形条件建立补充方程，即剪应力的导出需按求解超静定问题的相似步骤进行。

从圆轴中取相距为 dx 的微段进行研究，如图 6-16（a）所示。

为了研究横截面上任意点的切应变，从圆轴截面内取半径为 ρ 的微段，两横截面转动了一个角度 $d\varphi$，$d\varphi$ 称为 dx 段的扭转角。如图 6-16（b）所示。计算可得

① 假设圆杆的横截面右杆扭转变形时，只是在原来位置上绕杆轴线转动了一个角度，它仍保持为平面。通常将此称为圆轴扭转时的平面假设。

② 由于圆周线距离不变，且矩形网格发生相对错动，放在横截面上没有正应力，只有剪应力。

$$\gamma_\rho = \rho\frac{\mathrm{d}\varphi}{\mathrm{d}x} \tag{6-10}$$

上式表明，横截面上任意点的切应变同该点到圆心的距离ρ呈正比关系。

2. 物理关系

根据剪切胡克定律，在剪切比例极限之内（或弹性范围以内）剪应力和切应变呈正比关系

$$\tau = G\gamma \tag{6-11}$$

将（6-10）式代入上式，得

$$\tau_\rho = G\gamma_\rho = G\rho\frac{\mathrm{d}\varphi}{\mathrm{d}x} \tag{6-12}$$

上式表明，圆轴扭转时，横截面上任意点处的剪应力τ_ρ与该点到圆心的距离ρ呈正比，其分布如图 6-17 所示。式中$\frac{\mathrm{d}\varphi}{\mathrm{d}x}$可利用静力方程确定。

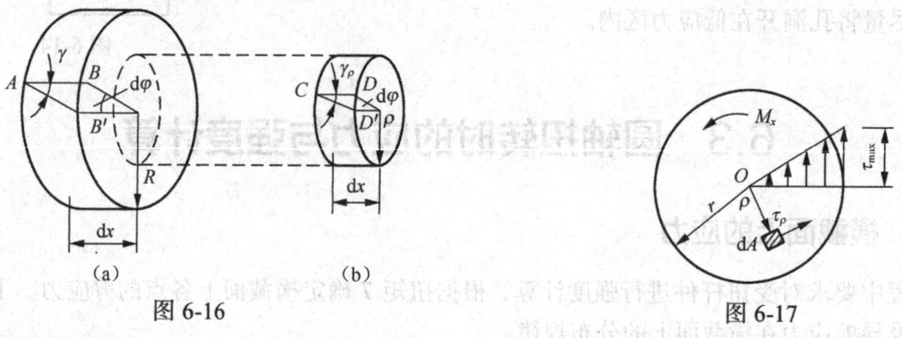

图 6-16　　图 6-17

3. 静力学关系

根据图 6-17，可得到圆轴扭转横截面上任意点剪应力公式为

$$\tau_\rho = \frac{T\cdot\rho}{I_\mathrm{p}} \tag{6-13}$$

当$\rho = R$时，表示圆截面边缘处的剪应力最大，有

$$\tau_{\max} = \frac{T}{\frac{I_\mathrm{p}}{\mathrm{R}}} = \frac{T}{W_\mathrm{p}} \tag{6-14}$$

式中：I_p——截面的极惯性矩，只与截面形状和尺寸有关，常用单位为 m^4 或 mm^4；

W_p——截面的抗扭截面系数，只与截面形状和尺寸有关，常用单位为 m^3 或 mm^3。

4. 极惯性矩和抗扭截面系数

极惯性矩I_p和抗扭截面系数W_p可按其定义通过积分求得。下面介绍其计算方法。

对于图 6-18（a）所示的实心圆轴，可在圆轴截面上距圆心为ρ处取厚度为 $\mathrm{d}\rho$的环形面积作为微面积 $\mathrm{d}A$，于是$\mathrm{d}A = 2\pi\rho\mathrm{d}\rho$，从而可得实心圆截面的极惯性矩为

$$I_\mathrm{p} = \int_A \rho A^2\mathrm{d}A = 2\pi\int_0^{\frac{D}{2}}\rho^3\mathrm{d}\rho = \frac{\pi D^4}{32}$$

抗扭截面系数为

$$W_p = \frac{I_p}{D/2} = \frac{\pi D^4 / 32}{D/2} = \frac{\pi D^3}{16}$$

对于图 6-18（b）所示的空心圆轴，则有

$$I_p = \int_A \rho A^2 \mathrm{d}A = 2\pi \int_{\frac{d}{2}}^{\frac{D}{2}} \rho^3 \mathrm{d}\rho = \frac{\pi}{32}(D^4 - d^4) = \frac{\pi D^4}{32}(1-\alpha^4)$$

式中：α——空心圆轴内外径之比，$\alpha = \frac{d}{D}$。

空心圆轴截面的抗扭截面系数为

$$W_p = \frac{I_p}{D/2} = \frac{\pi D^3}{16}(1-\alpha^4)$$

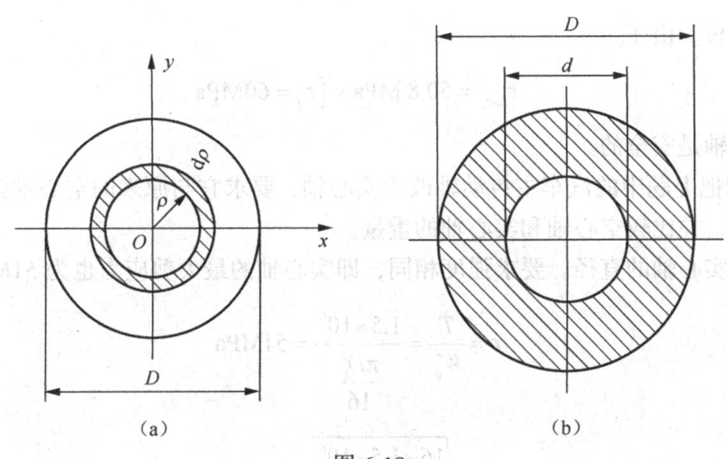

图 6-18

6.3.2 强度计算

工程上要求圆轴扭转时的最大剪应力不得超过材料的许用剪应力$[\tau]$，即

$$\tau_{max} = \left(\frac{T}{W_p}\right)_{max} \leqslant [\tau]$$

对于等截面圆轴，可表示为

$$\tau_{max} = \frac{T_{max}}{W_p} \leqslant [\tau]$$

上式称为圆轴扭转强度条件。

试验表明，材料扭转许用剪应力$[\tau]$和许用拉应力$[\sigma]$有如下近似的关系。

塑性材料　$[\tau] = 0.5 \sim 0.6[\sigma]$

脆性材料　$[\tau] = 0.8 \sim 1.0[\sigma]$

与轴向拉压杆一样，利用圆轴扭转时的强度条件可以解决强度校核、截面选择、承载力计算三类问题。

【例 6-5】 汽车的主传动轴由 45 号钢的无缝钢管制成，外径 $D = 90\text{mm}$，壁厚 $\delta = 2.5\text{mm}$，

工作时的最大扭矩$T = 1.5\text{N}\cdot\text{m}$，若材料的许用剪应力$[\tau] = 60\text{MPa}$，试校核该轴的强度。

解：（1）计算抗扭截面系数。

主传动轴的内外径之比

$$\alpha = \frac{d}{D} = \frac{90 - 2\times 2.5}{90} = 0.944$$

抗扭截面系数为

$$W_{\text{p}} = \frac{\pi D^3}{16}(1-\alpha^4) = \frac{\pi\times(90)^3}{16}(1-0.944^4)\ \text{mm}^3 = 295\times 10^2\ \text{mm}^3$$

（2）计算轴的最大剪应力。有

$$\tau_{\max} = \frac{T}{W_{\text{p}}} = \frac{1.5\times 10^6\ \text{N}\cdot\text{mm}}{295\times 10^2\ \text{mm}^3} = 50.8\ \text{MPa}$$

（3）强度校核。由于

$$\tau_{\max} = 50.8\ \text{MPa} < [\tau] = 60\text{MPa}$$

所以主传动轴是安全的。

【例 6-6】如把上题中的汽车主传动轴改为实心轴，要求它与原来的空心轴强度相同，试确定实心轴的直径，并比较空心轴和实心轴的重量。

解：（1）求实心轴的直径。要求强度相同，即实心轴的最大剪应力也为 51MPa，即

$$\tau = \frac{T}{W_{\text{p}}} = \frac{1.5\times 10^6}{\frac{\pi D_1^3}{16}} = 51\text{MPa}$$

$$D_1 = \sqrt[3]{\frac{16\times 1.5\times 10^6}{\pi\times 51}} = 53.1\text{mm}$$

（2）在两轴长度相等、材料相同的情况下，两轴重量之比等于两轴横截面面积之比，即

$$\frac{A_{空}}{A_{实}} = \frac{\frac{\pi}{4}(D^2-d^2)}{\frac{\pi}{4}D_1^2} = \frac{90^2-85^2}{53.1^2} = 0.31$$

讨论：由此题结果表明，在其他条件相同的情况下，空心轴的重量只是实心轴重量的 31%，其节省材料是非常明显的。这是由于实心圆轴横截面上的剪应力沿半径呈线性规律分布，圆心附近的应力很小，这部分材料并没有充分发挥作用，若把轴心附近的材料向边缘移置，使其成为空心轴，就会增大I_{p}或W_{p}，从而提高轴的强度。然而，空心轴的壁厚也不能过薄，否则会发生局部折皱而丧失其承载能力（即丧失稳定性）。

6.4 梁弯曲时的应力与强度计算

平面弯曲是最简单、最基本的杆件弯曲问题。

为了进行梁的强度计算，需要研究梁的横截面上的应力分布情况。梁在垂直于杆轴线的外

荷载作用下，在横截面上一般要产生两种内力，即弯矩和剪力，从而在横截面上将存在两种应力——正应力和剪应力。

6.4.1　梁的正应力与强度计算

1. 梁的正应力

首先，我们以受力弯曲时只有弯矩而没有剪力的纯弯曲梁为模型，分析梁横截面上的正应力。如图 6-19 所示，*AB* 梁的 *CD* 段中各横截面上只有弯矩而没有剪力。为了使研究问题简单，下面以矩形截面梁为例来研究纯弯曲梁横截面上的正应力。

为研究梁弯曲时的变形规律，可通过试验观察弯曲变形的现象。取一具有对称截面的矩形截面梁，在其中段的侧面上，画两条垂直于梁轴线的横向线 *mm* 和 *nn* 代表横截面位置，再在两横向线间靠近上、下边缘处画两条纵向线 *ab* 和 *cd*，如图 6-20（a）所示。然后按图 6-19（a）所示施加荷载，使梁的中段处于纯弯曲状态。从试验中可以观察到图 6-20（b）所示的情况。

① 两横向线 *mm* 和 *nn* 仍为直线，仍与纵向线正交，只是横向线间有相对转动。

② 两纵向线 *ab* 和 *cd* 变为曲线，而且靠近梁顶面的纵向线缩短，靠近梁底面的纵向线伸长。

根据以上变形特征可得如下的结论。

① 纯弯曲梁的横截面在变形前为平面，变形后仍为平面，且垂直于挠曲了的梁轴线，通常将这一结论称为梁弯曲时的平面假定。

② 根据平面假设，梁弯曲时部分纤维伸长，部分纤维缩短，根据变形的连续性可知，由伸长区到缩短区，其间必存在一既不伸长也不缩短的过渡层，此层称为中性层，如图 6-20（c）所示。中性层与横截面的交线称为中性轴。对于具有对称截面的梁，在平面弯曲的情况下，由于荷载及梁的变形都对称于纵向对称面，因而中性轴必与截面的对称轴垂直。

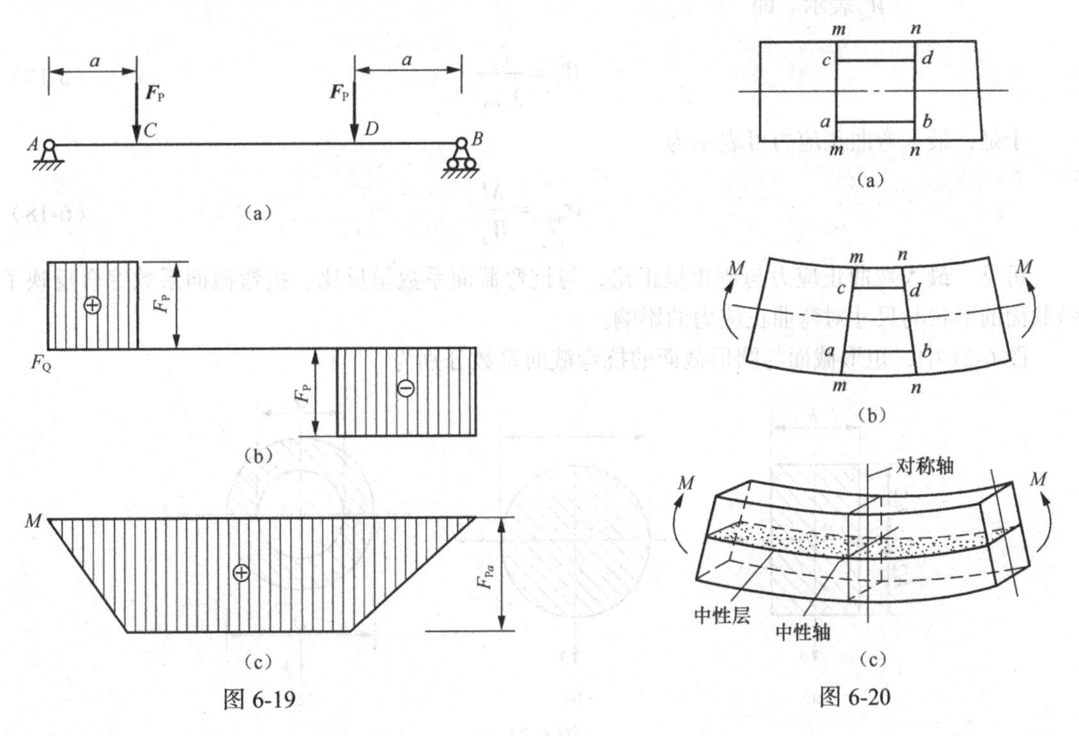

图 6-19　　　　图 6-20

综上所述，纯弯曲时梁的所有横截面保持平面，仍与变弯后的梁轴正交，并绕中性轴做相对转动，而所有纵向纤维则均处于单向受力状态。

可以推导得横截面上 y 处的正应力为

$$\sigma = \frac{M}{I_z} y \tag{6-15}$$

式中：M——横截面上的弯矩；

I_z——截面对中性轴的惯性矩；

y——所求应力点至中性轴的距离。

此式即为纯弯曲梁正应力的计算公式。

当弯矩为正时，梁下部纤维伸长，故产生拉应力，上部纤维缩短而产生压应力；弯矩为负时，则与上相反。在利用式（6-15）计算正应力时，可以不考虑式中弯矩 M 和 y 的正负号，均以绝对值代入，正应力是拉应力还是压应力可以由梁的变形来判断。

应该指出，以上公式虽然是在纯弯曲的情况下，以矩形梁为例建立的，但对于具有纵向对称面的其他截面形式的梁，如工字形、T 字形和圆形截面梁等仍然可以使用。同时，对于在实际工程中大多数受横向力作用的梁，其横截面上都存在剪力和弯矩，但对一般细长梁来说，剪力的存在对正应力分布规律的影响很小。因此，式（6-15）也适用于非纯弯曲情况。

2. 最大弯曲正应力

由式（6-15）可知，在 $y = y_{max}$ 即横截面在离中性轴最远的各点处，弯曲正应力最大，其值为

$$\sigma_{max} = \frac{M}{I_z} y_{max} = \frac{M}{\frac{I_z}{y_{max}}} \tag{6-16}$$

式中：I_z/y_{max}——仅与截面的形状与尺寸有关，称为抗弯截面系数，也称为抗弯截面模量，用 W_z 表示。即

$$W_z = \frac{I_z}{y_{max}} \tag{6-17}$$

于是，最大弯曲正应力可表示为

$$\sigma_{max} = \frac{M}{W_z} \tag{6-18}$$

可见，最大弯曲正应力与弯矩呈正比，与抗弯截面系数呈反比。抗弯截面系数综合反映了横截面的形状与尺寸对弯曲正应力的影响。

图 6-21 中，矩形截面与圆形截面的抗弯截面系数分别为

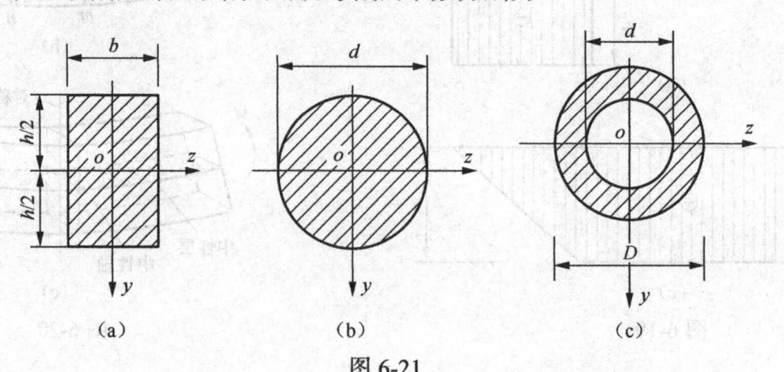

图 6-21

$$W_z = \frac{bh^2}{6} \tag{6-19}$$

$$W_z = \frac{\pi d^3}{32} \tag{6-20}$$

而空心圆截面的抗弯截面系数则为

$$W_z = \frac{\pi D^3}{32}\left(1-\alpha^4\right) \tag{6-21}$$

式中：$\alpha = d/D$；

d、D——分别代表内、外径。

至于各种型钢截面的抗弯截面系数，可从型钢规格表中查得（见附录 B）。

【例 6-7】如图 6-22 所示，悬臂梁自由端承受集中荷载 F 作用，已知：h=18cm，b=12cm，y=6cm，a=2m，F=1.5kN。计算 A 截面上 K 点的弯曲正应力。

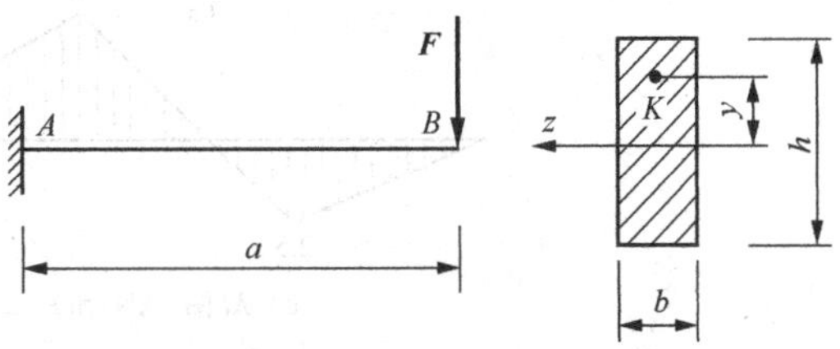

图 6-22

解：先计算截面上的弯矩，有

$$M_A = -Fa = -1.5\times 2 = -3\text{kN}\cdot\text{m}$$

截面对中性轴的惯性矩为

$$I_Z = \frac{bh^3}{12} = \frac{120\times 180^3}{12} = 5.832\times 10^7\,\text{mm}^4$$

则

$$\sigma_k = \frac{M_A}{I_Z}y = \frac{3\times 10^6}{5.832\times 10^7}\times 60 = 3.09\text{MPa}$$

A 截面上的弯矩为负，K 点是在中性轴的上边，所以为拉应力。

3. 梁的正应力强度计算

为了防止梁由于弯曲正应力引起破坏，梁内的最大正应力 $\sigma_{\max}$ 不能超过材料在弯曲时的许用应力 $[\sigma]$。即梁的正应力强度条件为

$$\sigma_{\max} = \frac{M_{\max}}{W_z} \leqslant [\sigma] \tag{6-22}$$

强度计算问题包括强度校核、截面选择和承载力计算。

（1）强度校核。已知许用应力 $[\sigma]$、截面形状和尺寸及梁上荷载，可由式（6-22）验算杆件是否满足强度要求，若 $\sigma_{\max} \leqslant [\sigma]$，则梁的正应力强度足够，否则梁将发生破坏。

（2）截面选择。已知许用应力 $[\sigma]$、梁上荷载，根据公式（6-22）计算弯曲截面系数 W，即

$$W \geqslant \frac{M_{\max}}{[\sigma]} \tag{6-23}$$

由 W 值进一步来确定梁的截面形状和尺寸。

（3）承载力计算。已知许用应力 $[\sigma]$、截面形状和尺寸，根据公式（6-22）求梁所能承受的最大弯矩，即 $M_{\max} \leqslant W_z[\sigma]$。然后由 $M_{\max}$ 进一步确定梁的最大承载力。

【例 6-8】图 6-23（a）所示的外伸梁，其横截面为 T 字形，如图 6-23（b）所示。求 T 形截面梁

的最大拉应力和最大压应力。已知T形截面对中性轴的惯性矩 $I_z=7.64\times10^6\text{mm}^4$，且 $y_1=52\text{mm}$。

解：（1）危险截面与危险点判断。

梁的弯矩图如图6-23（c）所示，由图可知，梁的最大正弯矩发生在截面 C 上，$M_C=2.5\text{kN·m}$；最大负弯矩发生在截面 B 上，$M_B=-4\text{kN·m}$。因此，这两个截面均为危险截面。

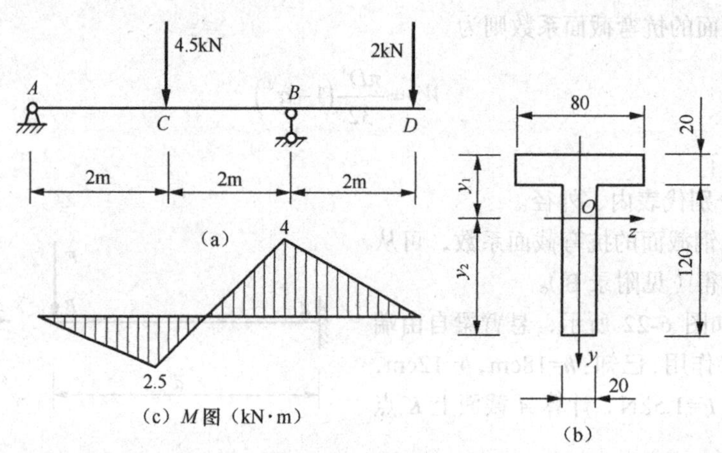

图6-23

（2）计算 C 截面上的最大拉应力和最大压应力。

C 截面上的最大拉应力为

$$\sigma_{tC}=\frac{M_C y_2}{I_z}=\frac{2.5\times10^3\text{N}\cdot\text{m}\times8.8\times10^{-2}\text{m}}{7.64\times10^{-6}\text{m}^4}$$

$$=28.8\times10^6\text{Pa}=28.8\text{MPa}$$

C 截面上的最大压应力为

$$\sigma_{cC}=\frac{M_B y_1}{I_z}=\frac{2.5\times10^3\text{N}\cdot\text{m}\times5.2\times10^{-2}\text{m}}{7.64\times10^{-6}\text{m}^4}$$

$$=17.0\times10^6\text{Pa}=17.0\text{MPa}$$

（3）计算 B 截面上的最大拉应力和最大压应力。

B 截面上的最大拉应力为

$$\sigma_{tB}=\frac{M_B y_1}{I_z}=\frac{4\times10^3\text{N}\cdot\text{m}\times5.2\times10^{-2}\text{m}}{7.64\times10^{-6}\text{m}^4}$$

$$=27.2\times10^6\text{Pa}=27.2\text{MPa}$$

B 截面上的最大压应力为

$$\sigma_{cB}=\frac{M_B y_2}{I_z}=\frac{4\times10^3\text{N}\cdot\text{m}\times8.8\times10^{-2}\text{m}}{7.64\times10^{-6}\text{m}^4}$$

$$=46.1\times10^6\text{Pa}=46.1\text{MPa}$$

综合以上可知，梁的最大拉、压应力分别为

$$\sigma_{tmax}=\sigma_{tC}=28.8\text{MPa}$$

$$\sigma_{cmax}=\sigma_{cB}=46.1\text{MPa}$$

【例6-9】悬臂工字钢梁 AB［见图6-24（a）］，长 $l=1.2\text{m}$，在自由端有一集中荷载 F，工

字钢的型号为 18 号。已知钢的许用应力$[\sigma]$=170MPa，略去梁的自重，（1）试计算集中荷载 F 的最大许可值。（2）若集中荷载为 45kN，试确定工字钢的型号。

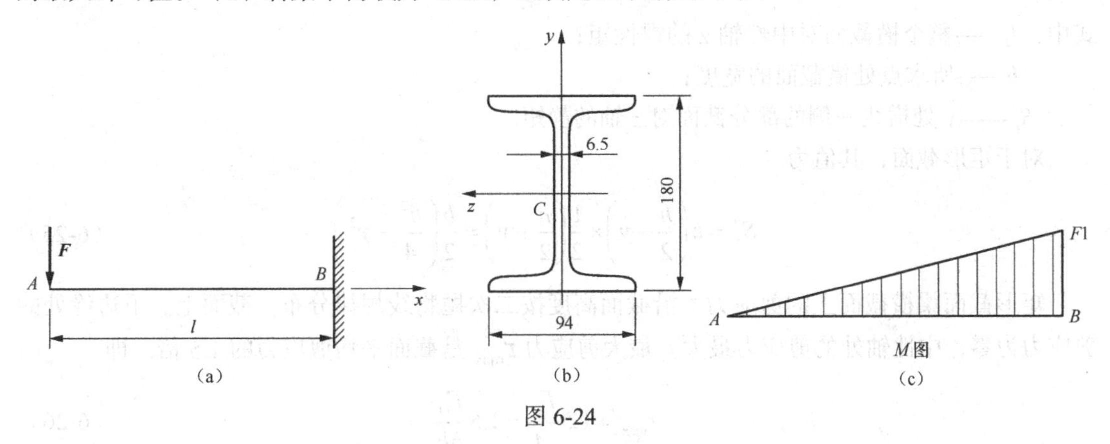

图 6-24

解：（1）梁的弯矩图如图 6-24（c）所示，最大弯矩在靠近固定端处，其绝对值为

$$M_{\max} = Fl = 1.2\text{F N·m}$$

由附录中查得，18 号工字钢的抗弯截面模量为

$$W_z = 185\times10^3\,\text{mm}^3$$

由公式得

$$Fl \leqslant \left(185\times10^{-6}\right)\left(170\times10^{6}\right)$$

因此可知，F 的最大许可值为

$$[F]_{\max} \leqslant \frac{185\times170}{1.2} = 26.2\times10^3\,\text{N} = 26.2\text{kN}$$

（2）最大弯矩值

$$M_{\max} = Fl = 45\times10^3\times1.2\text{N}\cdot\text{m} = 54\times10^3\,\text{N}\cdot\text{m}$$

按强度条件计算所需抗弯截面系数为

$$W_Z \geqslant \frac{M_{\max}}{[\sigma]} = \frac{54\times10^6}{170} = 3.18\times10^5\,\text{mm}^3 = 318\text{cm}^3$$

查附录可知，22b 号工字钢的抗弯截面模量为 325cm^3，所以可选用 22b 号工字钢。

6.4.2　矩形截面梁的剪应力及强度计算

在竖向荷载的作用下，梁的横截面上除了弯矩还有剪力。如果横截面上某一点的剪应力过大，将导致梁发生剪切破坏，所以除了进行正应力强度计算外，还要进行剪应力的强度计算。

1. 剪应力的计算公式

如图 6-25（a）所示，矩形截面高度为 h，宽度为 b，截面上有沿着 y 轴方向作用的剪力 F_Q。当此截面梁的高度 h 大于宽度 b 时，可做出下列假设：

（1）截面上每一点处的剪应力 τ 的方向都平行于截面上剪力 F_Q 的方向。

（2）距中性轴等距离的各点处的剪应力大小相等。

根据上述假设，可以证明矩形梁横截面上的任一点处的剪应力为

$$\tau = \frac{F_Q S_z^*}{I_z b} \tag{6-24}$$

式中：I_z——整个横截面对中性轴 z 的惯性矩；

b——所求点处横截面的宽度；

S_z^*——y 处横线一侧的部分截面对 z 轴的静矩。

对于矩形截面，其值为

$$S_z^* = b\left(\frac{h}{2}-y\right)\times\frac{1}{2}\left(\frac{h}{2}+y\right)=\frac{b}{2}\left(\frac{h^2}{4}-y^2\right) \tag{6-25}$$

矩形截面梁横截面上的剪应力τ沿截面高度按二次抛物线规律分布。截面上、下边缘处的剪应力为零，中性轴处的剪应力最大。最大剪应力τ_{max}是截面平均剪应力的 1.5 倍。即

$$\tau_{max} = 1.5\frac{F_Q}{A} = 1.5\frac{F_Q}{bh} \tag{6-26}$$

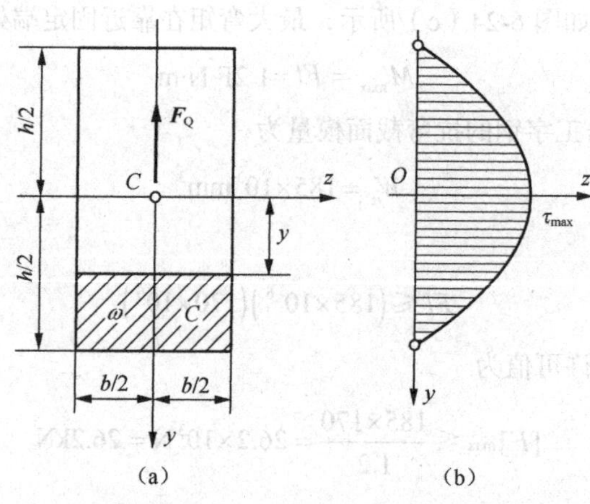

图 6-25

剪应力计算公式虽然是从矩形截面梁推导出来的，但是同样适用于其他形状的截面。不过要注意的是 b 的不同，对工字型和 T 形截面，b 是指腹板的宽度。对工字型和 T 形截面，剪应力主要集中在腹板上，翼缘处的剪应力很小，最大剪应力发生在中性轴上。

【例 6-10】梁截面如图 6-26（a）所示，横截面上剪力 F_Q=15kN。试计算该截面的最大弯曲剪应力，以及腹板与翼缘交接处的弯曲剪应力。截面的惯性矩 I_z=8.84×10^{-6}m^4。

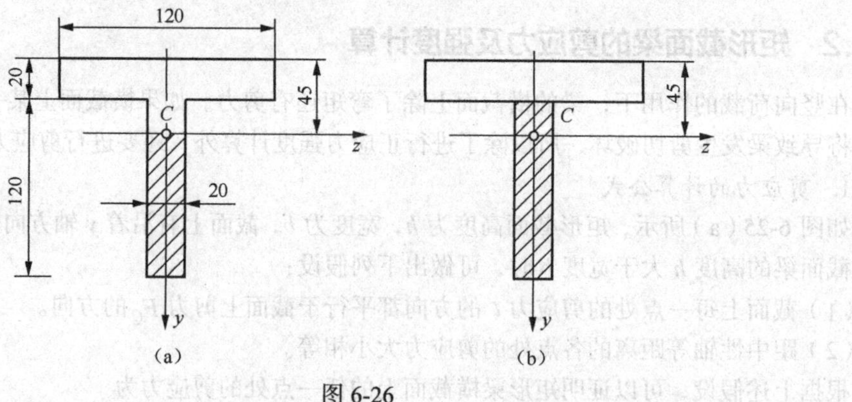

图 6-26

解：（1）最大弯曲剪应力。

最大弯曲剪应力发生在中性轴上。中性轴一侧的部分截面对中性轴的静矩为

$$S^{*}_{z,\max}=\frac{(20+120-45)^{2}\times 20}{2}\mathrm{mm}^{3}=9.025\times 10^{4}\,\mathrm{mm}^{3}$$

所以，最大弯曲剪应力为

$$\tau_{\max}=\frac{F_{Q}S^{*}_{Z,\max}}{I_{z}b}=\frac{15\times 10^{3}\times 9.025\times 10^{4}}{8.84\times 10^{6}\times 20}\mathrm{MPa}=7.66\mathrm{MPa}$$

（2）腹板、翼缘交接处的弯曲剪应力。

由图 6-26（b）可知，腹板、翼缘交接线一侧的部分截面对中性轴 z 的静矩为

$$S_{Z}^{*}=20\times 120\times 35=8.40\times 10^{4}\,\mathrm{mm}^{3}$$

所以，该交接处的弯曲剪应力为

$$\tau=\frac{F_{Q}S^{*}_{z}}{I_{z}b}=\frac{15\times 10^{3}\times 8.40\times 10^{4}}{8.84\times 10^{6}\times 20}\mathrm{MPa}=7.13\mathrm{MPa}$$

2. 梁的剪应力强度条件

在一般情况下，梁内同时存在弯曲正应力和剪应力，为了保证梁的安全工作，梁在满足正应力强度条件的同时，还应满足剪应力的强度条件。剪应力的强度条件是梁内的最大剪应力 $\tau_{\max}$ 不超过材料的许用剪应力 $[\tau]$，即

$$\tau_{\max}\leqslant[\tau]$$

对于等截面直梁，最大剪应力发生在剪力最大的截面上，故相应的强度条件为

$$\tau_{\max}=\frac{F_{Q}S^{*}_{z,\max}}{I_{z}b}\leqslant[\tau] \tag{6-27}$$

一般在细长的非薄壁截面梁中，最大弯曲正应力远大于最大弯曲剪应力。因此，对于一般细长的非薄壁截面梁，强度的计算通常由正应力强度条件控制。因此，在选择梁的截面时，一般都是按正应力强度条件选择，选好截面后再按剪应力强度条件进行校核。但是，对于薄壁截面梁与弯矩较小而剪力却较大的梁，如短而粗的梁、集中荷载作用在支座附近的梁等，则不仅应考虑弯曲正应力强度条件，而且应考虑弯曲剪应力强度条件也可能起到的控制作用。

【例 6-11】例 6-9 中的 18 号工字钢悬臂梁，按正应力的强度计算，在自由端可承受的集中荷载 F=26.2kN。已知钢材的抗剪许用应力[τ]=100MPa。试按剪应力校核梁的强度，绘出沿着工字钢腹板高度的剪应力分布图，并计算腹板所担负的剪力 F_{Q1}。

解：（1）按剪应力的强度校核。

截面上的剪力 F_{Q}=26.2kN。由附录查得 18 号工字钢截面的几个主要尺寸如图 6-27（a）所示，又由表查得

$$I_{z}=1660\times 10^{4}\mathrm{mm}^{4},\quad \frac{I_{z}}{S_{z}}=154\mathrm{mm}$$

由公式（6-27）得，腹板上的最大剪应力

$$\tau_{\max}=\frac{F_{Q}}{\left(\dfrac{I_{z}}{S_{z}}\right)d}=\frac{26.2\times 10^{3}}{(154\times 10^{-3})(6.5\times 10^{-3})}=26.2\times 10^{6}\,\mathrm{N/m^{2}}$$

$$=26.2\mathrm{MPa}<100\mathrm{MPa}$$

可见工字钢的剪应力强度是足够的。

（2）沿腹板高度剪应力的计算。

将工字钢截面简化为图 6-27（b）所示，图中

$$h_1=180-2\times10.7=158.6\text{mm}$$

$$b_1=d=6.5\text{mm}$$

由公式得腹板上最大剪应力的近似值为

$$\tau_{\max}=\frac{F_Q}{h_1b_1}=\frac{26.2\times10^3}{(158.6\times10^{-3})(6.5\times10^{-3})}$$

$$=25.4\times10^6\,\text{N/m}^2=25.4\text{MPa}$$

这个近似值与上面所得 26.2MPa 比较，略偏小，误差为 3.9%。腹板上的最小剪应力在腹板与翼缘的连接处，翼缘面积对中性轴的静矩为

$$S_Z^*=(94\times10^{-3})(10.7\times10^{-3})\left[\left(\frac{180}{2}-\frac{6.5}{2}\right)\times10^{-3}\right]$$

$$=87.3\times10^{-4}\,\text{m}^3$$

由公式得腹板上的最小剪应力为

$$\tau_{\min}=\frac{F_QS_Z^*}{I_Zb_1}=21.2\times10^6\,\text{N/m}^2=21.2\text{MPa}$$

得出 $\tau_{\max}$ 和 $\tau_{\min}$ 值后，可画出沿着腹板高度的剪应力分布图，如图 6-27（c）所示。

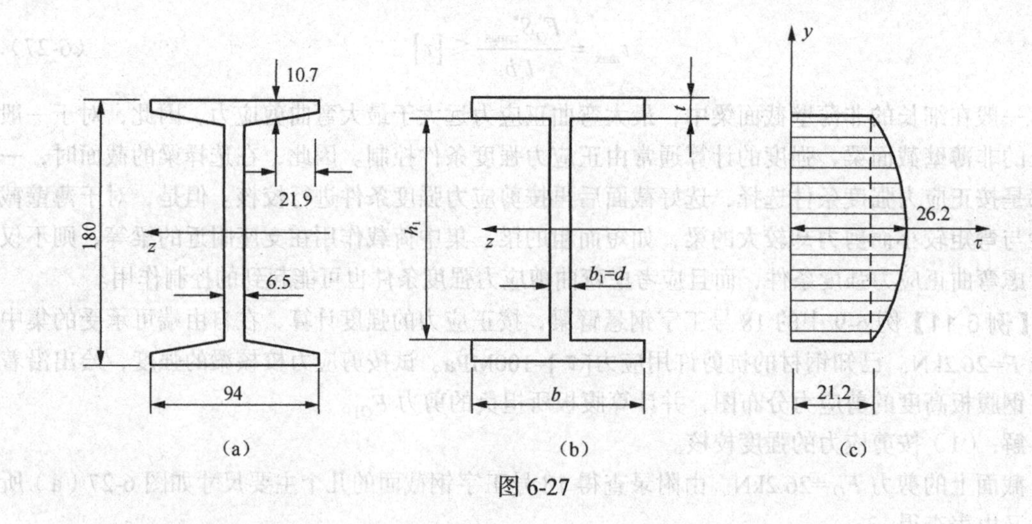

图 6-27

（3）腹板所担负剪力的计算。

腹板所担负的剪力 F_{Q1} 等于图 6-24（c）所示剪力分布图的面积 A_1 乘以腹板厚度 b_1。剪力分布图面积可以用图 6-24（c）中所示虚线将面积分为矩形和抛物线弓形两部分，得

$$A_1=(21.2\times10^6)(158.6\times10^{-3})+\frac{2}{3}(158.6\times10^{-3})\times\left[(26.2-21.2)\times10^6\right]=3890\times10^3\,\text{N/m}$$

由此得

$$F_{Q1}=A_1b_1=25.3\times10^3\,\text{N}=25.3\text{kN}$$

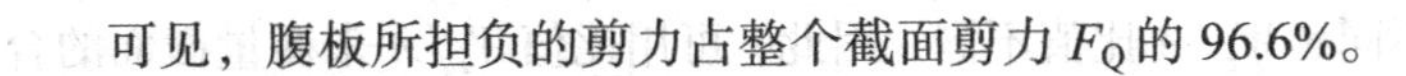
可见，腹板所担负的剪力占整个截面剪力 F_Q 的 96.6%。

6.4.3 提高梁强度的措施

如前所述，进行梁的设计时，主要依据是梁的弯曲正应力强度条件，即

$$\sigma_{\max}=\frac{M_{\max}}{W}\leqslant[\sigma]$$

由这个条件可看出，对于一定长度的梁，在承受一定荷载的情况下，应设法适当地安排梁所受的力，使梁的最大弯矩绝对值降低，同时选用合理的截面形状和尺寸，使抗弯截面模量 W 值增大，以使设计出的梁满足节约材料和安全适用的要求。提高梁的抗弯强度的具体做法如下。

1. 合理布置梁的荷载和支座

在工程实际容许的情况下，提高梁强度的一个重要措施是合理安排梁的支座和加荷方式。例如，图 6-28（a）所示的简支梁承受均布荷载 q 作用，如果将梁两端的铰支座各向跨中移动 $0.2l$，如图 6-28（b）所示，则后者的最大弯矩仅为前者的 1/5。

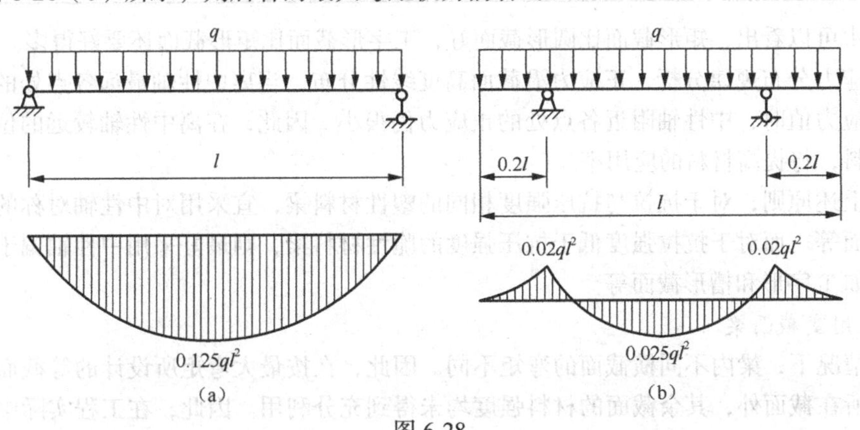

图 6-28

又如，图 6-29（a）所示简支梁 AB，在跨度中点承受集中荷载 P 作用，如果在梁的中部设置一长为 $l/2$ 的辅助梁 CD，如图 6-29（b）所示，这时，梁 AB 内的最大弯矩将减小一半。

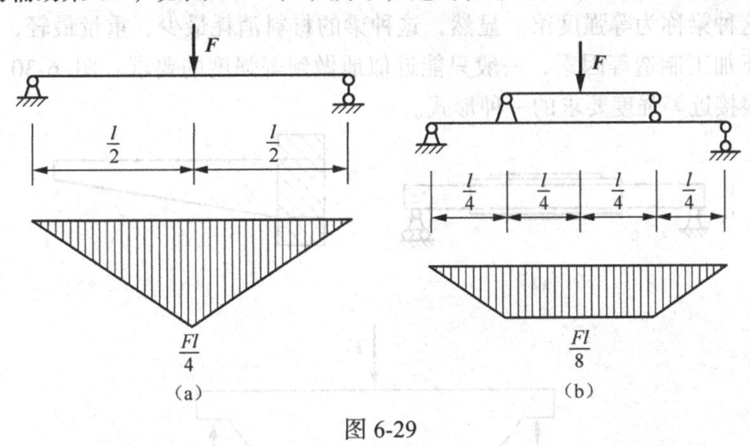

图 6-29

上述实例说明，合理安排支座和加载方式，将显著减小梁内的最大弯矩。

2. 合理选择梁的截面形状

从弯曲强度考虑，比较合理的截面形状，是使用较小的截面面积却能获得较大抗弯截面系

数的截面。截面形状和放置位置不同，W_z / A 比值不同，因此，可用比值 W_z / A 来衡量截面的合理性和经济性，比值愈大，所采用的截面就愈经济合理。

现以跨中受集中力作用的简支梁为例，对截面形状分别为圆形、矩形和工字形的三种情况做一粗略比较。设三种梁的面积 A、跨度和材料都相同，容许正应力为 170MPa。其抗弯截面系数 W_z 和最大承载力比较见表 6-1。

表 6-1　　几种常见截面形状的 W_Z 和最大承载力比较

截面形状	尺寸	W_Z	最大承载力
圆形	$d = 87.4\text{mm}$ $A = 60\text{cm}^2$	$\frac{\pi d^3}{32} = 65.5 \times 10^3 \text{mm}^3$	44.5kN
矩形	$b = 60\text{mm}$ $h = 100\text{mm}$ $A = 60\text{cm}^2$	$\frac{bh^2}{6} = 100 \times 10^3 \text{mm}^3$	68.0kN
工字钢 No28b	$A = 61.05\text{cm}^2$	$534 \times 10^3 \text{mm}^3$	383kN

从表中可以看出，矩形截面比圆形截面好，工字形截面比矩形截面还要好得多。

从正应力分布规律分析，正应力沿截面高度线性分布，当离中性轴最远各点处的正应力，达到许用应力值时，中性轴附近各点处的正应力仍很小。因此，在离中性轴较远的位置，配置较多的材料，将提高材料的应用率。

根据上述原则，对于抗拉与抗压强度相同的塑性材料梁，宜采用对中性轴对称的截面，如工字形截面等。而对于抗拉强度低于抗压强度的脆性材料梁，则最好采用中性轴偏于受拉一侧的截面，如 T 字形和槽形截面等。

3. 采用变截面梁

一般情况下，梁内不同横截面的弯矩不同。因此，在按最大弯矩所设计的等截面梁中，除最大弯矩所在截面外，其余截面的材料强度均未得到充分利用。因此，在工程实际中，常根据弯矩沿梁轴线的变化情况，将梁也相应设计成变截面的。横截面沿梁轴线变化的梁，称为变截面梁。图 6-30（a）和图 6-30（b）所示的上下加焊盖板的板梁和悬挑梁，就是根据各截面上弯矩的不同而采用的变截面梁。如果将变截面梁设计为使每个横截面上最大正应力都等于材料的许用应力值，这种梁称为等强度梁。显然，这种梁的材料消耗最少、重量最轻，是最合理的。但实际上，由于加工制造等因素，一般只能近似地做到等强度的要求。图 6-30（c）所示鱼腹式吊车梁就是很接近等强度要求的一种形式。

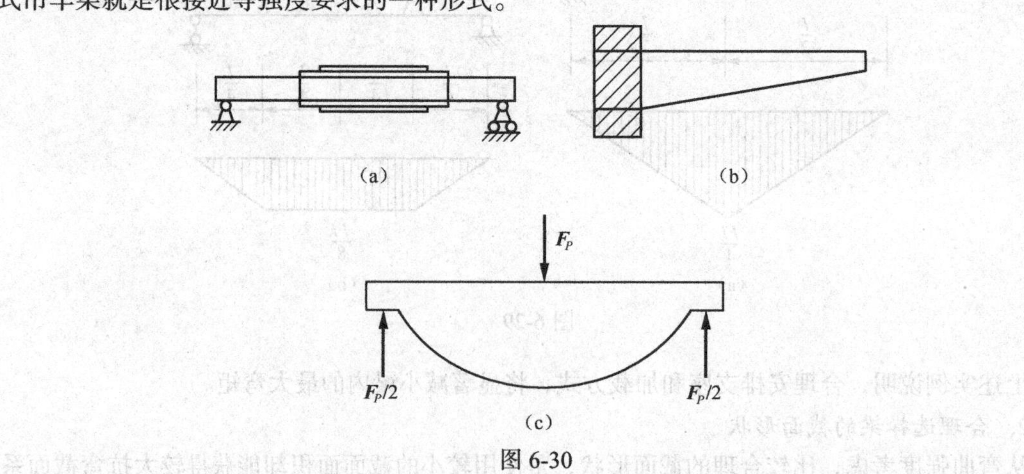

图 6-30

6.5　组合变形构件的应力与强度计算

1. 组合变形的概念

在工程实际中，由于结构所受载荷是复杂的，大多数构件往往会发生两种或两种以上的基本变形，这类变形称为组合变形。如图 6-31 所示的挡土墙，除由本身自重而引起的压缩变形外，还会因土壤水平压力的作用而产生弯曲变形。在建筑和机械结构中，同时发生几种基本变形的构件是很多的。

图 6-32 所示的是工业厂房中的柱子，由于其承受的压力并不通过柱的轴线，加上桥式吊车的小车水平刹车力、风荷载等，将产生压缩与弯曲的联合作用；图 6-33 所示的是屋架上的檩条，由于荷载不是作用在檩条的纵向对称平面内，因而使其产生了非平面弯曲变形；图 6-34 所示的则是电动机的转轴，转轴在皮带拉力作用下也将产生弯曲与扭转的组合变形。

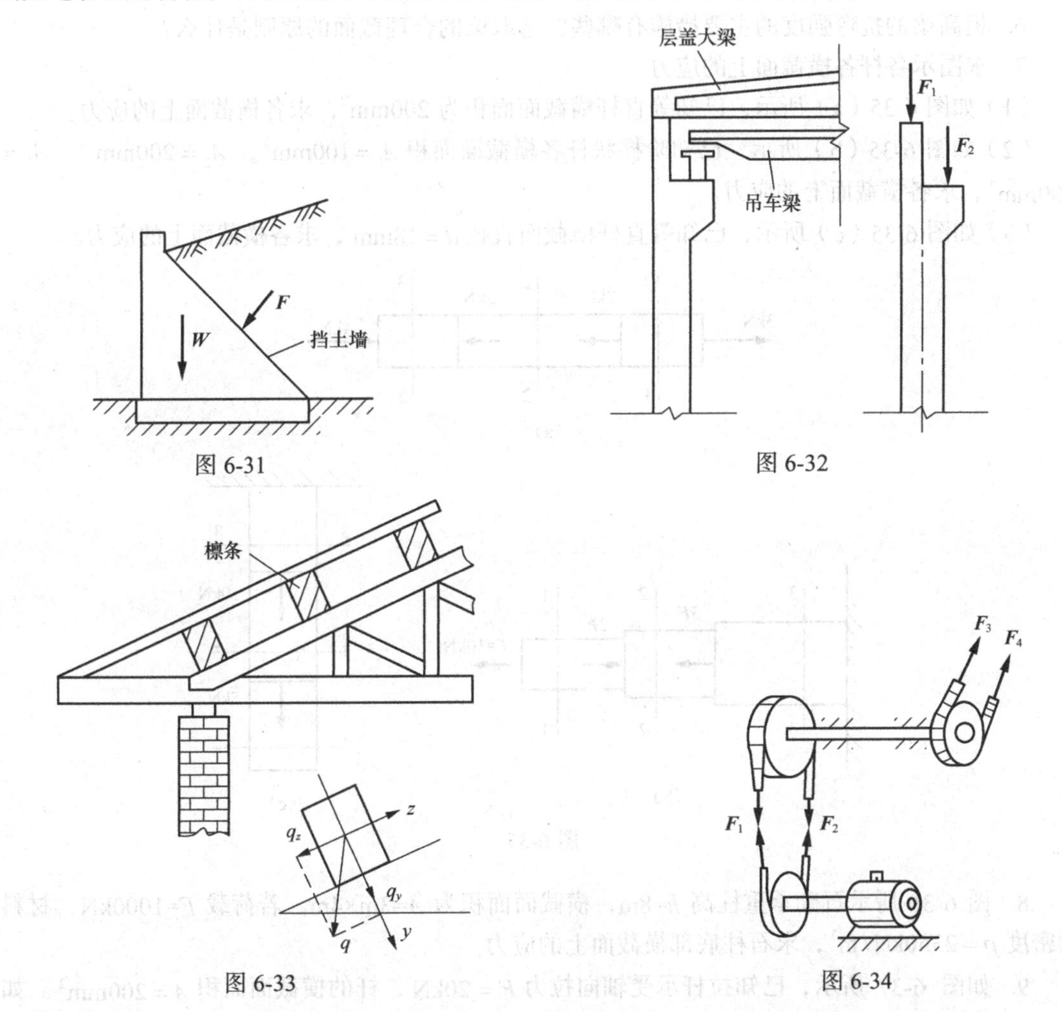

图 6-31　图 6-32　图 6-33　图 6-34

2. 组合变形的分析方法及计算原理

在小变形和材料服从胡克定律的前提下，处理组合变形问题的方法是：首先将构件的组合变形分解为基本变形；然后计算构件在每一种基本变形情况下的应力；最后将同一点的应力叠加起来，便可得到构件在组合变形情况下的应力。

解决组合变形计算的基本原理是叠加原理，即在材料服从胡克定律、构件产生小变形、所求力学量定荷载的一次函数的情况下，每一种基本变形都是各自独立、互不影响的。因此计算组合变形时可以将几种变形分别单独计算，然后再叠加，即可得到组合变形杆件的内力、应力和变形。

思考题与习题

1. 为什么要研究材料的力学性能？材料的主要力学性能指标有哪些？
2. 如何区分脆性材料和塑性材料？两种材料的力学性能有哪些区别？
3. 圆轴扭转时，圆形截面和圆环形截面哪一个更合理？为什么？
4. 扭矩的正负号是怎么规定的？
5. 梁的最大正应力和最大剪应力分别出现在梁的何处？
6. 提高梁的抗弯强度的主要措施有哪些？选取梁的合理截面的原则是什么？
7. 求图示各杆各横截面上的应力。

（1）如图 6-35（a）所示，已知等直杆横截面面积为 200mm^2，求各横截面上的应力。

（2）如图 6-35（b）所示，已知阶梯状杆各横截面面积 $A_1=100\text{mm}^2$，$A_2=200\text{mm}^2$，$A_3=400\text{mm}^2$，求各横截面上的应力。

（3）如图 6-35（c）所示，已知等直杆横截面直径 $d=18\text{mm}$，求各横截面上的应力。

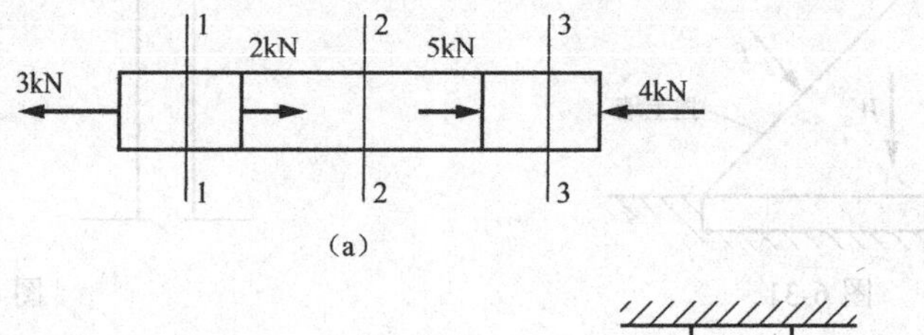

(a)

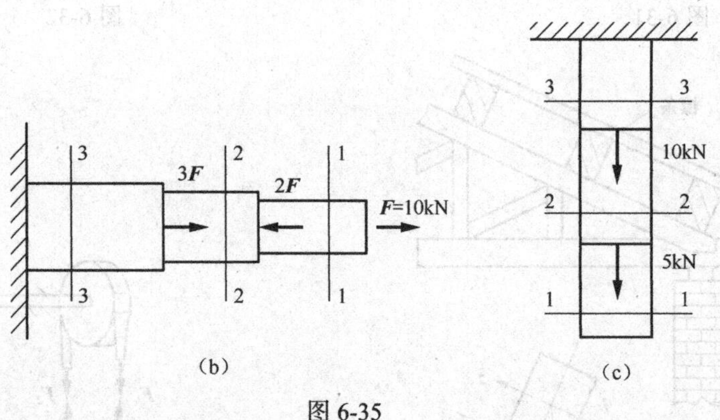

(b) (c)

图 6-35

8. 图 6-36 所示石砌承重柱高 h=8m，横截面面积为 A=3m×4m。若荷载 F=1000kN，材料的密度 $\rho=2350\text{kN/m}^3$，求石柱底部横截面上的应力。

9. 如图 6-37 所示，已知拉杆承受轴向拉力 $F=20\text{kN}$，杆的横截面面积 $A=200\text{mm}^2$。如以α表示某斜截面与横截面的夹角，试分别计算α=0°、30°、60°、120°时，各斜截面上的正应力和切应力。

10. 用绳索起吊钢筋混凝土管子如图 6-38 所示。若管子重 $W=10\text{kN}$，绳索的直径 $d=40\text{mm}$，许用应力 $[\sigma]=10\text{MPa}$，试校核绳索的强度。绳索的直径 d 应为多大更经济？

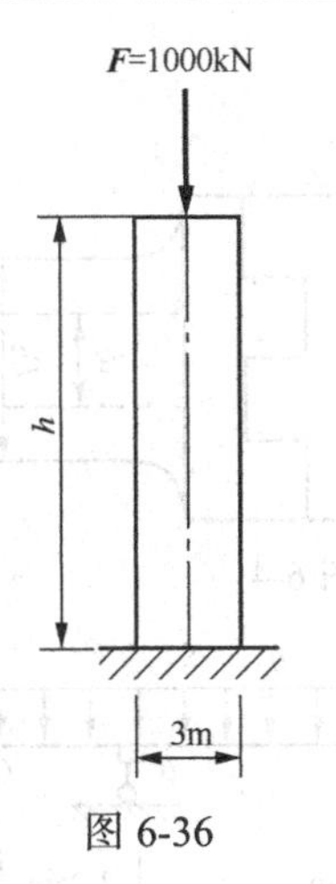

图 6-36

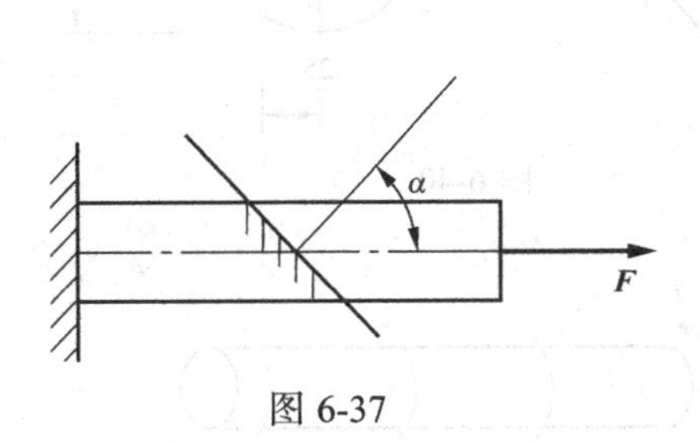

图 6-37

11. 悬挂重物的构架如图 6-39 所示，钢杆 AB 直径 $d_1 = 30\text{mm}$，材料的 $\sigma_p = 200\text{MPa}$，$\sigma_s = 240\text{MPa}$，$\sigma_b = 400\text{MPa}$；铸铁杆 BC 直径的 $d_2 = 40\text{mm}$，材料的 $\sigma_{b压} = 400\text{MPa}$，$\sigma_{b拉} = 100\text{MPa}$。试问：该构架的最大悬吊重 $[W]$？

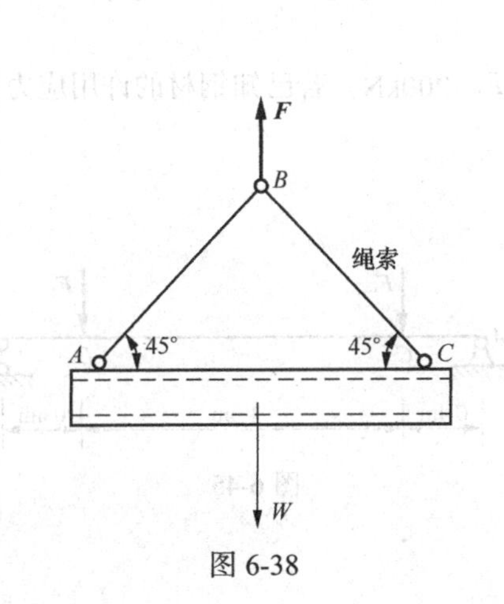

图 6-38

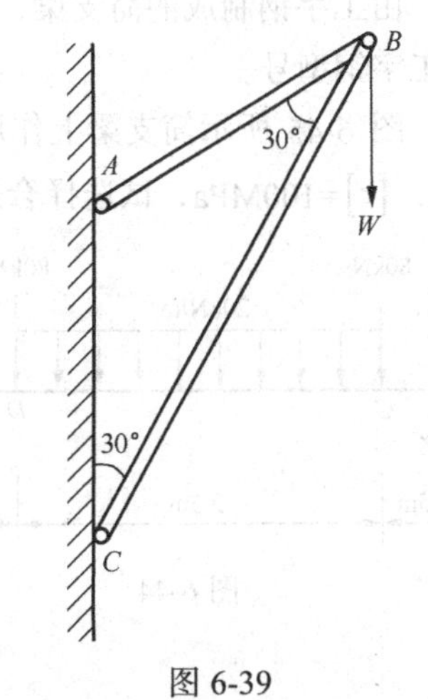

图 6-39

12. 实心圆轴的直径 $d = 50\text{mm}$，其两端受到 $1\text{kN}\cdot\text{m}$ 的外力偶作用（见图 6-40），材料的剪切模量 $G = 8\times10^4\text{MPa}$。求：

（1）横截面上 A，B，C 三点的切应力的大小和方向。

（2）B，C 两点的切应变。

13. 实心圆轴和空心圆轴通过牙嵌式离合器连接在一起（见图 6-41），已知轴传递的功率为 7.5kW，转速 $n = 100\text{r/min}$，材料的许用切应力 $[\tau] = 40\text{MPa}$，试选择实心轴直径 d_1 和内、外径之比为 $\alpha = \dfrac{d_2}{D_2} = \dfrac{1}{2}$ 的空心轴的外径 D_2、内径 d_2。

14. 图 6-42 所示为实心圆轴的计算简图。已知轴的直径 $d = 76\text{mm}$，$T_1 = 4.5\text{kN}\cdot\text{m}$，$T_2 = 2\text{kN}\cdot\text{m}$，$T_3 = 1.5\text{kN}\cdot\text{m}$，$T_4 = 1\text{kN}\cdot\text{m}$。设材料的许用剪应力 $[\tau] = 60\text{MPa}$，试校核该轴的强度。

15. 一矩形截面木梁，$q = 1.3\text{kN/m}$，矩形截面 $bh = 60\text{mm}\times120\text{mm}$，如图 6-43 所示。已知许用正应力 $[\sigma] = 10\text{MPa}$，许用切应力 $[\tau] = 2\text{MPa}$，试校核梁的正应力和切应力强度。

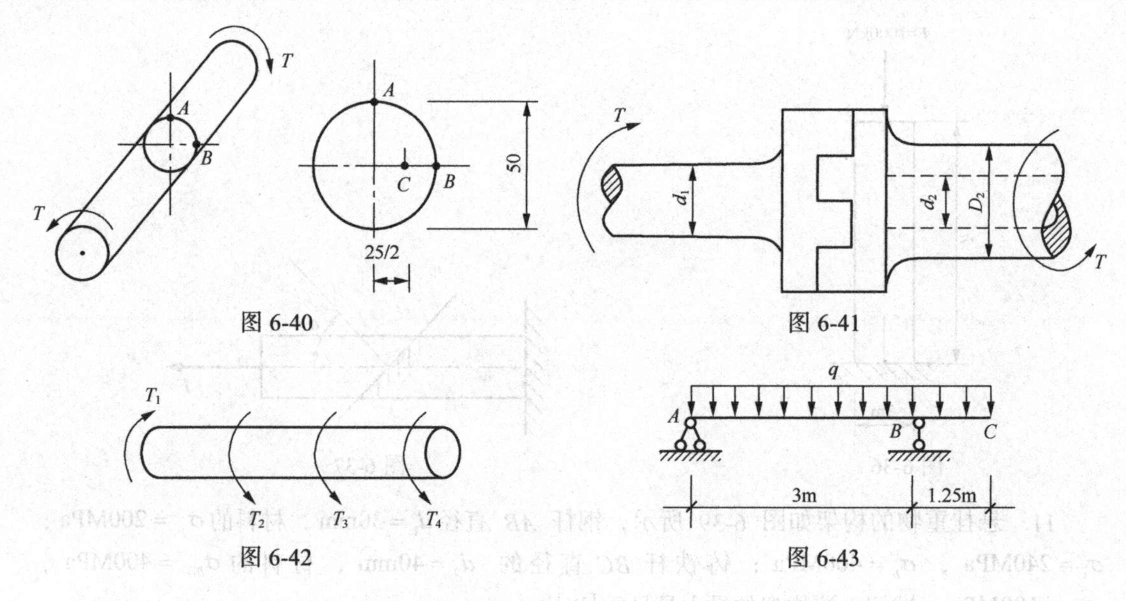

图 6-40

图 6-41

图 6-42

图 6-43

16. 由工字钢制成的简支梁，受力图如图 6-44 所示。已知$[\sigma]=170\text{MPa}$，$[\tau]=100\text{MPa}$，试选择工字钢型号。

17. 图 6-45 所示简支梁上作用有两个集中力$F_1=F_2=200\text{kN}$。若已知钢材的许用应力$[\sigma]=160\text{MPa}$，$[\tau]=100\text{MPa}$，试选择合适的工字钢型号。

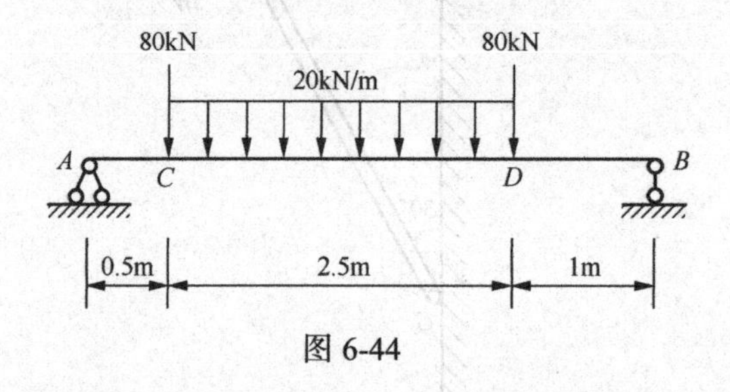

图 6-44

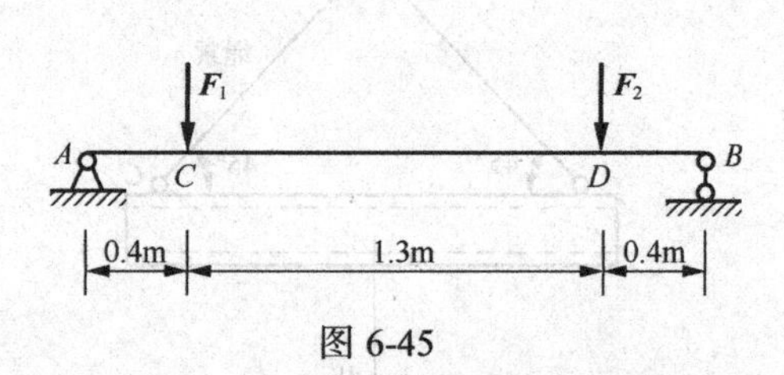

图 6-45

第7章 静定结构的位移计算和刚度校核

知识目标

理解变形和位移计算的目的；掌握轴向拉压杆的变形计算；掌握在荷载作用下梁、刚架及桁架的位移计算；掌握用图乘法计算梁和刚架的位移；掌握利用刚度条件对变形杆件进行刚度计算的方法。

能力目标

通过本章的学习，能将杆件在轴向拉伸与压缩、剪切及弯曲时的变形和刚度计算与实际结构初步建立联系，应能了解提高构件和结构承载能力的方法；通过对静定结构位移计算的学习，能计算结构刚度，为后面超静定结构的计算打下必要的基础。

结构在荷载作用下，将产生变形和位移。变形是指结构及构件形状的改变。由于变形，结构上各点的位置将会移动，杆件的横截面会转动，这些移动和转动称为结构的位移，即位移是指构件截面位置的改变。

图 7-1 所示刚架在荷载作用下会发生图中虚线所示的变形，使截面 A 的形心 A 点移到 A' 点，线段 AA' 称为 A 点的线位移，记为Δ_A。若将Δ_A沿水平和竖向分解，则其分量Δ_{AH}和Δ_{AV}分别称为 A 点的水平线位移和竖向线位移。同时截面 A 还转动了一个角度，称为截面 A 的角位移，用φ_A表示。

上述线位移和角位移称为绝对位移。此外，还有相对位移。图 7-2 所示刚架在荷载作用下将发生虚线所示变形。C、D 两点的水平线位移Δ_C和Δ_D，它们之和$\Delta_{CD}=\Delta_C+\Delta_D$称为 C、D 两点的水平相对线位移。A、B 两个截面的转角为φ_A和φ_B，它们之和$\varphi_{AB}=\varphi_A+\varphi_B$称为 A、B 两个截面的相对转角。

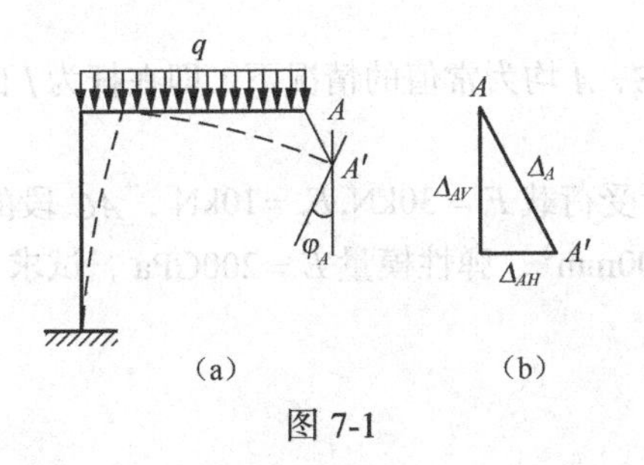

图 7-1

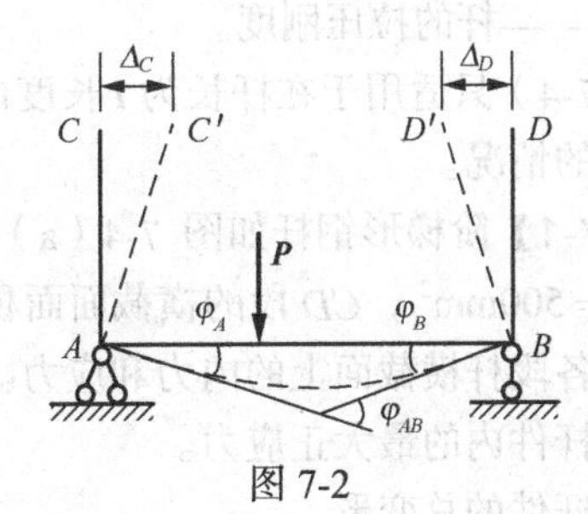

图 7-2

我们将以上线位移、角位移及相对位移统称为广义位移。

在工程设计和施工过程中，结构的位移计算是很重要的，概括地说，计算位移的目的有以下三个方面。

（1）验算结构刚度。即验算结构的位移是否超过允许的位移限制值。

（2）为超静定结构的计算打基础。在计算超静定结构内力时，除利用静力平衡条件外，还需要考虑变形协调条件，因此需计算结构的位移。

（3）施工方面的需要。在结构的制作、架设、养护过程中，有时需要预先知道结构的变形情况，以便采取一定的施工措施，因而也需要进行位移计算。

7.1 轴向拉压杆的变形计算

图 7-3 所示为长为 l 的等直杆，在轴向拉力作用下，杆在轴向方向的长度伸长了 $\Delta l = l_1 - l$，则杆件横截面上的正应力为

$$\sigma = \frac{F}{A} = \frac{F_N}{A} \tag{7-1}$$

轴向正应变为

$$\varepsilon = \frac{\Delta l}{l} \tag{7-2}$$

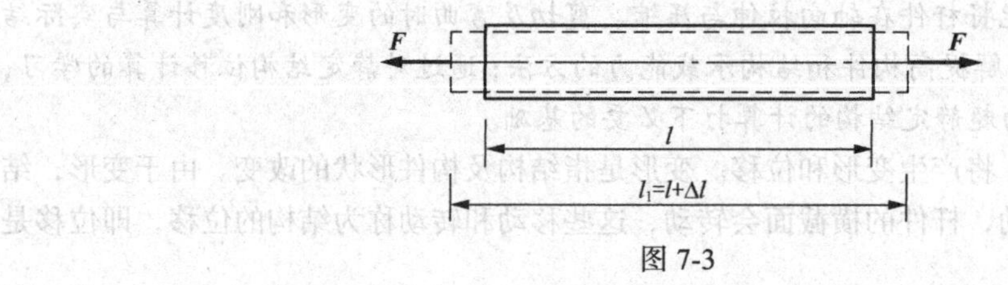

图 7-3

试验表明，若杆内的应力不超过材料的比例极限值，则正应力和正应变成线性关系，即

$$\sigma = E\varepsilon \tag{7-3}$$

式中：E——材料的弹性模量，其基本单位为帕（Pa），常用单位为 GPa $(1\text{GPa} = 10^9\text{Pa})$。

各种材料的弹性模量在设计手册中均可查到。式（7-3）称为胡克定律。胡克定律的另一种表达式为

$$\Delta l = \frac{F_N l}{EA} \tag{7-4}$$

式中：EA——杆的拉压刚度。

式（7-4）只适用于在杆长为 l 长度内，F_N、E、A 均为常值的情况下，即在杆为 l 长度内变形是均匀的情况。

【例 7-1】阶梯形钢杆如图 7-4（a）所示，所受荷载 $F_1 = 30\text{kN}, F_2 = 10\text{kN}$，$AC$ 段的横截面面积 $A_{AC} = 500\text{mm}^2$，CD 段的横截面面积 $A_{CD} = 200\text{mm}^2$，弹性模量 $E = 200\text{GPa}$，试求：

（1）各段杆横截面上的内力和应力。

（2）杆件内的最大正应力。

（3）杆件的总变形。

解：（1）计算支反力。以杆件为研究对象，其受力图如图 7-4（b）所示。

由平衡方程

$$\sum F_x = 0, \qquad F_2 - F_1 - F_{NA} = 0$$

$$F_{RA} = F_2 - F_1 = 10 - 30 = -20\text{kN}$$

计算各段杆件横截面上的轴力如下。

$$AB\text{段：}\ F_{NAB} = F_{RA} = -20\text{kN}\ （压力）$$

$$BD\text{段：}\ F_{NBD} = F_2 = 10\text{kN}\ （拉力）$$

画出轴力图，如图 7-4（c）所示。

计算各段应力如下。

$$AB\text{段：}\ \sigma_{AB} = \frac{F_{NAB}}{A_{AC}} = \frac{-20\times10^3}{500} = -40\text{MPa}$$

$$BC\text{段：}\ \sigma_{BC} = \frac{F_{NBD}}{A_{AC}} = \frac{10\times10^3}{500} = 20\text{MPa}$$

$$CD\text{段：}\ \sigma_{CD} = \frac{F_{NBD}}{A_{CD}} = \frac{10\times10^3}{200} = 50\text{MPa}$$

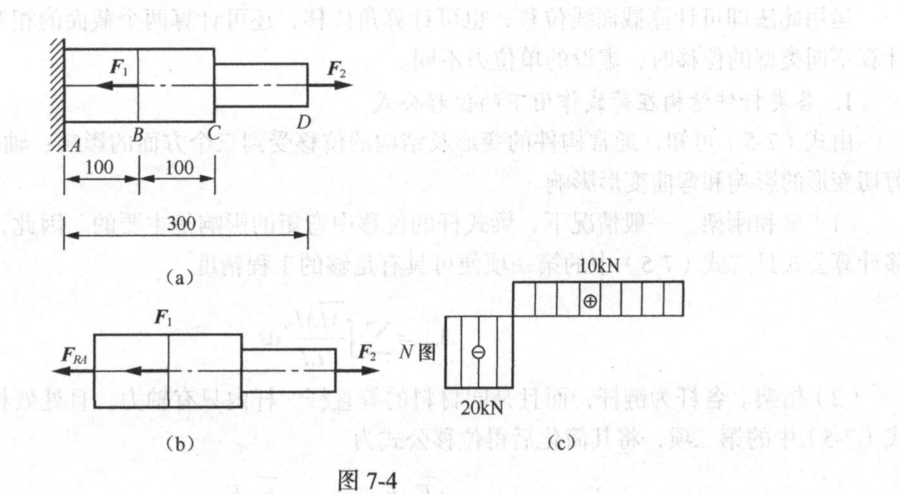

图 7-4

（2） 计算杆件内的最大的应力。最大正应力发生在 CD 段，其值为

$$\sigma_{\max} = 50\text{MPa}$$

（3） 计算杆件的总变形。由于杆件各段的面积和轴力不一样，则应分段计算变形，再求代数和。

$$\Delta l = \Delta l_{AB} + \Delta l_{BC} + \Delta l_{CD} = \frac{F_{NAB} l_{AB}}{EA_{AC}} + \frac{F_{NBD} l_{BC}}{EA_{AC}} + \frac{F_{NBD} l_{CD}}{EA_{CD}}$$

$$= \frac{1}{200\times10^3} \times \left(\frac{-20\times10^3\times100}{500} + \frac{10\times10^3\times100}{500} + \frac{10\times10^3\times100}{200} \right)$$

$$= 0.015\text{mm}$$

即整个杆件伸长 0.015mm。

7.2 静定结构在荷载作用下的位移计算

结构的位移计算公式可用虚功原理导出，若静定结构的位移仅仅是由荷载作用引起的，略去推导过程，位移公式则可表示为

$$\Delta_{KP}=\Sigma\int\frac{\overline{M}M_P}{EI}\mathrm{d}s+\Sigma\int\frac{\overline{F}_N F_{NP}}{EA}\mathrm{d}s+\Sigma\int\frac{k\overline{F}_Q F_{QP}}{GA}\mathrm{d}s \tag{7-5}$$

式中：E、G——材料的弹性模量、剪切弹性模量；

A、I——截面的截面积、惯性矩；

EA、GA、EI——构件的抗拉刚度、抗剪刚度、抗弯刚度；

κ——截面剪应力不均匀系数，与截面形状有关。如矩形截面为 0.5，圆形截面为 10/9，薄形圆环截面为 2；

F_{NP}、F_{QP}、M_P——实际荷载引起的内力；

$\overline{F_N}$、$\overline{F_Q}$、$\overline{M}$——单位荷载引起的内力。

这就是计算在荷载作用下结构位移的单位荷载法，也称单位力法。

运用此法即可计算截面线位移，也可计算角位移，还可计算两个截面的相对位移，只是在计算不同类型的位移时，虚设的单位力不同。

1. 各类杆件结构在荷载作用下的位移公式

由式（7-5）可知，通常构件的变形及结构的位移受到三个方面的影响：轴向变形的影响、剪切变形的影响和弯曲变形影响。

（1）梁和刚架。一般情况下，梁式杆的位移中弯矩的影响是主要的。因此，梁和刚架的位移计算公式只选式（7-5）中的第一项便可具有足够的工程精度。

$$\Delta_{KP}=\sum\int\frac{\overline{M}M_P}{EI}\mathrm{d}s \tag{7-6}$$

（2）桁架。各杆为链杆，而且是同材料的等直杆。杆内只有轴力，且处处相等。因而只取式（7-5）中的第二项，将其简化后得位移公式为

$$\Delta_{KP}=\sum\int\frac{\overline{F}_N F_{NP}}{EA}\mathrm{d}s=\sum\frac{\overline{F}_N F_{NP}}{EA}\int\mathrm{d}s$$

$$\Delta_{KP}=\sum\frac{\overline{F}_N F_{NP}l}{EA} \tag{7-7}$$

式中：l——杆长。

（3）组合结构。既有梁式杆、又有链杆时，取用式（7-5）中的前两项，得位移公式为

$$\Delta_{KP}=\sum\int\frac{\overline{M}M_P}{EI}\mathrm{d}s+\sum\frac{\overline{F}_N F_{NP}l}{EA} \tag{7-8}$$

2. 虚拟状态的选取

在计算不同类型的位移时，虚设的单位力状态也各不相同（见图 7-5）。取同一结构，在要求位移的地方，沿着要求位移的方位虚加单位荷载如下。

（1）欲求一点的线位移，加一个单位集中力，如图 7-5（b）所示。

（2）欲求一处的角位移，加一个单位集中力偶，如图 7-5（c）所示。

（3）欲求两点的相对线位移，在两点的连线上加一对指向相反的单位集中力，如图 7-5（d）所示。

（4）欲求两处的相对角位移，加一对转向相反的单位集中力偶，如图 7-5（e）所示。

（5）欲求桁架某杆的角位移［见图 7-5（f）］，在杆的两端加一对平行、反向的单位集中力，两力形成单位力偶。力偶臂为 d，每一力的大小为 $1/d$，如图 7-5（g）所示。

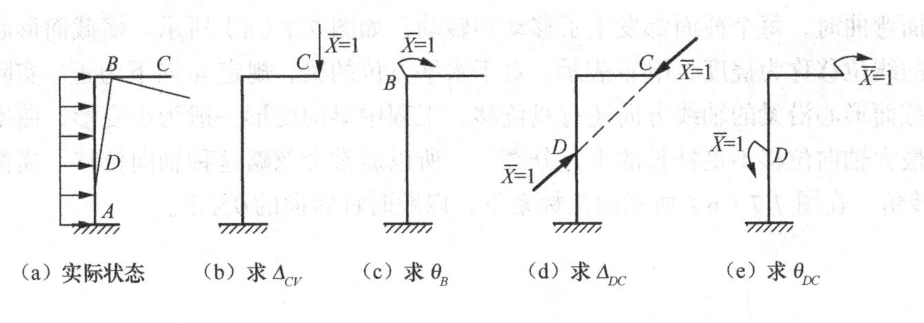

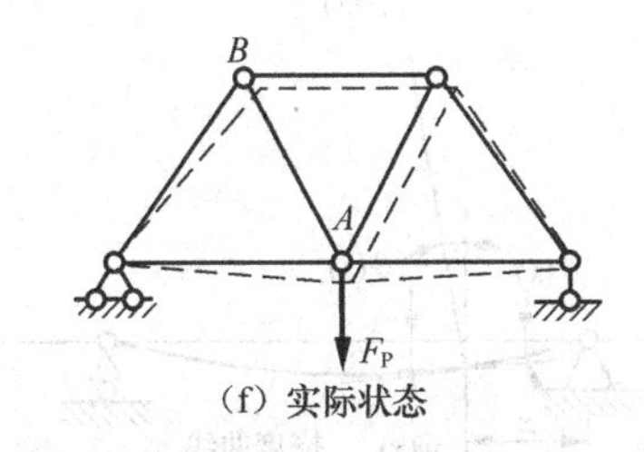

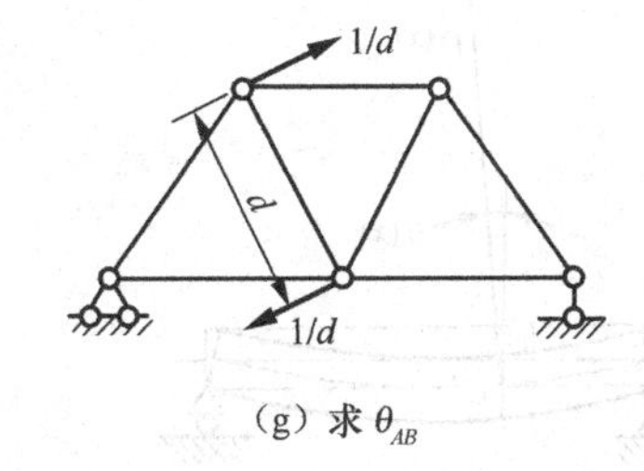

图 7-5

用单位荷载法计算位移时还应注意以下几个问题。

（1）一次只能计算一个位移，当在同一结构中要计算不同的位移时，必须分别虚设单位力状态进行计算。

（2）位移计算过程中有两组内力，一组是荷载引起的内力 F_{NP}、F_{QP}、M_P；另一组是单位力引起的内力 $\overline{F_N}$ 、$\overline{F_Q}$ 、$\overline{M}$ 。

（3）若计算出来的位移为正，说明位移的实际方向与虚设单位力的方向一致；否则，位移的实际方向与虚设单位力的方向相反。

【例 7-2】图 7-6（a）所示桁架各杆的 EA 相等，求 C 结点的竖向位移 Δ_{CV}。

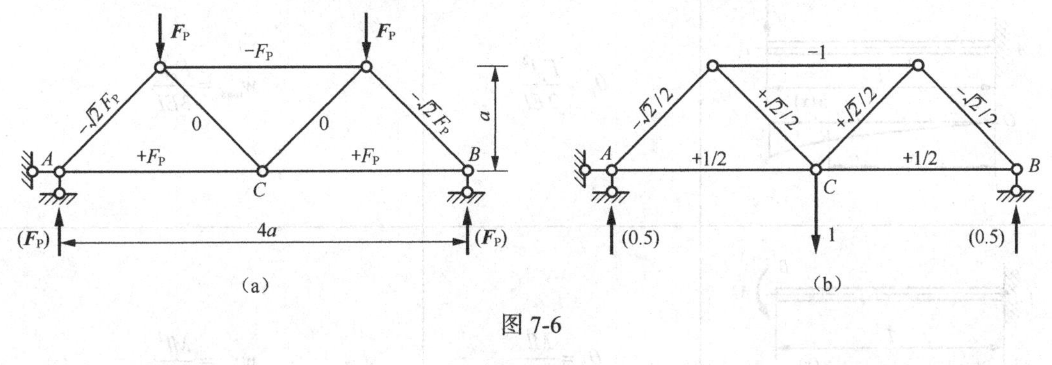

图 7-6

解：（1）设虚拟状态，如图 7-6（b）所示。

（2）计算 $\overline{F_N}$ 和 F_{NP}。

（3）代入公式求点的竖向位移。有

$$\Delta_{CV}=\sum\frac{F_N\overline{F}_Nl}{EA}=\frac{1}{EA}\left[2\times\left(-\frac{\sqrt{2}}{2}\right)\left(-\sqrt{2}F_P\right)\times\sqrt{2a}+(-1)(-F_P)2a+2\times\frac{1}{2}F_P2a\right]$$

$$=\left(4+2\sqrt{2}\right)\frac{F_Pa}{EA}$$

3. 梁的位移

梁平面弯曲时，每个截面都发生了移动和转动，如图 7-7（a）所示。横截面形心在垂直于轴线方向的线位移称为挠度，用 w 表示。对于水平方位的梁，规定 w 向下为正。实际上梁平面弯曲时横截面形心沿梁的轴线方向还有线位移。工程中梁的变形一般为小变形，曲率很小，弯曲引起的最大轴向位移不足杆长的十万分之一，所以通常会忽略这种轴向位移。横截面的角位移 θ 称为转角。在图 7-7（b）所示的坐标系下，以顺时针转向的 θ 为正。

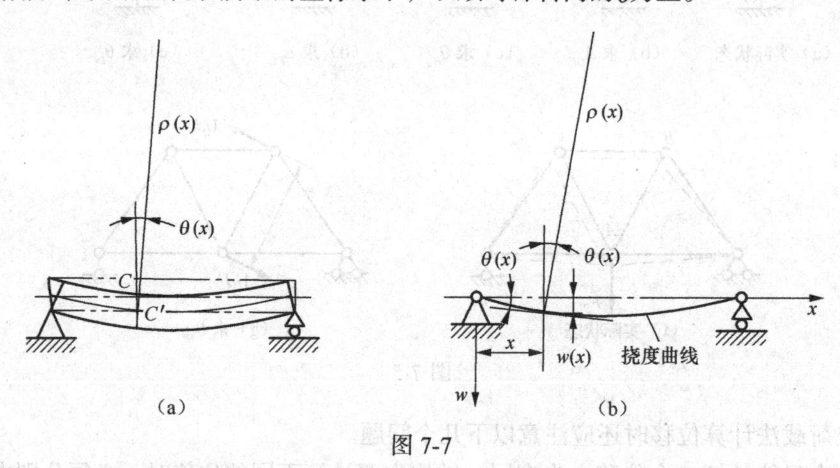

图 7-7

梁的位移计算可用式（7-6）进行，但较烦琐，一般多采用图乘法。

在工程设计手册中列有常见梁的位移的计算结果（见表 7-1），可供计算时查用。

表 7-1　　梁的最大挠度与最大转角公式

梁及荷载类型	最大转角	最大挠度
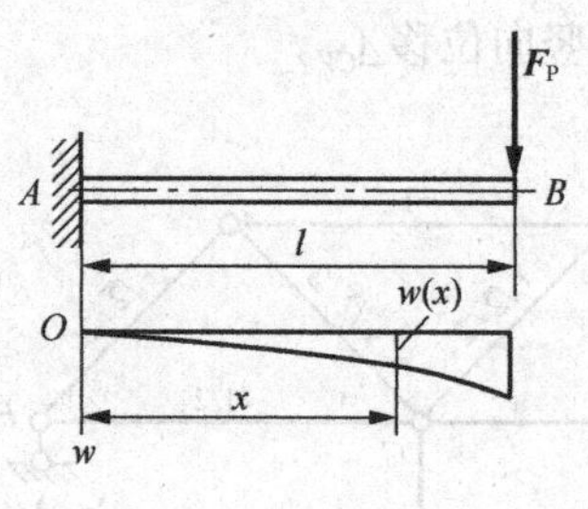 （悬臂梁 AB，自由端 B 受集中力 F_P，长 l）	$\theta_B=\dfrac{F_Pl^2}{2EI}$	$w_{max}=\dfrac{F_Pl^3}{3EI}$
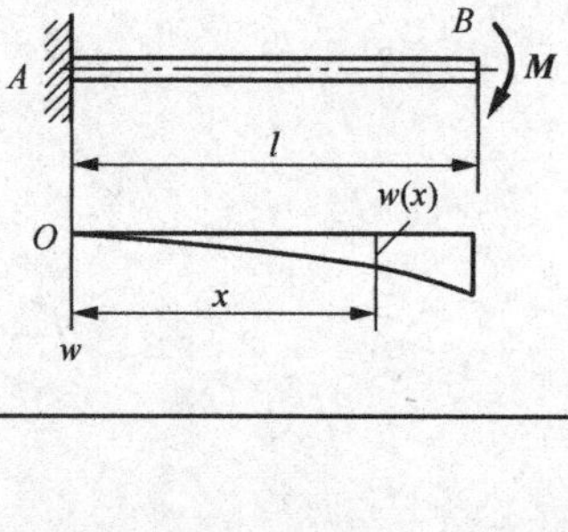 （悬臂梁 AB，自由端 B 受力偶 M，长 l）	$\theta_B=\dfrac{Ml}{EI}$	$w_{max}=\dfrac{Ml^2}{2EI}$

续表

梁及荷载类型	最大转角	最大挠度
悬臂梁 AB，全跨均布荷载 q，跨长 l	$\theta_B = \dfrac{ql^3}{6EI}$	$w_{max} = \dfrac{ql^4}{8EI}$
简支梁 AB，集中力 F_P 距 A 为 a、距 B 为 b，跨长 l	$a=b=\dfrac{l}{2}$ 时 $\theta_A = -\theta_B = \dfrac{F_P l^2}{16EI}$	$a=b=\dfrac{l}{2}$ 时 $w_{max} = \dfrac{F_P l^3}{48EI}$
简支梁 AB，全跨均布荷载 q，跨长 l	$\theta_A = -\theta_B = \dfrac{ql^3}{24EI}$	$w_{max} = \dfrac{5ql^4}{384EI}$

7.3　图乘法

计算梁和刚架的位移时，$\Delta = \sum \int_0^l \frac{\overline{M}M_P}{EI} ds$，需先列出弯矩方程 $M_P(x)$ 和 $\overline{M}(x)$，再代入公式进行积分计算。当杆件数目较多或荷载较为复杂时，积分计算位移相当麻烦，需用一种简便实用的方法代替积分运算，这就是图乘法。

1. 图乘法的适用条件

（1）杆件的轴线为直线。

（2）在积分区间内杆件的弯曲刚度 EI 为常数。

直梁和刚架的位移公式则为

$$\Delta = \sum \int_0^l \frac{\overline{M}M_P}{EI} ds = \sum \frac{1}{EI} \int_0^l \overline{M}M_P dx \tag{7-9}$$

积分号内的 $M_P dx$，与图 7-8 中 X 处 M_P 图的微面积 dA 的数值相等。

（3）在 M_P 图和 $\overline{M}$ 图中至少有一个直线图形（不含折线）。图 7-8 中，$\overline{M}$ 图的图形为直线，M_P 图的图形为曲线。在 $\overline{M}$ 图上 X 处的纵坐标线 $\overline{M} = x \cdot \tan\alpha$，且 $\tan\alpha$ 为常数。

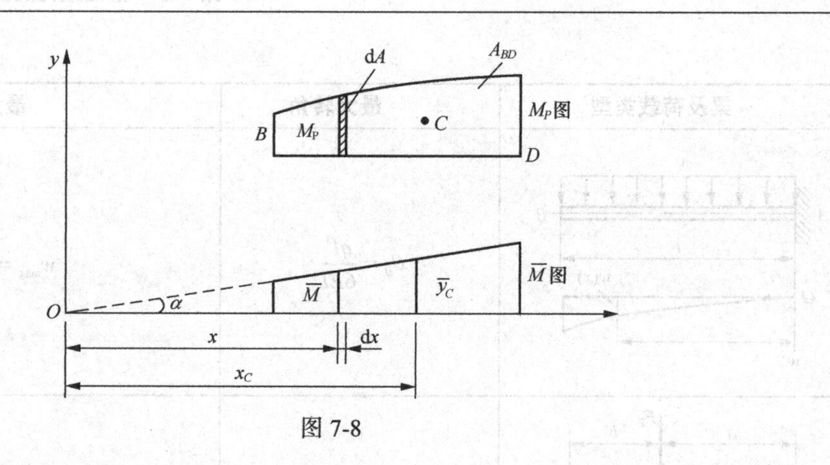

图 7-8

2. 图乘法原理

对式（7-9）中的积分加以变换可得

$$\int_l \overline{M} M_p \mathrm{d}x = \int_b^d x \cdot \tan a \cdot M_p \, \mathrm{d}x = \tan a \int_b^d x \mathrm{d}A \qquad (7\text{-}10)$$

式（7-10）中最后的积分为 M_P图对 y 轴的静矩，它等于 BD 段 M_P图的面积 A_{BD}乘以图形形心 C 的坐标 x_C。则

$$\int_l \overline{M} M_P \mathrm{d}x = \tan a \cdot x_C \cdot A_{BD} = y_C \cdot A_{BD}$$

这样，在图示坐标下应用等量替换，便将式（7-6）中的积分变换为图形的面积乘以形心的坐标。图乘法求位移的一般表达式为

$$\Delta = \sum \frac{1}{EI} A y_C \qquad (7\text{-}11)$$

3. 图乘法的步骤

（1）设虚拟状态。

（2）画 M_P图、$\overline{M}$ 图。

（3）图乘求位移。

① 分区段。按 EI 为常量、M_P图线、$\overline{M}$ 图线为直线分段。

② 拟取 A、y_C。直线形图提供纵标 y_C，另一图形提供面积 A。

③ 图形分解。当图形的面积或形心位置不易确定时，需分解为图 7-9 所示的规则图形。

④ 图乘求位移。对于每项图乘，图形面积 A 与 y_C纵标线若在弯矩图基线的同侧则乘积为正，反之为负。

4. 图形的分解

当图形的面积和形心不便确定时，可以将其分解成几个简单的图形，分别与另一图形相应的纵坐标相乘。

例如，图 7-10 所示两个梯形相图乘，拟定 M_P图提供面积，$\overline{M}$ 图提供纵坐标。M_P图梯形的形心不便确定，可引辅助线将图形分解为两个三角形［见图 7-10（a）］或者分解为矩形和三角形［见图 7-10（b）］。在分图形上标出形心 C_1 和图 C_2，在另一图形（$\overline{M}$ 图）上标出 C_1 和 C_2 对应的纵坐标 y_{C1} 和 y_{C2}，y_{C1} 和 y_{C2} 也不便计算，可引一条辅助线分段计算，然后求和。图形面积与纵坐标线段相乘时，判断在基线的同侧或异侧，从而确定乘积的正负。按照叠加法绘制弯矩图的过程中，辅助线（虚线）即为后一弯矩图的基线。因此，图 7-10（a）、（b）所示

图乘的过程分别为

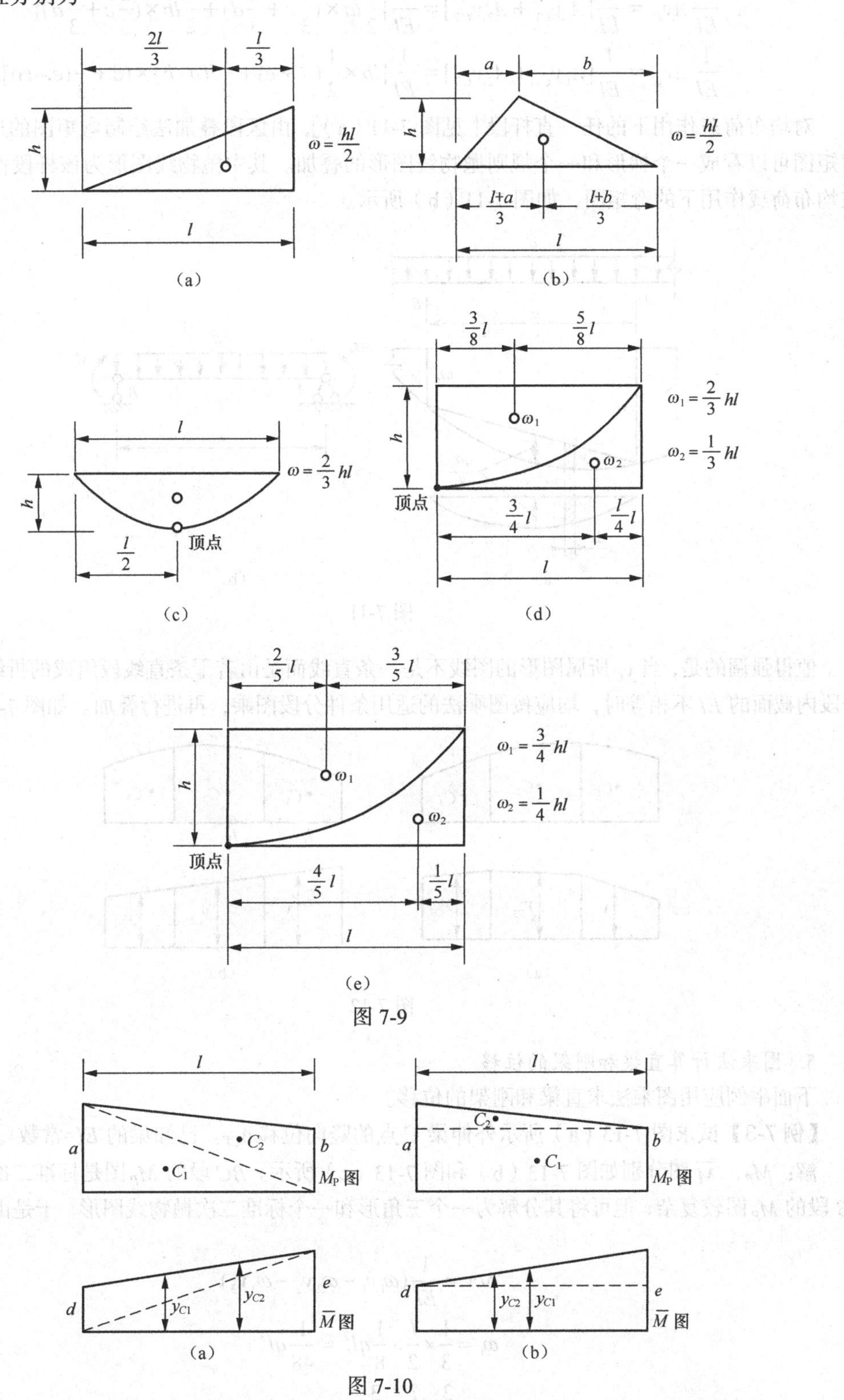

图 7-9

图 7-10

$$\frac{1}{EI}Ay_C=\frac{1}{EI}[A_1y_{C1}+A_2y_{C2}]=\frac{1}{EI}[\frac{1}{2}la\times(\frac{1}{3}e+\frac{2}{3}d)+\frac{1}{2}lb\times(\frac{2}{3}e+\frac{1}{3}d)]$$

$$\frac{1}{EI}Ay_C=\frac{1}{EI}[A_1y_{C1}+A_2y_{C2}]=\frac{1}{EI}[lb\times\frac{1}{2}(d+e)+\frac{1}{2}l(a-b)\times(\mathrm{d}+\frac{1}{3}(e-d))]$$

对均布荷载作用下的任一直杆段[见图 7-11(a)]，由区段叠加法绘制弯矩图的过程知，其弯矩图可以看成一个梯形和一个规则抛物线图形的叠加。其中抛物线图形为该杆段作为简支梁在均布荷载作用下的弯矩图，如图 7-11(b)所示。

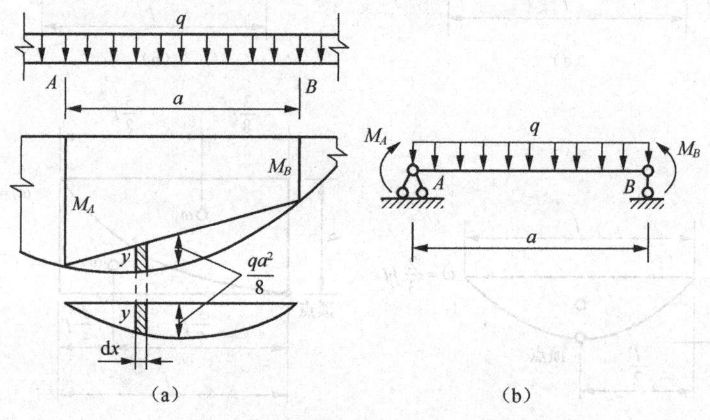

图 7-11

值得强调的是，当 y_C 所属图形的图线不是一条直线而是由若干条直线段组成的折线时，或当杆段内截面的 EI 不相等时，均应按图乘法的适用条件分段图乘，再进行叠加。如图 7-12 所示。

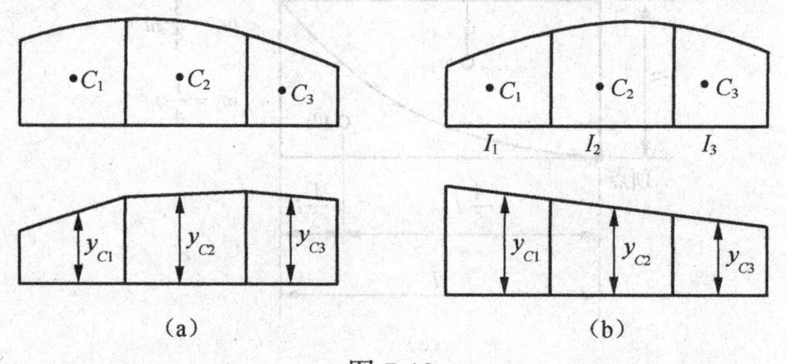

图 7-12

5. 图乘法计算直梁和刚架的位移

下面举例应用图乘法求直梁和刚架的位移。

【例 7-3】试求图 7-13(a)所示外伸梁 C 点的竖向位移 Δ_{CV}。已知梁的 EI=常数 。

解：M_P、$\overline{M}$ 图分别如图 7-13(b)和图 7-13(c)所示。BC 段的 M_P 图是标准二次抛物线；AB 段的 M_P 图较复杂，但可将其分解为一个三角形和一个标准二次抛物线图形。于是由图乘法得

$$\Delta cv=\frac{1}{EI}(\omega_1y_1+\omega_2y_2-\omega_3y_3)$$

$$\omega_1=\frac{1}{3}\times\frac{l}{2}\times\frac{1}{8}ql^2=\frac{1}{48}ql^3$$

$$y_1=\frac{3}{4}\times\frac{l}{2}=\frac{3}{8}l$$

$$\omega_2=\frac{1}{2}l\times\frac{1}{8}ql^2=\frac{1}{16}ql^3 \qquad y_2=\frac{2}{3}\times\frac{l}{2}=\frac{l}{3}$$

$$\omega_3=\frac{2}{3}l\times\frac{1}{8}ql^2=\frac{1}{12}ql^3 \qquad y_3=\frac{1}{2}\times\frac{l}{2}=\frac{l}{4}$$

代入以上数据，于是

$$\Delta_{CV}=\frac{1}{EI}\left(\frac{ql^3}{48}\times\frac{3}{8}l+\frac{ql^3}{16}\times\frac{l}{3}-\frac{ql^3}{12}\times\frac{l}{4}\right)$$

$$=\frac{ql^4}{128EI}(\downarrow)$$

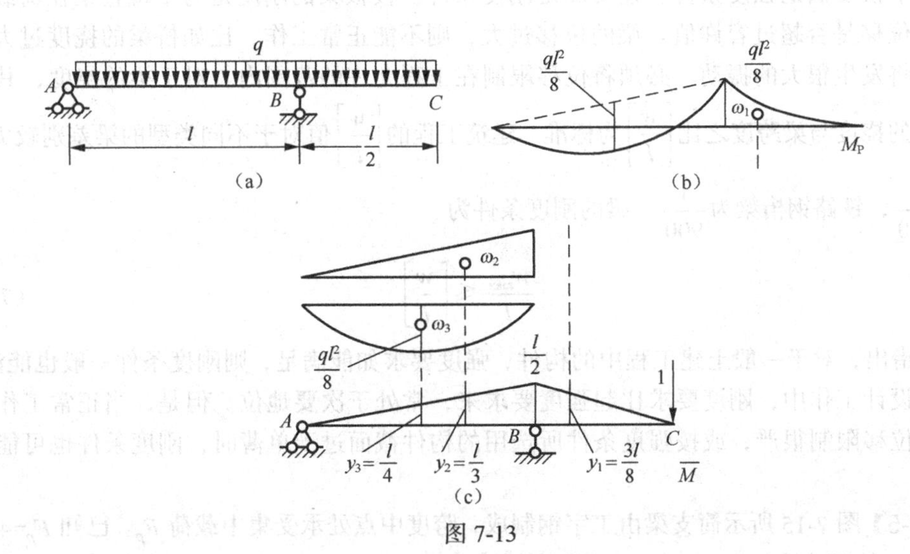

图 7-13

【例 7-4】试求图 7-14（a）所示刚架结点 B 的水平位移Δ_{BH}。设各杆为矩形截面，截面尺寸为 $b\times h$，惯性矩 $I=\frac{bh^3}{12}$，E 为常数，只考虑弯曲变形的影响。

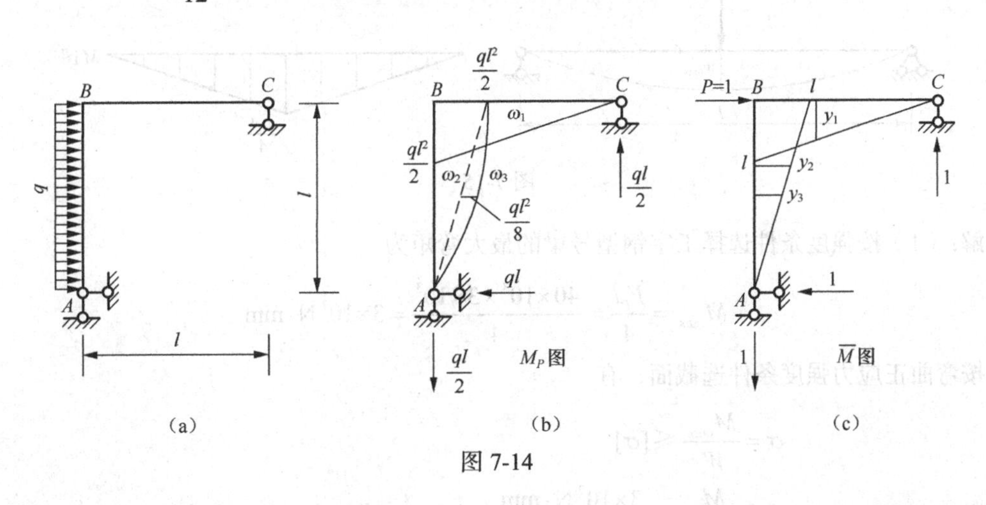

图 7-14

解：先画出 M_P 图和 $\overline{M}$ 图，分别如图 7-14（b）、图 7-14（c）所示。应用图乘法求得结点 B 的水平位移为

$$\Delta_{BH}=\frac{1}{EI}(\omega_1y_1+\omega_2y_2+\omega_3y_3)$$

$$=\frac{1}{EI}\left(\frac{1}{2}\times\frac{1}{2}ql^2\times l\times\frac{2}{3}l+\frac{1}{2}\times\frac{1}{2}ql^2\times l\times\frac{2}{3}l+\frac{2}{3}\times\frac{1}{8}ql^2\times l\times\frac{l}{2}\right)$$

$$=\frac{3ql^4}{8EI}(\rightarrow)$$

7.4 梁的刚度校核

构件不仅要满足强度条件，还要满足刚度条件。校核梁的刚度是为了检查梁在荷载作用下产生的位移是否超过容许值。梁的位移过大，则不能正常工作，比如桥梁的挠度过大时，车辆通过将发生很大的振动。必须将位移限制在工程允许的范围内。对于梁的挠度，其许可值以许可的挠度与梁跨度之比$\left[\frac{w}{l}\right]$为标准。建筑工程的$\left[\frac{w}{l}\right]$值对于不同类型的梁差别较大，在$\frac{1}{1000}\sim\frac{1}{250}$，铁路钢桁梁为$\frac{1}{900}$。梁的刚度条件为

$$\frac{w_{\max}}{l}\leqslant\left[\frac{w}{l}\right] \tag{7-12}$$

应当指出，对于一般土建工程中的构件，强度要求如能满足，则刚度条件一般也能满足。因此，在设计工作中，刚度要求比起强度要求来，常处于次要地位。但是，当正常工作条件对构件的位移限制很严，或按强度条件所选用的构件截面过于单薄时，刚度条件也可能起控制作用。

【例 7-5】 图 7-15 所示简支梁由工字钢制成，跨度中点处承受集中载荷 F_P。已知 F_P=40kN，跨度 l=3m，许用应力$[\sigma]$=160MPa，许用挠度$[w]=l/500$，弹性模量 E=2×10⁵MPa，试选择工字钢的型号。

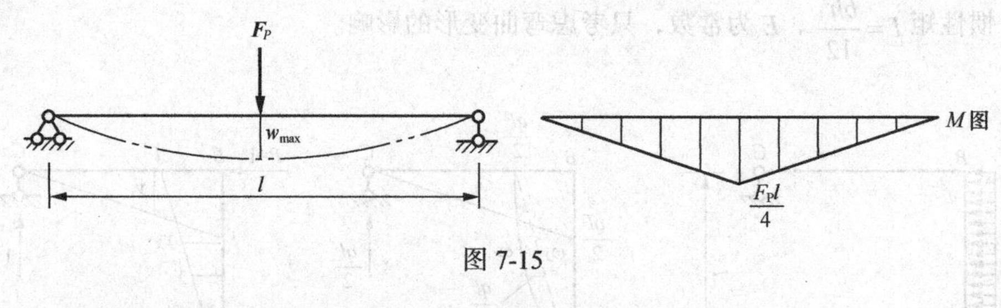

图 7-15

解：（1）按强度条件选择工字钢型号梁的最大弯矩为

$$M_{\max}=\frac{F_Pl}{4}=\frac{40\times10^3\times3\times10^3}{4}=3\times10^7\,\text{N}\cdot\text{mm}$$

按弯曲正应力强度条件选截面，有

$$\sigma=\frac{M_{\max}}{W}\leqslant[\sigma]$$

$$W\geqslant\frac{M_{\max}}{[\sigma]}=\frac{3\times10^7\,\text{N}\cdot\text{mm}}{160\text{MPa}}=1.875\times10^5\,\text{mm}^3=187.5\text{cm}^3$$

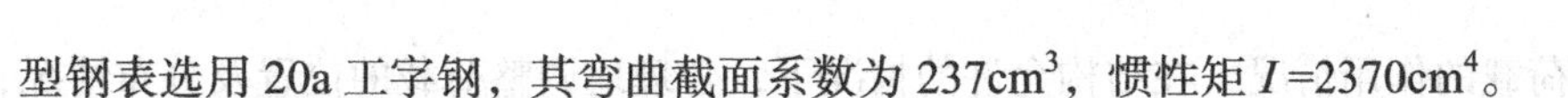

型钢表选用 20a 工字钢，其弯曲截面系数为 237cm^3，惯性矩 $I=2370\text{cm}^4$。

（2） 校核梁的刚度。

$$w=\frac{F_p l^3}{48EI}=\frac{40\times10^3\times3000^3}{48\times2\times10^5\times2.37\times10^7}$$

$$=4.75\text{mm}<[w]=\frac{3000\text{mm}}{500}=6\text{mm}$$

故梁的刚度足够，所以，选用 20a 工字钢。

由公式可以看出，梁的挠度和转角与梁的抗弯刚度 EI、梁的跨度 l、荷载作用情况有关，那么，要提高梁的抗弯刚度可以采取以下几种措施。

（1）增大梁的抗弯刚度 EI。梁的变形与梁的抗弯刚度 EI 呈反比，增大梁的抗弯刚度 EI 将使梁的变形减小，从而提高其刚度。增大梁的 EI 值主要是设法增大梁截面的惯性矩 I 的值，一般不采用增大 E 值的方法。在截面面积不变的情况下，采用合理的截面形状，即采用材料尽量远离中性轴的截面形状，比如采用工字形、箱形、圆环形等截面，可显著提高惯性矩。

（2） 减小梁的跨度 l。梁的变形与其跨度的 n 次幂成正比。设法减小梁的跨度 l，将有效地减小梁的变形，从而提高其刚度。在结构构造允许的情况下，可采用两种办法减小 l 值。

① 增加中间支座。图 7-16（a）所示简支梁跨中的最大挠度为 $f_a=\dfrac{5ql^4}{384EI}$；图 7-16（b）所示为在跨中增加一中间支座，则梁的最大挠度约为原梁的 $\dfrac{1}{38}$，即 $f_b=\dfrac{1}{38}f_a$。

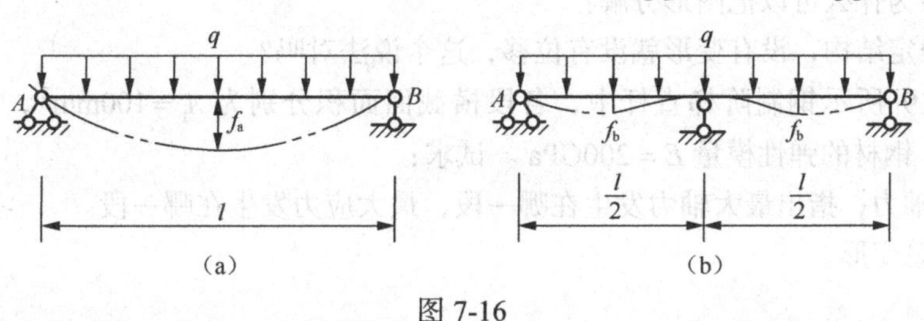

图 7-16

② 两端支座内移。如图 7-17 所示，将简支梁的支座向中间移动而变成外伸梁，一方面减小了梁的跨度，从而减小了梁跨中的最大挠度；另一方面在梁外伸部分的荷载作用下，使梁跨中产生向上的挠度 [见图 7-17（c）]，从而使梁中段在荷载作用下产生的向下的挠度被抵消一部分，减小了梁跨中的最大挠度值。

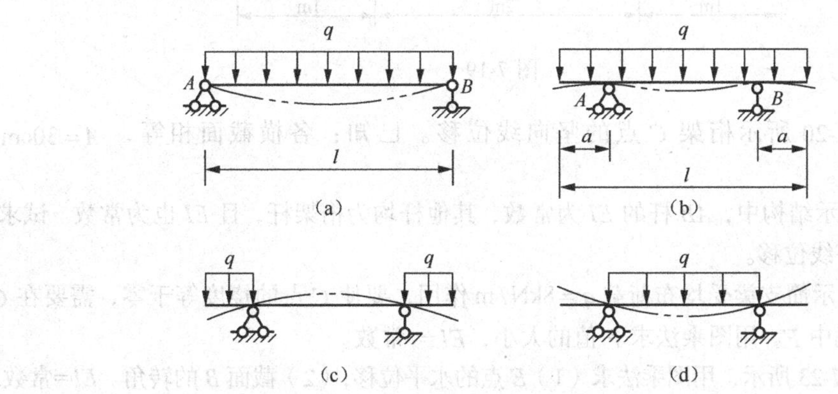

图 7-17

（3）改善荷载的作用情况。在结构允许的情况下，合理地调整荷载的位置及分布情况，可以降低弯矩，从而减小梁的变形，提高其刚度。如图 7-18 所示，将集中力分散作用，甚至改为分布荷载，则弯矩将降低，从而使梁的变形减小，刚度得以提高。

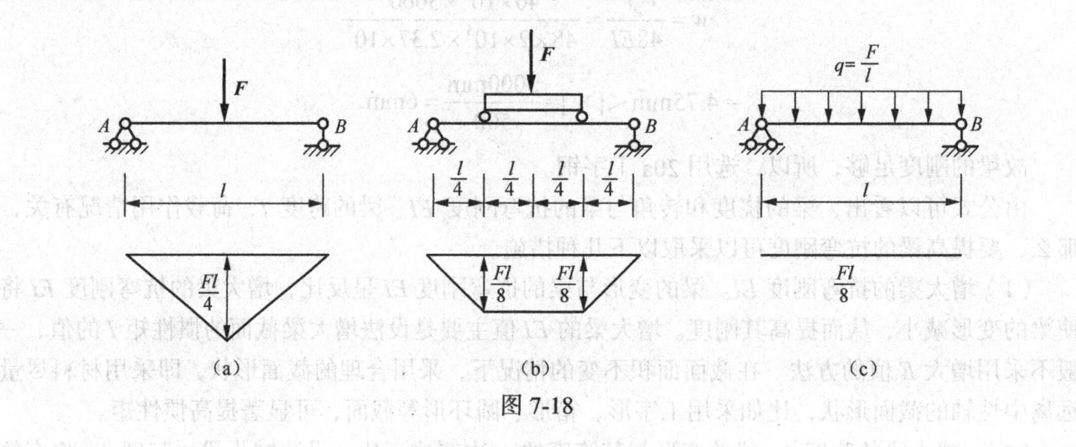

图 7-18

思考题与习题

1. 杆系位移计算的一般公式中各项的物理意义是什么？

2. 应用图乘法求位移的必要条件是什么？什么情况要用积分求位移？

3. 图乘中为什么可以把图形分解？

4. 对于静定结构，没有变形就没有位移，这个说法对吗？

5. 图 7-19 所示钢制阶梯直杆中，各段横截面面积分别为 $A_1=100\text{mm}^2$，$A_2=80\text{mm}^2$，$A_3=120\text{mm}^2$，钢材的弹性模量 $E=200\text{GPa}$。试求：

（1）各段轴力；指出最大轴力发生在哪一段，最大应力发生在哪一段。

（2）杆的总变形。

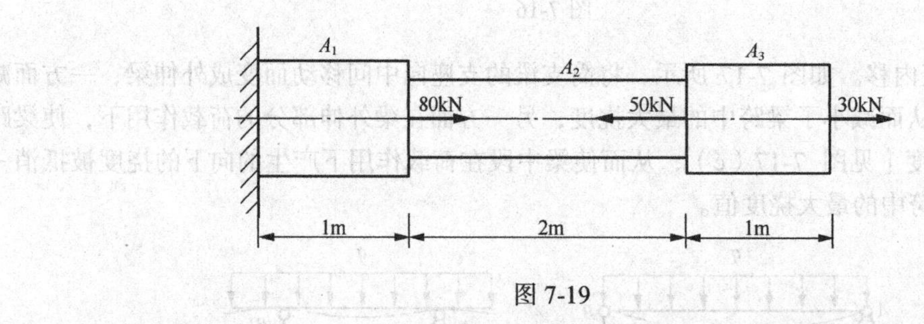

图 7-19

6. 试求图 7-20 所示桁架 C 点的竖向线位移。已知：各横截面相等，$A=30\text{cm}^2$，$E=21000\text{kN}/\text{cm}^2$。

7. 图 7-21 所示结构中，AB 杆的 EI 为常数，其他杆均为桁架杆，且 EI 也为常数。试求 C、D 两点的相对水平线位移。

8. 图 7-22 所示简支梁受均布荷载 $q=8\text{kN}/\text{m}$ 作用，要使 C 点的挠度等于零，需要在 C 点处施加一向上的集中 F。用图乘法求 F 值的大小，$EI=$ 常数。

9. 结构如图 7-23 所示，用图乘法求（1）E 点的水平位移；（2）截面 B 的转角。EI=常数。

10. 用图乘法，求图 7-24（a）、图 7-24（b）所示结构中 C 点相应的位移。

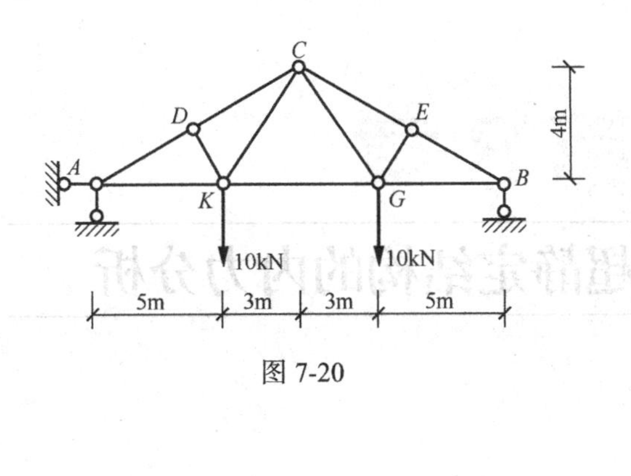

图 7-20

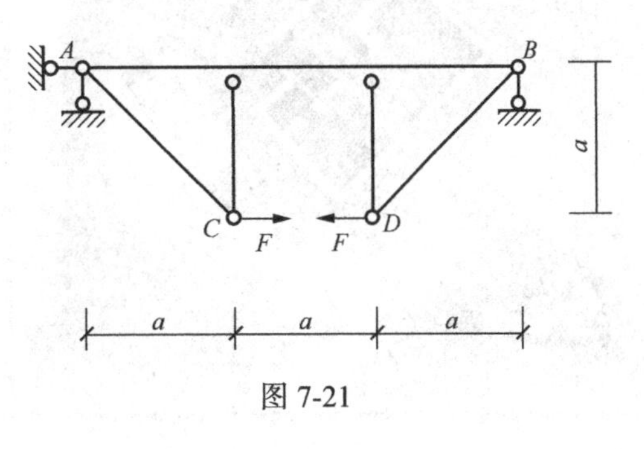

图 7-21

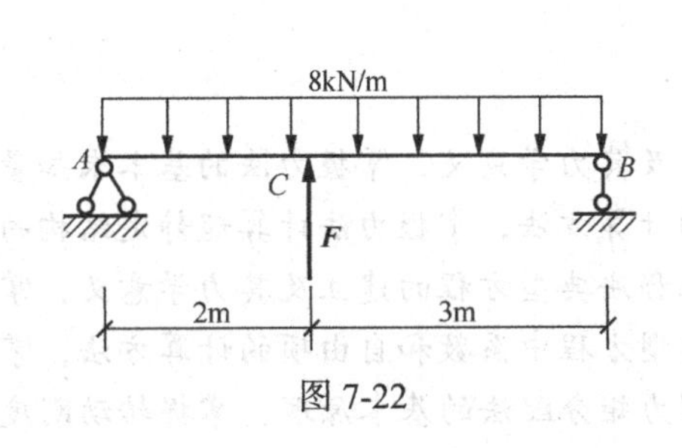

图 7-22

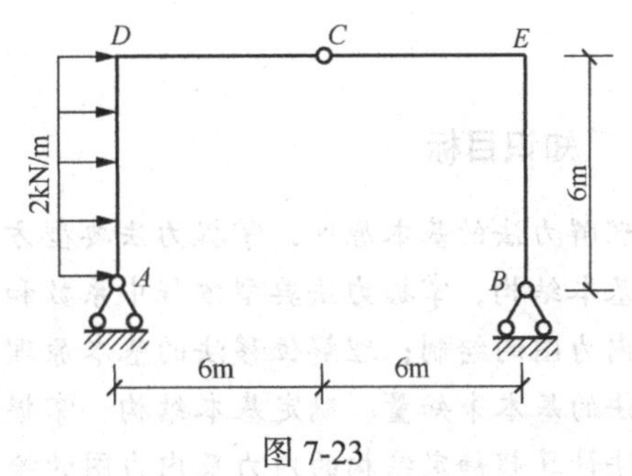

图 7-23

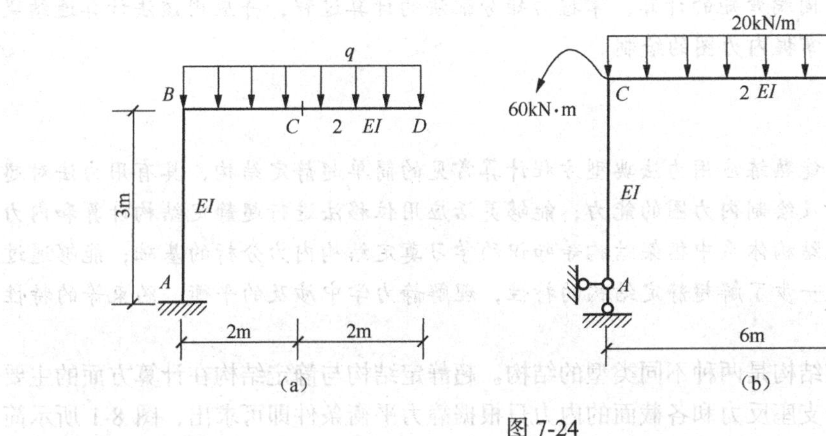

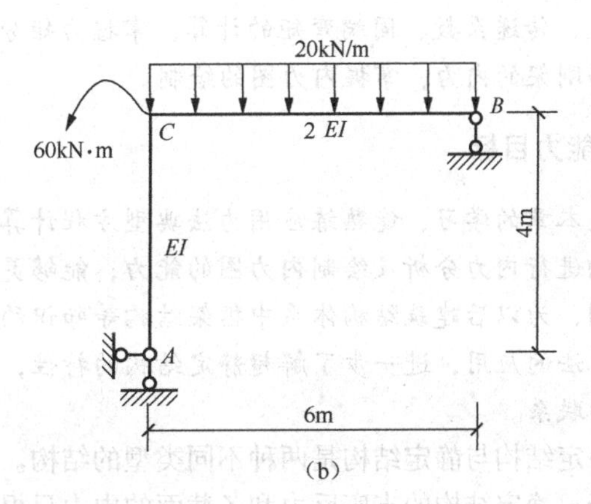

图 7-24

11．图 7-25 所示简支梁的横截面为 10 号工字钢，跨度 $l = 4\text{m}$。其上作用均布荷载 $q = 3\text{kN/m}$，材料的容许应力 $[\sigma] = 160\text{MPa}$，$E = 200\text{GPa}$，容许挠度 $[w] = \dfrac{l}{250}$，试校核梁的刚度。

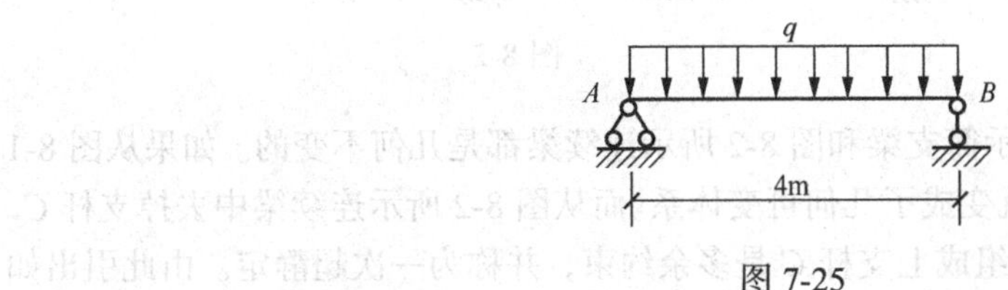

图 7-25

第 8 章

超静定结构的内力分析

知识目标

理解力法的基本原理，掌握力法典型方程的建立及其力学意义，掌握力法的基本未知量、确定基本结构，掌握力法典型方程中系数和自由项的计算方法，掌握力法计算超静定结构的内力及内力图的绘制；理解位移法的基本原理，掌握位移法典型方程的建立及其力学意义，掌握位移法的基本未知量、确定基本结构，掌握位移法典型方程中系数和自由项的计算方法，掌握位移法计算超静定结构的内力及内力图的绘制；理解力矩分配法的基本原理，掌握转动刚度、分配系数、传递系数、固端弯矩的计算，掌握力矩分配法的计算过程，并应用该法计算连续梁和无侧移刚架的内力，掌握内力图的绘制。

能力目标

通过本章的学习，能熟练应用力法典型方程计算常见的简单超静定结构，具有用力法对超静定结构进行内力分析及绘制内力图的能力；能够灵活应用位移法进行超静定结构计算和内力图的绘制，为以后建筑结构体系中框架结构等知识的学习奠定结构内力分析的基础；能够通过力矩分配法的应用，进一步了解超静定结构的特性，理解静力学中涉及的平衡、约束等的特性及彼此的联系。

超静定结构与静定结构是两种不同类型的结构。超静定结构与静定结构在计算方面的主要区别在于：静定结构的支座反力和各截面的内力只根据静力平衡条件即可求出，图 8-1 所示简支梁就是静定结构的一个例子。超静定结构支座反力和各截面的内力则不能单从静力平衡条件求出，而必须同时考虑变形协调条件，图 8-2 所示连续梁就是超静定结构的一个例子。

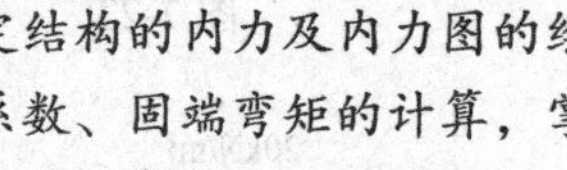

图 8-1

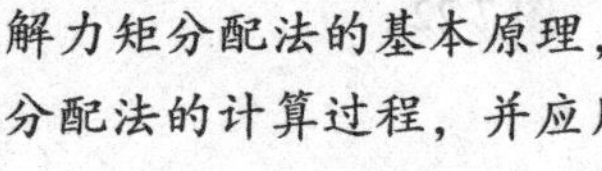

图 8-2

再从几何构造来看，图 8-1 所示简支梁和图 8-2 所示连续梁都是几何不变的。如果从图 8-1 所示简支梁中去掉支杆 B，简支梁就变成了几何可变体系。而从图 8-2 所示连续梁中去掉支杆 C，其仍是几何不变的，这说明从几何组成上支杆 C 是多余约束，并称为一次超静定。由此引出如下结论：静定结构是没有多余约束的几何不变体系；超静定结构为有多余约束的几何不变体系。

总之，有多余约束是超静定结构区别于静定结构的基本特点。

土木工程中，超静定结构比静定结构使用得更为广泛，本章将着重介绍超静定结构内力计算的各种方法。

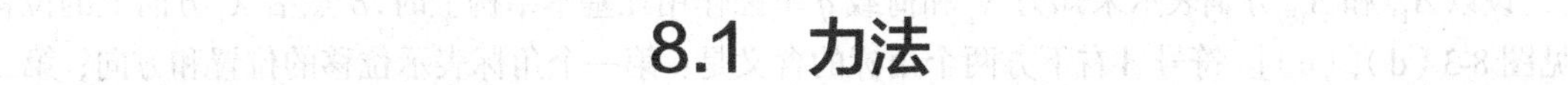

8.1 力法

力法是提出较早、发展最完备的计算方法，同时也是更为基本的方法。力法是把超静定结构拆成静定结构，再由静定结构过渡到超静定结构。静定结构的内力和位移计算是力法计算的基础。

8.1.1 力法的基本原理

1. 力法的基本结构

图 8-3（a）所示的是一端固定、另一端铰支的梁，其承受荷载 q 的作用，EI 为常数，有一个多余约束，是一次超静定结构。对图 8-3（a）所示的原结构，如果把支杆 B 作为多余约束去掉，并代之以多余未知力 X_1（简称多余力），则图 8-3（a）所示的超静定梁就转化为图 8-3（b）所示的静定梁，这样得到的含有多余未知力的静定结构称为力法的基本体系。与之相应，把图 8-3（a）中原超静定结构中多余约束（支座 B）和荷载都去掉后得到的静定结构称为力法的基本结构［见图 8-3（c）]。

在基本结构中仍然保留原结构的多余约束反力 X_1，只是把它由被动力改为主动力，因此基本体系的受力状态可使之与原结构完全相同。由此看出，基本体系本身既是静定结构，又可用它代表原来的超静定结构。因此，它是由静定结构过渡到超静定结构的一座桥梁。

2. 力法的基本未知量

现在要设法解出基本结构的多余未知力 X_1，一旦求得多余未知力 X_1，就可在基本结构上用静力平衡条件求出原结构的所有反力和内力。因此多余力是最基本的未知力，又可称为力法的基本未知量。但是这个基本未知量 X_1 不能用静力平衡条件求出，而必须根据基本结构的受力和变形与原结构相同的原则来确定。

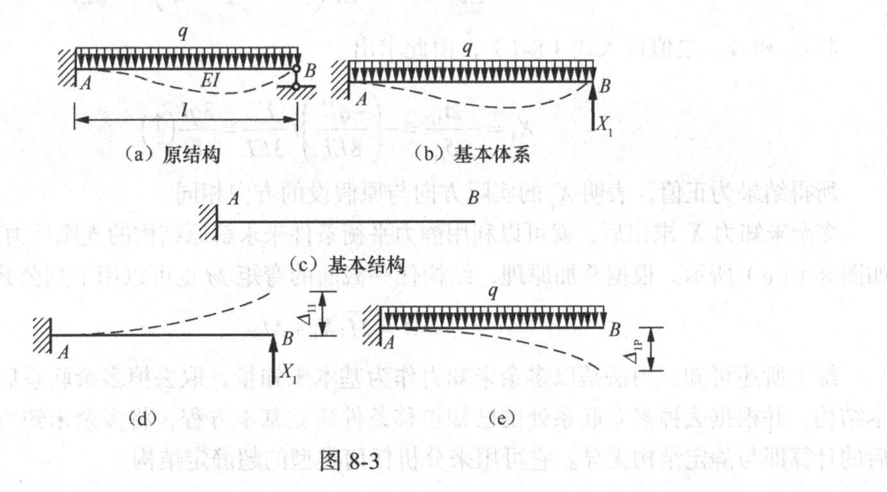

图 8-3

8.1.2 力法的基本方程

在图 8-3（b）所示的基本体系中，多余未知力 X_1 代替了原结构支座 B 的作用，因此，基本体系的受力与原结构完全相同。所以，基本体系转化为原来超静定结构的条件是：基本体系沿多余未知力 X_1 方向的位移 Δ_1 应与原结构中相应的位移相等，即 $\Delta_1=0$。由上述可见，为了唯一确定超静定结构的反力和内力，必须同时考虑静力平衡条件和变形协调条件。

设以Δ_{11}和Δ_{1P}分别表示未知力X_1和荷载q单独作用在基本结构上时，B点沿X_1方向上的位移[见图8-3（d）、（e）]。符号Δ右下方两个角标的含义是：第一个角标表示位移的位置和方向；第二个角标表示产生位移的原因。例如Δ_{11}是在X_1作用点沿X_1方向由X_1所产生的位移；Δ_{1P}是在X_1作用点沿X_1方向由外荷载q所产生的位移。为了求得B点总的竖向位移，根据叠加原理，应有

$$\Delta_1=\Delta_{11}+\Delta_{1P}=0$$

若以δ_{11}表示X_1为单位力（即$\overline{X}_1=1$）时，基本结构在X_1作用点沿X_1方向产生的位移，则有$\Delta_{11}=\delta_{11}X_1$，于是上式可写成

$$\delta_{11}X_1+\Delta_{1P}=0 \qquad (8\text{-}1)$$

由于δ_{11}和Δ_{1P}都是已知力作用在静定结构上的相应位移，故均可用求静定结构位移的方法求得；从而多余未知力的大小和方向，可由式（8-1）确定。

式（8-1）就是根据原结构的变形条件建立的用以确定X_1的变形协调方程，即为力法的基本方程。

为了具体计算位移δ_{11}和Δ_{1P}，分别绘出基本结构的单位弯矩图$\overline{X}_1$（由单位力$X_1=1$产生）和荷载弯矩图M_P（由荷载q产生），分别如图8-4（a）、（b）所示。用图乘法计算这些位移时，$\overline{M_1}$和M_P图分别是基本结构在$\overline{X}_1=1$和荷载q作用下的弯矩图。故计算δ_{11}时可用的$\overline{M_1}$图乘$\overline{M_1}$图，叫作$\overline{M_1}$图的"自乘"，即

$$\delta_{11}=\sum\int\frac{\overline{M}_1\overline{M}_1}{EI}\mathrm{d}x=\frac{1}{EI}\times\frac{l^2}{2}\times\frac{2l}{3}=\frac{l^3}{3EI}$$

同理可用$\overline{M_1}$图与M_P图相图乘计算Δ_{1P}，得

$$\Delta_{1P}=\sum\int\frac{\overline{M}_1M_P}{EI}\mathrm{d}x=-\frac{1}{EI}\left(\frac{1}{3}\times l\times\frac{ql^2}{2}\times\frac{3l}{4}\right)=-\frac{ql^4}{8EI}$$

将δ_{11}和Δ_{1P}之值代入式（8-1），由此求出

$$X_1=-\frac{\Delta_{1P}}{\delta_{11}}=-\left(\frac{-ql^4}{8EI}\right)/\frac{l^3}{3EI}=\frac{3ql}{8}(\uparrow)$$

所得结果为正值，表明X_1的实际方向与原假设的方向相同。

多余未知力X_1求出后，就可以利用静力平衡条件来求解原结构的支座反力了。画出内力图，如图8-4（c）所示。根据叠加原理，结构任一截面的弯矩M也可以用下列公式表示，即

$$M=\overline{M}_1X_1+M_P$$

综上所述可知，力法是以多余未知力作为基本未知量，取去掉多余联系后的静定结构为基本结构，并根据去掉多余联系处的已知位移条件建立基本方程，将多余未知力首先求出，而以后的计算即与静定结构无异。它可用来分析任何类型的超静定结构。

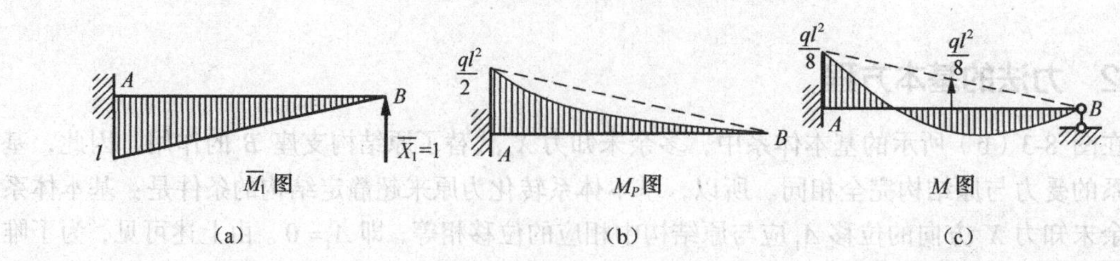

图8-4

8.1.3　力法典型方程

由 8.1.2 节可知，用力法计算超静定结构的关键在于根据位移条件建立力法的基本方程，以求解多余未知力。对于多次超静定结构，其计算原理与一次超静定结构完全相同。下面对多次超静定结构用力法求解的基本原理做进一步说明。

图 8-5（a）所示为一个三次超静定结构，在荷载作用下结构的变形如图中虚线所示。用力法求解时，去掉支座 C 的三个多余约束，并以相应的多余力 X_1、X_2 和 X_3 代替所去约束的作用，则得到图 8-5（b）所示的基本体系。由于原结构在支座 C 处不可能有任何位移，因此，在承受原荷载和全部多余未知力的基本体系上，也必须与原结构变形相符，在 C 点处沿多余未知力 X_1、X_2 和 X_3 方向的相应位移 Δ_1、Δ_2 和 Δ_3 都应等于零，即应满足的位移条件为 $\Delta_1=0$，$\Delta_2=0$，$\Delta_3=0$。

根据叠加原理，上面的位移条件可表示为

$$\left.\begin{aligned}\Delta_1=\delta_{11}X_1+\delta_{12}X_2+\delta_{13}X_3+\Delta_{1P}=0\\ \Delta_2=\delta_{21}X_1+\delta_{22}X_2+\delta_{23}X_3+\Delta_{2P}=0\\ \Delta_3=\delta_{31}X_1+\delta_{32}X_2+\delta_{33}X_3+\Delta_{3P}=0\end{aligned}\right\}\tag{8-2}$$

这就是三次超静定结构的力法方程。式中，δ_{11}、δ_{21}、δ_{31} 分别表示当 $X_1=1$ 时引起的基本结构上沿 X_1、X_2 和 X_3 方向的位移［见图 8-5（c）］；δ_{12}、δ_{22}、δ_{32} 分别表示当 $X_2=1$ 时引起的基本结构上沿 X_1、X_2 和 X_3 方向的位移［见图 8-5（d）］；δ_{13}、δ_{23}、δ_{33} 分别表示当 $X_3=1$ 时引起的基本结构上沿 X_1、X_2 和 X_3 方向的位移［见图 8-5（e）］；Δ_{1P}、Δ_{2P}、Δ_{3P} 分别表示荷载引起的基本结构上沿 X_1、X_2 和 X_3 方向的位移［见图 8-5（f）］。

同理，我们可以建立力法的一般方程。对于 n 次超静定结构，用力法计算时，可去掉 n 个多余约束得到静定的基本结构，在去掉的 n 个多余约束处代之以 n 个多余未知力。当原结构在去掉多余约束处的位移为零时，相应地也就有了 n 个已知的位移条件，即

$$\left.\begin{aligned}\Delta_1=\delta_{11}X_1+\delta_{12}X_2+\delta_{13}X_3+\cdots+\delta_{1n}X_n+\Delta_{1P}=0\\ \Delta_2=\delta_{21}X_1+\delta_{22}X_2+\delta_{23}X_3+\cdots+\delta_{2n}X_n+\Delta_{2P}=0\\ \cdots\\ \Delta_n=\delta_{n1}X_1+\delta_{n2}X_2+\delta_{n3}X_3+\cdots+\delta_{nn}X_n+\Delta_{nP}=0\end{aligned}\right\}\tag{8-3}$$

在方程（8-3）中，从左上方至右下方的主对角线上的系数 δ_{ii} 称为主系数，它表示当 $X_i=1$ 时，沿其 X_i 自身方向所引起的位移，它可利用 $\bar{M}_i$ 图自乘求得，其值恒为正，且不为零；位于主对角线两侧的其他系数 δ_{ij}（$i\neq j$），则称为副系数，它表示 $X_j=1$ 时，沿未知力 X_i 方向上所产生的位移，它可利用 $\bar{M}_i$ 图与 $\bar{M}_j$ 图图乘求得。根据位移互等定理可知副系数 δ_{ij} 与 δ_{ji} 是相等的，即 $\delta_{ij}=\delta_{ji}$。方程组中最后一项 Δ_{iP} 不含未知力，称为自由项，它是由于荷载单独作用在基本结构上时，沿多余未知力 X_i 方向上产生的位移，它可通过 M_P 图与 $\overline{M_i}$ 图图乘求得。副系数和自由项可以为正值或负值，也可以为零。

按前面求静定结构位移的方法求得典型方程中的系数和自由项后，即可解得多余未知力 X_i，然后可按照静定结构的分析方法求得原结构的全部反力和内力，或按下述叠加公式求出弯矩

$$M=X_1\overline{M}_1+X_2\overline{M}_2+\cdots+X_n\overline{M}_n+M_P$$

再根据平衡条件可求得其剪力和轴力。

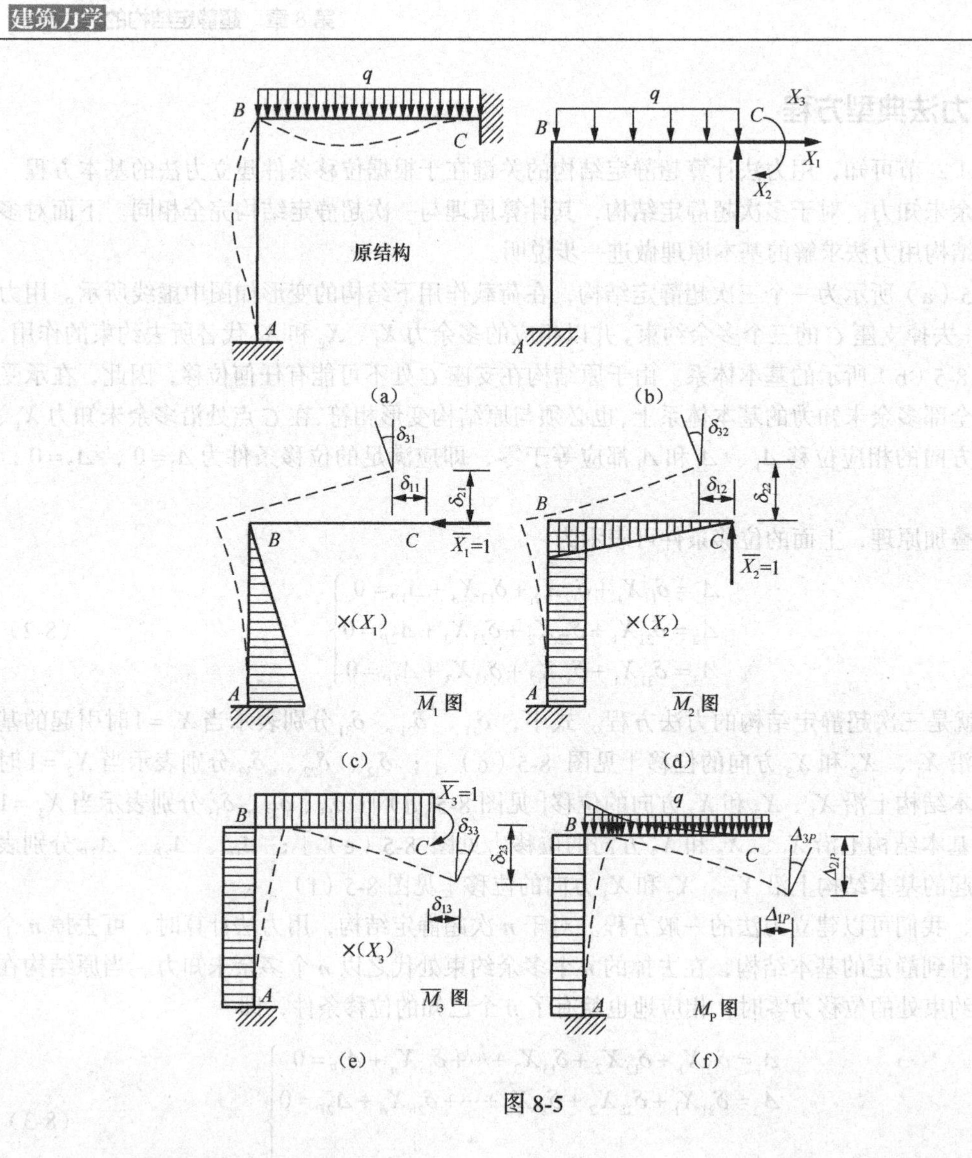

图 8-5

8.1.4 力法计算的应用

根据以上所述，用力法计算超静定结构的步骤可归纳如下。

（1）选取基本结构。去掉原结构的多余约束得到一个静定的基本结构，并以力法基本未知量代替相应多余约束的作用，确定力法基本未知量的个数。

（2）建立力法典型方程。根据基本结构在多余力和原荷载的共同作用下，再去掉多余约束处的位移应与原结构中相应的位移相同的位移条件，建立力法典型方程。

（3）求系数和自由项。为此，需分以下两步进行。

① 令 $\overline{X_i}=1$，画出基本结构单位弯矩图 $\overline{M_i}$ 和基本结构荷载弯矩图 M_p。

② 按照求静定结构位移的方法计算系数和自由项。

（4）解典型方程，求出多余未知力。

（5）求出原结构内力，绘制内力图。

下面分别举例说明力法计算的具体方法。

【例 8-1】　试分析图 8-6（a）所示刚架，*EI*=常数。

解：（1）确定超静定次数，选取基本结构。此刚架具有一个多余联系，是一次超静定结构，去掉支座链杆 C 即为静定结构，并用 X_1 代替支座链杆 C 的作用，得基本体系如图 8-6（b）所示。

（2）建立力法典型方程。原结构在支座 C 处的竖向位移 $\Delta_1=0$。根据位移条件可得力法的典型方程为

$$\delta_{11}X_1+\Delta_{1P}=0$$

（3）求系数和自由项。首先画出 $\overline{X_1}=1$ 单独作用于基本结构时的弯矩图 $\overline{M_1}$ 图，如图 8-7（a）所示，再画出荷载单独作用于基本结构时的弯矩图 M_p 图，如图 8-7（b）所示。然后利用图乘法求系数和自由项。有

$$\delta_{11}=\frac{1}{EI}\left(\frac{1}{2}\times4\times4\times\frac{2}{3}\times4+4\times4\times4\right)=\frac{256}{3EI}$$

$$\Delta_{1P}=-\frac{1}{EI}\left(\frac{1}{3}\times80\times4\times4\right)=-\frac{1280}{3EI}$$

（4）求解多余力。将 δ_{11} 、Δ_{1P} 代入典型方程有

$$\frac{256}{3EI}X_1-\frac{1280}{3EI}=0$$

解方程得 $X_1=5\text{kN}(\uparrow)$。

（5）绘制内力图。各杆端弯矩可按 $M=X_1\overline{M}_1+M_P$ 计算，最后弯矩图如图 8-7（c）所示。

至于剪力图和轴力图，在多余未知力求出后，可直接按绘制静定结构剪力图和轴力图的方法画出。

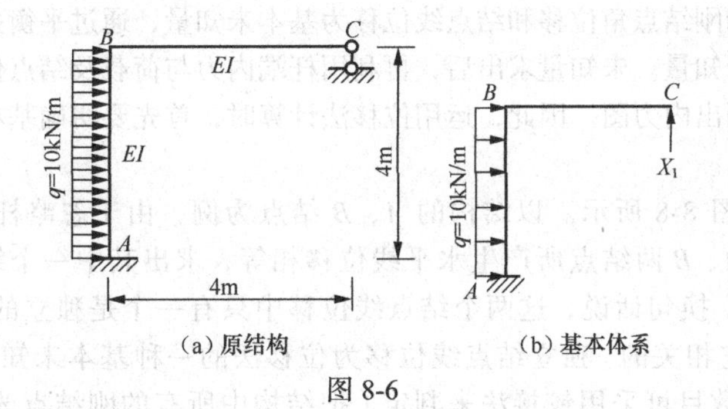

(a) 原结构　　(b) 基本体系

图 8-6

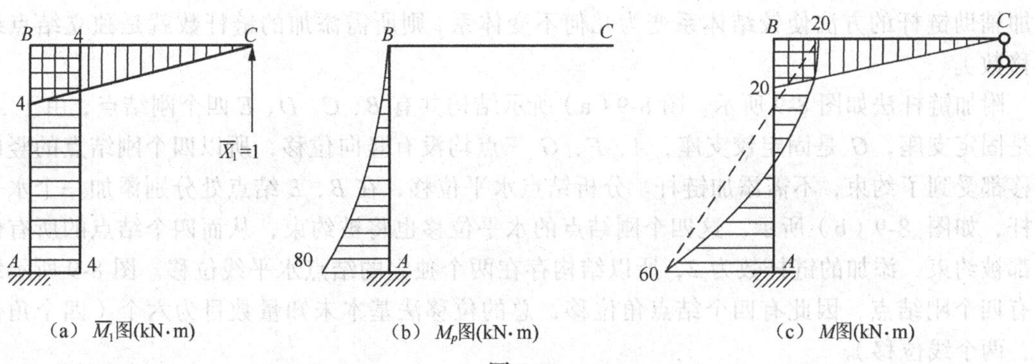

（a）$\overline{M}_1$图(kN·m)　　（b）M_p图(kN·m)　　（c）M图(kN·m)

图 8-7

8.2 位移法

位移法的提出较力法稍晚些，它是在20世纪初为了计算复杂刚架而建立起来的。位移法是把结构拆成杆件，再由杆件过渡到结构。杆件的内力和位移关系是位移法的计算基础。位移法虽然主要用于超静定结构，但也可用于静定结构。

8.2.1 位移法的基本概念

力法计算超静定结构时，由于基本未知量的数目等于超静定次数，对于实际工程结构来说，超静定次数往往很高，应用力法计算就很烦琐。这里我们介绍另外一种计算超静定结构的基本方法，这种方法称之为位移法，它是以结点位移作为基本未知量求解超静定结构的方法。利用位移法既可以计算超静定结构，也可以计算静定结构。对于高次超静定结构，运用位移法计算通常也比力法简便。同时，学习位移法也可帮助我们加深对结构位移概念的理解，为学习力矩分配法打下必要的基础。

8.2.2 位移法基本变形假设

位移法的计算对象是由等截面直杆组成的杆系结构，如刚架、连续梁等。在计算中认为结构仍然符合小变形假定。同时位移法假设：

（1）各杆端之间的轴向长度在变形后保持不变。

（2）刚性结点所连各杆端的截面转角是相同的。

8.2.3 位移法的基本未知量

位移法以结构的刚结点角位移和结点线位移为基本未知量，通过平衡条件和变形条件建立位移法方程以求出未知量。未知量求出后，再利用杆端内力与荷载及结点位移之间的关系，计算出结构的内力，画出内力图。因此，运用位移法计算时，首先要明确基本未知量，下面举例说明。

独立结点法如图8-8所示。以结构的A、B结点为例，由于忽略杆件的轴向变形，即变形后杆长不变，A、B两结点所产生水平线位移相等，求出其中一个结点的水平线位移，另一个也就已知了。换句话说，这两个结点线位移中只有一个是独立的，称为独立结点线位移，另一个是与它相关的。独立结点线位移为位移法的一种基本未知量，在实际计算中，独立结点线位移的数目可采用铰接法来判定（把结构中所有的刚结点改变为铰结点后，用添加辅助链杆的方法使铰结体系变为几何不变体系，则所需添加的链杆数就是独立结点线位移数）。

附加链杆法如图8-9所示。图8-9（a）所示结构共有B、C、D、E四个刚结点，由于A、F是固定支座，G是固定铰支座，A、F、G三点均没有竖向位移，所以四个刚结点的竖向位移都受到了约束，不需添加链杆。分析结点水平位移，在B、E结点处分别添加一个水平链杆，如图8-9（b）所示，这四个刚结点的水平位移也将被约束，从而四个结点的所有位移都被约束，添加的链杆数为2，所以结构存在两个独立的结点水平线位移。图8-9所示结构有四个刚结点，因此有四个结点角位移，总的位移法基本未知量数目为六个（四个角位移，两个线位移）。

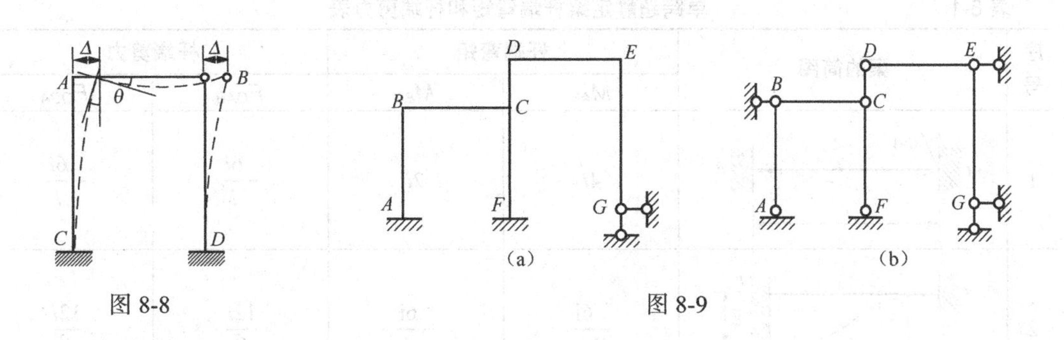

图 8-8　　　　　　　　　　(a)　　　　　　　　　(b)
图 8-9

8.2.4　位移法的杆端内力

运用位移法计算超静定结构时，需要将结构拆成单杆，单杆的杆端约束视结点而定，刚结点视为固定支座，铰结点视为固定铰支座。当讨论杆件的弯矩与剪力时，由于铰支座在杆轴线方向上的约束力只产生轴力，因此可不予考虑，从而铰支座可进一步简化为垂直于杆轴线的可动铰支座。结合边界支座的形式，位移法的单杆超静定梁有三种形式，如图 8-10 所示。

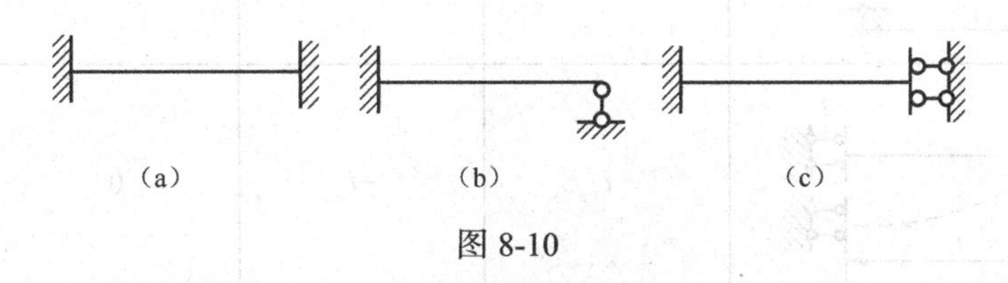

(a)　　　　(b)　　　　(c)

图 8-10

为了计算方便，杆端内力采用两个下标来表示，其中第一个下标表示该弯矩所作用的杆端，称为近端，第二个下标表示杆件的另一端，称为远端。图 8-11 所示 AB 梁，其 A 端的弯矩用 M_{AB} 表示，而 B 端用 M_{BA} 表示。位移法规定杆端弯矩使杆端顺时针转向为正，逆时针转向为负（对于支座和结点就变成逆时针转向为正，顺时针转向为负），如图 8-11 所示。对于杆端、支座及结点剪力的正负号规定则和以前相同，以顺时针为正，逆时针为负。

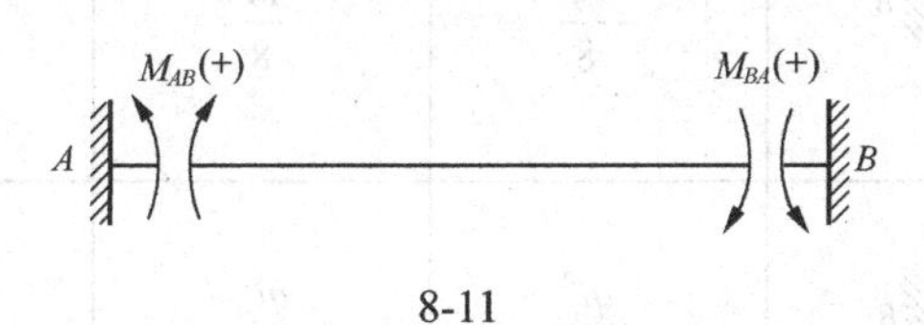

8-11

位移法的杆端内力主要是剪力和弯矩，由于位移法下的单杆都是超静定梁，所以不仅荷载会引起杆端内力，杆端支座位移也会引起内力。由荷载引起的弯矩称为固端弯矩，由荷载引起的剪力称为固端剪力。这些杆端内力可通过查表 8-1 获得，表中的 i 称为杆件的线刚度，即

$$i=\frac{EI}{l} \tag{8-4}$$

式中：EI——杆件的抗弯刚度；

　　l——杆长。

表 8-1　　单跨超静定梁杆端弯矩和杆端剪力表

序号	梁的简图	杆端弯矩		杆端剪力	
		M_{AB}	M_{BA}	F_{QAB}	F_{QBA}
1	A $\theta=1$ B l	$4i$	$2i$	$-\frac{6i}{l}$	$-\frac{6i}{l}$
2	A B $\Delta=1$ l	$-\frac{6i}{l}$	$-\frac{6i}{l}$	$\frac{12i}{l^2}$	$\frac{12i}{l^2}$
3	A $\theta=1$ B l	$3i$	0	$-\frac{3i}{l}$	$-\frac{3i}{l}$
4	A B $\Delta=1$ l	$-\frac{3i}{l}$	0	$\frac{3i}{l^2}$	$\frac{3i}{l^2}$
5	A $\theta=1$ B l	i	$-i$	0	0
6	F A B a b l	$-\frac{Fab^2}{l^2}$	$\frac{Fa^2b}{l^2}$	$\frac{Fb^2}{l^2}\left(1+\frac{2a}{l}\right)$	$-\frac{Fa^2}{l^2}\left(1+\frac{2b}{l}\right)$
7	F A B $\frac{l}{2}$ $\frac{l}{2}$	$-\frac{Fl}{8}$	$\frac{Fl}{8}$	$\frac{F}{2}$	$-\frac{F}{2}$
8	q A B l	$-\frac{ql^2}{12}$	$\frac{ql^2}{12}$	$\frac{ql}{2}$	$-\frac{ql}{2}$
9	F A B a b l	$-\frac{Fab(l+b)}{2l^2}$	0	$\frac{Fb}{2l^3}(3l^2-b^2)$	$-\frac{Fa^2}{2l^3}(3l-a)$
10	F A B $\frac{l}{2}$ $\frac{l}{2}$	$-\frac{3Fl}{16}$	0	$\frac{11F}{16}$	$-\frac{5F}{16}$

续表

序号	梁的简图	杆端弯矩		杆端剪力	
		M_{AB}	M_{BA}	F_{QAB}	F_{QBA}
11		$-\frac{ql^2}{8}$	0	$\frac{5ql}{8}$	$-\frac{3ql}{8}$
12		$-\frac{Fa(l+b)}{2l}$	$-\frac{Fa^2}{2l}$	F	0
13		$-\frac{3Fl}{8}$	$-\frac{Fl}{8}$	F	0
14		$-\frac{Fl}{2}$	$-\frac{Fl}{2}$	F	F
15		$-\frac{ql^2}{3}$	$-\frac{ql^2}{6}$	ql	0
16		$\frac{M}{2}$	M	$-\frac{3M}{2l}$	$-\frac{3M}{2l}$

8.2.5 位移法的原理

图 8-12（a）所示超静定刚架，在荷载作用下，其变形如图中虚线所示。刚结点 B 发生转角 φ_B，根据刚架性质，它所连接的杆 BA、BC 也在 B 端发生相同的转角 φ_B。在刚架中，AB 杆的受力和变形与图 8-12（b）所示的单跨超静定梁完全相同，BC 杆的受力和变形又与图 8-12（c）所示的单跨超静定梁完全相同，而对图 8-12（b）和图 8-12（c）所示的单跨超静定梁，可以用力法求出其杆端的内力 M_{BA}、M_{BC} 等与已知荷载 P 及 φ_B 的关系式。如果能先求出 φ_B，那么各杆端内力随之也可确定。由此可知，计算该超静定结构时，若把 B 结点的转角 φ_B 作为基本未知量并设法先求出，则各杆的内力均可随之得到。

通过以上叙述可知，位移法的基本思路就是选取结点位移为基本未知量，把每段杆件视为独立的单跨超静定梁，然后根据其位移以及荷载写出各杆端弯矩的表达式，再利用静力平衡条件求解位移未知量，进而求解各杆端弯矩。

该方法正是采用了位移为未知量，故名为位移法。而力法则以多余未知力为基本未知量，故名为力法。在建立方程的时候，位移法是根据静力平衡条件来建立的，而力法则是根据位移几何条件来建立的，这是两个方法的相互对应之处。

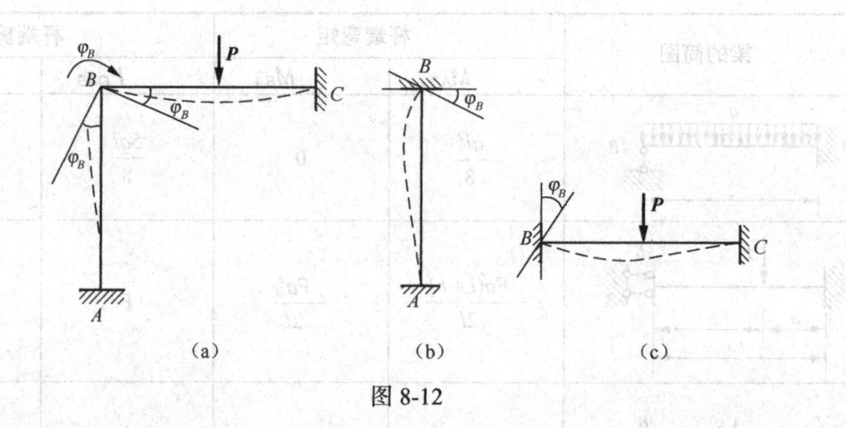

图 8-12

8.2.6 位移法的应用

利用位移法求解超静定结构的一般步骤如下。

（1）确定基本未知量。

（2）将结构拆成超静定（或个别静定）的单杆。

（3）查表 8-1，列出各杆端转角位移方程。

（4）根据平衡条件建立平衡方程。一般对有转角位移的刚结点取力矩平衡方程；有结点线位移时，则考虑线位移方向的静力平衡方程。

（5）解出未知量，求出杆端内力。

（6）画出内力图。

【例 8-2】 用位移法计算图 8-13（a）所示超静定刚架，并画出此刚架的内力图。

解：（1）确定基本未知量。此刚架有 B、C 两个刚结点，所以有两个转角位移，分别记作 θ_B、θ_C。

（2）将刚架拆成单杆，如图 8-13（b）、图 8-13（c）所示。

（3）写出转角位移方程（各杆的线刚度均相等），有

$$M_{AB}=2i\theta_B$$
$$M_{BA}=4i\theta_B$$
$$M_{BC}=4i\theta_B+2i\theta_C-\frac{1}{12}ql^2$$
$$M_{CB}=2i\theta_B+4i\theta_C+\frac{1}{12}ql^2$$
$$M_{CD}=4i\theta_C$$
$$M_{DC}=2i\theta_C$$
$$M_{CE}=3i\theta_C$$

（4）考虑刚结点 B、C 的力矩平衡，建立平衡方程。

由 $\sum M_B=0$ 得 $M_{BA}+M_{BC}=0$

即 $8i\theta_B+2i\theta_C-\frac{1}{12}ql^2=0$

由 $\sum M_C = 0$ 得 $M_{CB} + M_{CD} + M_{CE} = 0$

即 $2i\theta_B + 11i\theta_C + \frac{1}{2}ql^2 = 0$

将上两式联立，解得两未知量为

$$i\theta_B = \frac{13}{1008}ql^2$$

$$i\theta_C = -\frac{5}{1008}ql^2 \text{（结果为负说明 } \theta_C \text{ 是逆时针转向）}$$

（5）将 $i\theta_B, i\theta_C$ 代入转角位移方程，求出各杆端弯矩，有

$$M_{AB} = 2i\theta_B = \frac{13}{504}ql^2$$

$$M_{BA} = 4i\theta_B = \frac{26}{504}ql^2$$

$$M_{BC} = 4i\theta_B + 2i\theta_C - \frac{1}{12}ql^2 = -\frac{26}{504}ql^2$$

$$M_{CB} = 2i\theta_B + 4i\theta_C + \frac{1}{12}ql^2 = \frac{35}{504}ql^2$$

$$M_{CD} = 4i\theta_C = -\frac{20}{504}ql^2$$

$$M_{DC} = 2i\theta_C = -\frac{10}{504}ql^2$$

$$M_{CE} = 3i\theta_C = -\frac{15}{504}ql^2$$

（6）画出弯矩图、剪力图和轴力图，分别如图 8-13（d）、（e）、（f）所示。

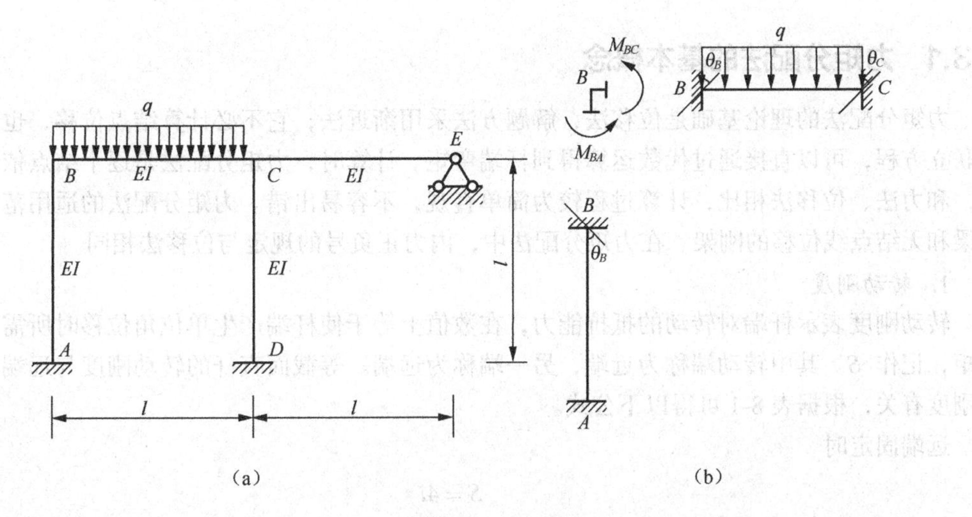

图 8-13

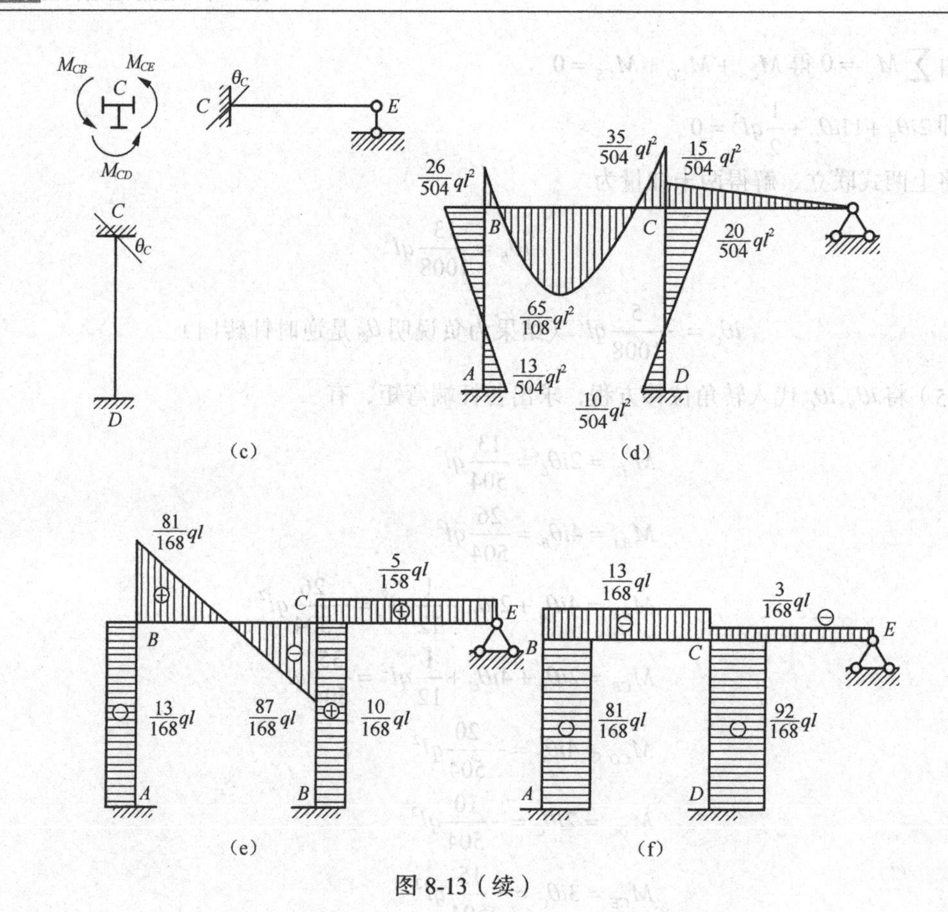

图 8-13（续）

8.3 力矩分配法

8.3.1 力矩分配法的基本概念

力矩分配法的理论基础是位移法，解题方法采用渐近法，它不必计算结点位移，也无需求解联立方程，可以直接通过代数运算得到杆端弯矩。计算时，力矩分配法是逐个结点依次进行的，和力法、位移法相比，计算过程较为简单直观，不容易出错。力矩分配法的适用范围是连续梁和无结点线位移的刚架。在力矩分配法中，内力正负号的规定与位移法相同。

1. 转动刚度

转动刚度表示杆端对转动的抵抗能力，在数值上等于使杆端产生单位角位移时所需施加的力矩，记作 S。其中转动端称为近端，另一端称为远端。等截面直杆的转动刚度与远端约束及线刚度有关，根据表 8-1 可得以下公式。

远端固定时

$$S = 4i \tag{8-5}$$

远端铰支时

$$S = 3i \tag{8-6}$$

远端双滑动支座时

$$S = i \tag{8-7}$$

远端自由时

$$S = 0 \tag{8-8}$$

（式中 i 为线刚度）

2. 分配系数

图 8-14 所示超静定刚架中，B 端为固定端支座，C 端为定向支座，D 端为固定铰支座，设有力偶 M 作用于 A 结点，使结点 A 产生转角 θ_A，由转动刚度定义可知

$$M_{AB} = S_{AB}\theta_A = 4i_{AB}\theta_A$$
$$M_{AC} = S_{AC}\theta_A = i_{AC}\theta_A$$
$$M_{AD} = S_{AD}\theta_A = 3i_{AD}\theta_A$$

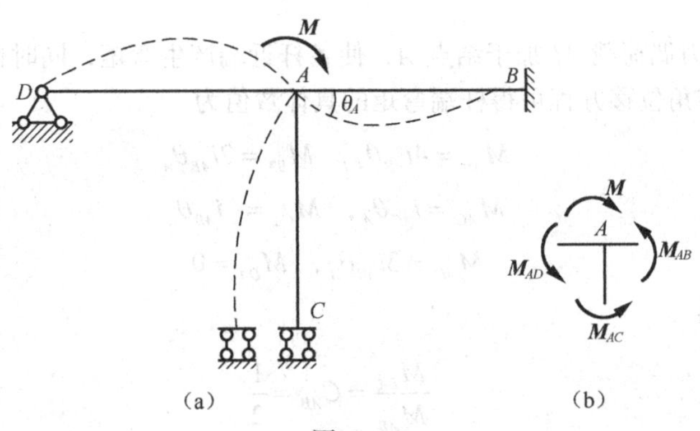

图 8-14

取结点 A 为隔离体，由平衡方程 $\sum M = 0$，得

$$M = S_{AB}\theta_A + S_{AC}\theta_A + S_{AD}\theta_A$$

所以可得

$$\theta_A = \frac{M}{S_{AB} + S_{AC} + S_{AD}} = \frac{M}{\sum_A S_i}$$

式中：$\sum_A S_i$ ——A 端各杆的转动刚度之和。

将 θ_A 值带入 A 结点的各杆端弯矩表达式，得

$$M_{AB} = \frac{S_{AB}}{\sum_A S_i} M$$

$$M_{AC} = \frac{S_{AC}}{\sum_A S_i} M$$

$$M_{AD} = \frac{S_{AD}}{\sum_A S_i} M$$

由此看来，A 结点处各杆端弯矩与各杆端的转动刚度呈正比，可以用下列公式表达计算结果，即

$$M_{Aj}=\mu_{Aj}M \quad (8\text{-}9)$$

$$\mu_{Aj}=\frac{S_{Aj}}{\sum_A S_i} \quad (8\text{-}10)$$

式中，μ_{Aj}——分配系数，其中 j 可以是 B、C 或 D。

可见，杆件的杆端分配系数等于该杆近端转动刚度与交于该点各杆的近端转动刚度之和的比。通常称 M_{AB},M_{AC},M_{AD} 为分配弯矩。

上式表明，作用于结点 A 处的外力矩是根据汇集于该结点处的各杆的刚度系数的大小按比例分配给各杆端的。显然，在同一刚结点上，各杆近端的分配系数之和等于 1，即

$$\sum\mu_{Aj}=\mu_{AB}+\mu_{AC}+\mu_{AD}=1 \quad (8\text{-}11)$$

3. 传递系数

在图 8-14 中，力偶荷载 M 加于结点 A，使各杆近端产生弯矩，同时也使各杆远端产生弯矩。由位移法中的转角位移方程可得杆端弯矩的具体数值为

$$M_{AB}=4i_{AB}\theta_A,\quad M_{BA}=2i_{AB}\theta_A$$

$$M_{AC}=i_{AC}\theta_A,\quad M_{CA}=-i_{AB}\theta_A$$

$$M_{AD}=3i_{AB}\theta_A,\quad M_{DA}=0$$

由上述结果可知

$$\frac{M_{BA}}{M_{AB}}=C_{AB}=\frac{1}{2}$$

其中，比值 $C_{AB}=\dfrac{1}{2}$ 称为传递系数，表示当近端有转角时远端弯矩与近端弯矩的比值。对等截面杆来说，传递系数随远端的支承情况的不同而变化，数值分别如下。

远端固定时

$$C=\frac{1}{2} \quad (8\text{-}12)$$

远端定向时

$$C=-1 \quad (8\text{-}13)$$

远端铰支时

$$C=0 \quad (8\text{-}14)$$

求得各杆的近端的分配弯矩后，不难求出各杆远端的传递弯矩，即

$$M_{BA}=C_{AB}M_{AB}$$

$$M_{CA}=C_{AC}M_{AC}$$

$$M_{DA}=C_{AD}M_{AD}$$

最后，将各杆杆端的固端弯矩、分配弯矩和传递弯矩叠加，就可得到杆端的最后弯矩。

8.3.2 计算原理

力矩分配法的基本思路可概括为“固定”和“放松”。首先将刚结点固定（加刚臂），得到荷载单独作用下的杆端弯矩，然后任取一个结点作为起始结点，计算其不平衡力矩。接着放松

该结点，允许其产生角位移，并依据平衡条件，通过分配不平衡力矩得到角位移引起的各杆近端分配弯矩，再由各杆近端分配弯矩传递得到各杆远端传递弯矩。该结点的计算结束后仍将其固定，再换一个刚结点，重复上述计算过程，直至计算结束。由于力矩分配法属于逐次逼近法，因此计算可能不止一个轮次，当误差在允许范围内时即可停止计算。最后将各结点的固端弯矩、分配弯矩和传递弯矩相加，得到最终杆端弯矩。

力矩分配法的计算步骤如下。

（1）将各刚结点看作锁定的，查表 8-1 得到各杆的固端弯矩。

（2）计算各杆的线刚度 $i=\dfrac{EI}{l}$、转动刚度 S，确定刚结点处各杆的分配系数 μ，并用结点处总分配系数为 1 进行验算。

（3）计算刚结点处的不平衡力矩 $\sum M^F$，将结点不平衡力矩变号分配，求得近端分配弯矩。

（4）根据远端约束条件确定传递系数 C，计算远端传递弯矩。

（5）依次对各结点循环进行分配、传递计算，当误差在允许范围内时，终止计算，然后将各杆端的固端弯矩、分配弯矩与传递弯矩进行代数相加，得出最后的杆端弯矩。

（6）根据最终杆端弯矩值及位移法的弯矩正负号规定，用叠加法绘制弯矩图。

【例 8-3】　用力矩分配法求图 8-15（a）所示两跨连续梁的弯矩图。

解：该梁只有一个刚结点 B。

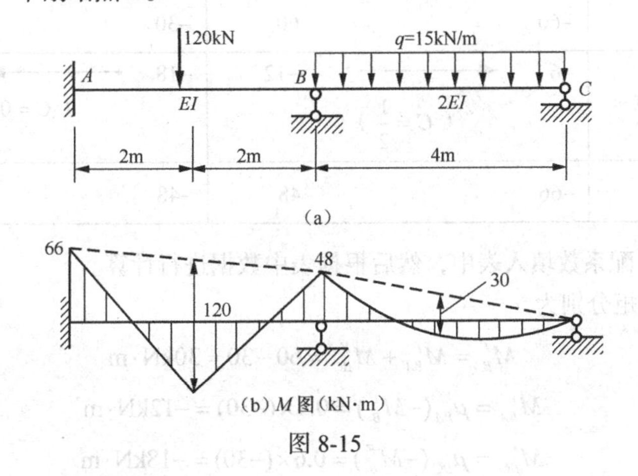

图 8-15

（1）查表求出各杆端的固端弯矩。

$$M_{AB}^F=-\frac{Fl}{8}=-\frac{120\times4}{8}=-60\text{kN}\cdot\text{m}$$

$$M_{BA}^F=\frac{Fl}{8}=\frac{120\times4}{8}=60\text{kN}\cdot\text{m}$$

$$M_{BC}^F=-\frac{ql^2}{8}=-\frac{15\times4^2}{8}=-30\text{kN}\cdot\text{m}$$

$$M_{CB}^F=0$$

（2）计算各杆的线刚度、转动刚度与分配系数。

线刚度为

$$i_{AB}=\frac{EI}{4},\ i_{BC}=\frac{2EI}{4}=\frac{EI}{2}$$

转动刚度为

$$S_{BA}=4i_{AB}=EI\text{，}S_{BC}=3i_{BC}=\frac{3EI}{2}$$

分配系数为

$$\mu_{BA}=\frac{S_{BA}}{S_{BA}+S_{BC}}=\frac{EI}{EI+\frac{3EI}{2}}=0.4$$

$$\mu_{BC}=\frac{S_{BC}}{S_{BA}+S_{BC}}=\frac{\frac{3EI}{2}}{EI+\frac{3EI}{2}}=0.6$$

$$\mu_{BA}+\mu_{BC}=0.4+0.6=1$$

（3）通过列表方式计算分配弯矩与传递弯矩。

分配系数		0.4	0.6	
	M_{AB}	M_{BA}	M_{BC}	M_{CB}
固端弯矩	–60	60	–30	0
分配传递计算	–6 ← （$C=\frac{1}{2}$）	–12	–18 →（$C=0$）	0
杆端弯矩	–66	48	–48	0

将固端弯矩和分配系数填入表中，然后根据表中数据进行计算。

B结点不平衡力矩分别为

$$M_B^F=M_{BA}^F+M_{BC}^F=60-30=30\text{kN}\cdot\text{m}$$

$$M'_{BA}=\mu_{BA}(-M_B^F)=0.4\times(-30)=-12\text{kN}\cdot\text{m}$$

$$M'_{BC}=\mu_{BC}(-M_B^F)=0.6\times(-30)=-18\text{kN}\cdot\text{m}$$

（4）叠加计算，得出最后的杆端弯矩，并画出弯矩图，如图8-15（b）所示。

思考题与习题

1. 说明静定结构和超静定结构的区别。

2. 用力法解超静定结构的思路是什么？什么是力法的基本结构和基本未知量？

3. 位移法的基本未知量有哪几种？结点角位移、线位移的数目如何确定？确定的根据是什么？

4. 力矩分配法主要适用于什么结构？力矩分配的含义是什么？

5. 什么是转动刚度？分配系数与转动刚度有什么关系？为什么每一结点的分配系数之和等于1？

6. 力法、位移法和力矩分配法各自有什么优缺点？

7. 试用力法计算图 8-16 所示超静定梁。

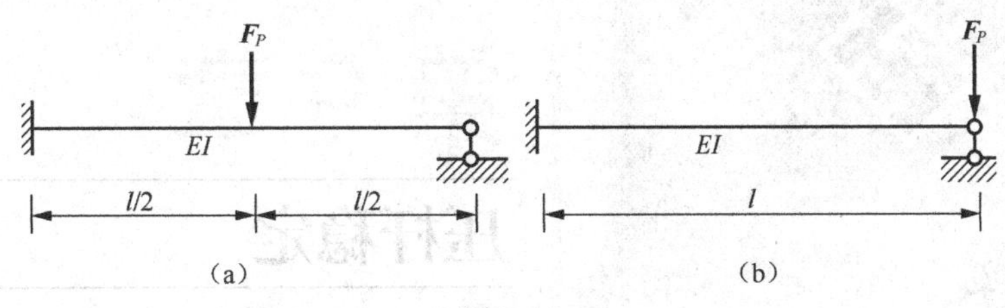

图 8-16

8. 试用力法求解图 8-17 所示结构的内力，并绘制内力图，EI 为常数。

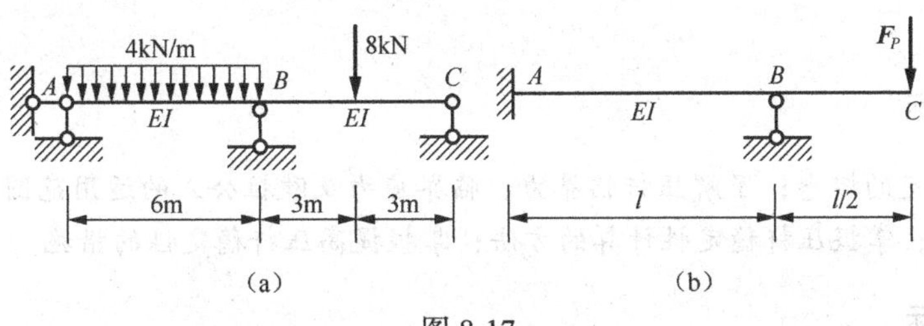

图 8-17

9. 试用力法计算图 8-18 所示超静定刚架。

10. 用位移法计算图 8-19 所示结构，并画出最后的 M 图。

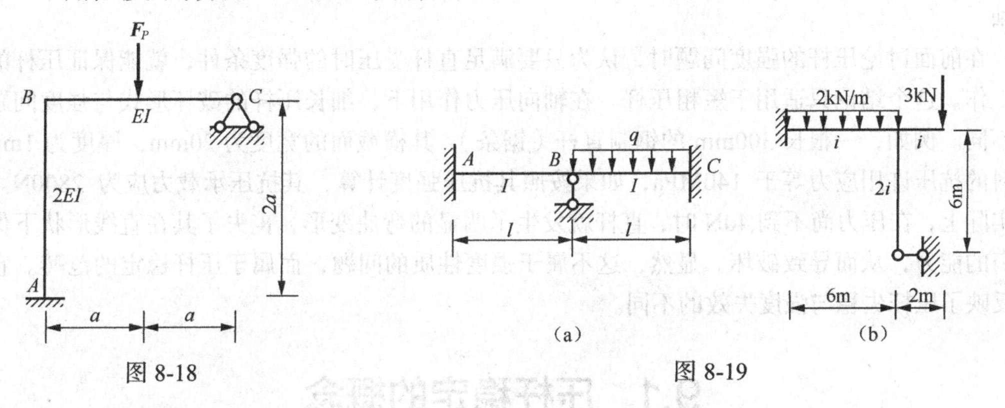

11. 用力矩分配法计算图 8-20 所示结构，并画出最后的弯矩图。

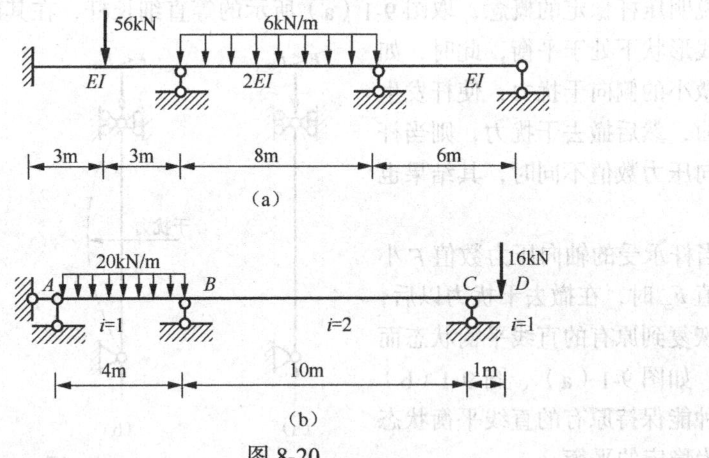

图 8-20

第 9 章

压杆稳定

知识目标

掌握压杆稳定的概念；了解压杆临界力、临界应力及欧拉公式的适用范围，熟悉临界应力的经验计算公式；掌握压杆稳定性计算的方法；掌握提高压杆稳定性的措施。

能力目标

通过本章的学习，能够对影响压杆稳定性的相关因素具有定性判断的能力，具有对压杆稳定性进行计算的能力，为以后钢结构中受压构件、施工技术中脚手架、模板支护等的计算奠定基础。

在前面讨论压杆的强度问题时，认为只要满足直杆受压时的强度条件，就能保证压杆的正常工作。这个结论只适用于短粗压杆。在轴向压力作用下，细长压杆的破坏形式与强度问题截然不同。例如，一根长 300mm 的钢制直杆（锯条），其横截面的宽度为 20mm，厚度为 1mm，材料的抗压许用应力等于 140MPa，如果按照其抗压强度计算，其抗压承载力应为 2800N。但是实际上，在压力尚不到 40N 时，直杆就发生了明显的弯曲变形，丧失了其在直线形状下保持平衡的能力，从而导致破坏。显然，这不属于强度性质的问题，而属于压杆稳定的范畴。它明确反映了压杆失稳与强度失效的不同。

9.1 压杆稳定的概念

为了说明压杆稳定的概念，取图 9-1（a）所示的等直细长杆，在其两端施加轴向压力 F，使杆在直线形状下处于平衡，此时，如果给杆以微小的侧向干扰力，使杆发生微小的弯曲，然后撤去干扰力，则当杆承受的轴向压力数值不同时，其结果也截然不同。

（1）当杆承受的轴向压力数值 F 小于某一数值 F_{cr} 时，在撤去干扰力以后，杆能自动恢复到原有的直线平衡状态而保持平衡，如图 9-1（a）、图 9-1（b）所示。这种能保持原有的直线平衡状态的平衡称为稳定的平衡。

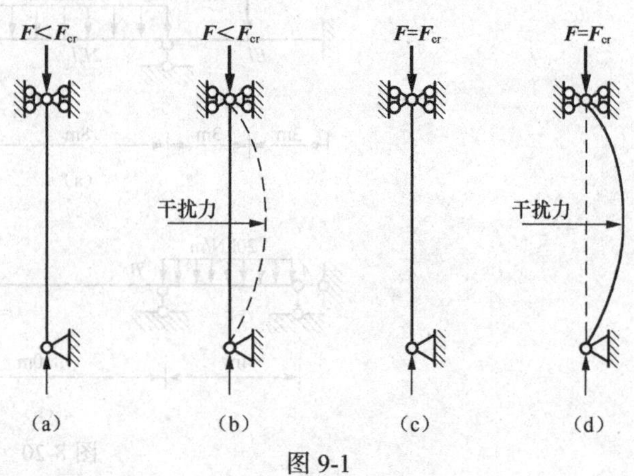

图 9-1

（2）当杆承受的轴向压力数值 F 逐渐增大到（甚至超过）某一数值 F_{cr} 时，即使撤去干扰力，杆仍然处于微弯形状，不能自动恢复到原有的直线平衡状态，如图9-1（c）、图9-1（d）所示。不能保持原有的直线平衡状态的平衡，称为不稳定的平衡。如果力 F 继续增大，则杆继续弯曲，将产生显著的变形，甚至发生突然破坏。

上述现象表明，在轴向压力 F 由小逐渐增大的过程中，压杆由稳定的平衡转变为不稳定的平衡，这种现象称为压杆丧失稳定性或者压杆失稳。显然压杆是否失稳取决于轴向压力的数值，压杆由直线形状的稳定的平衡过渡到不稳定的平衡时所对应的轴向压力，称为压杆的临界压力或临界力，用 F_{cr} 表示。当压杆所受的轴向压力 F 小于临界力 F_{cr} 时，杆件就能够保持稳定的平衡，这种性能称为压杆具有稳定性；而当压杆所受的轴向压力 F 等于或者大于 F_{cr} 时，杆件就不能保持稳定的平衡而失稳。

9.2 压杆的临界力与临界应力

9.2.1 细长压杆临界力计算公式——欧拉公式

从上面的讨论可知，压杆在临界力作用下，其直线形状的平衡将由稳定的平衡转变为不稳定的平衡，此时，即使撤去侧向干扰力，压杆仍然将保持在微弯状态下的平衡。当然，如果压力超过这个临界力，弯曲变形将明显增大。所以，上面使压杆在微弯状态下保持平衡的最小的轴向压力，即为压杆的临界力。经验表明，不同约束条件下细长压杆临界力的计算公式——欧拉公式为

$$F_{cr}=\frac{\pi^2 EI}{(\mu l)^2} \tag{9-1}$$

式中：μl——折算长度，表示将杆端约束条件不同的压杆计算长度 l 折算成两端铰支压杆的长度，μ 称为长度系数。

几种不同杆端约束情况下的长度系数 μ 值列于表9-1中。从表9-1可以看出，两端铰支时，压杆在临界力作用下的挠曲线为半波正弦曲线；而一端固定、另一端铰支，计算长度为 l 的压杆的挠曲线，其部分挠曲线（$0.7l$）与长为 l 的两端铰支的压杆的挠曲线的形状相同，因此，在这种约束条件下，折算长度为 $0.7l$。其他约束条件下的长度系数和折算长度可依此类推。

表9-1 压杆长度系数

支承情况	两端铰支	一端固定 一端铰支	两端固定	一端固定 一端自由
μ 值	1.0	0.7	0.5	2
挠曲线形状	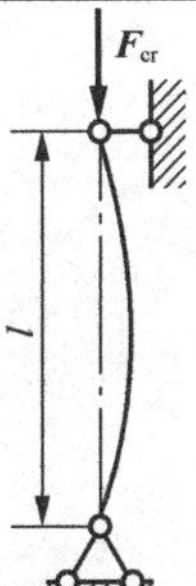	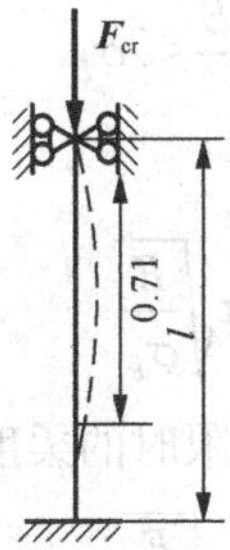	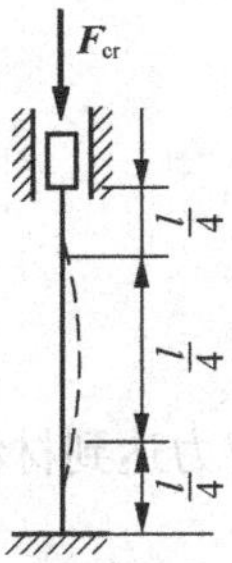	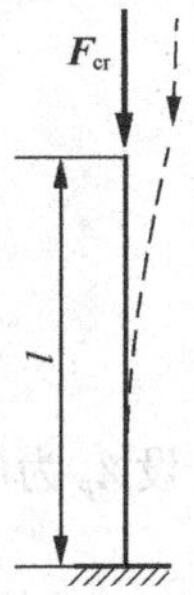

9.2.2 欧拉公式的适用范围

1. 临界应力和柔度

有了计算细长压杆临界力的欧拉公式，在进行压杆稳定计算时，还需要知道临界应力。当压杆在临界力F_{cr}作用下处于直线临界状态的平衡时，其横截面上的压应力等于临界力F_{cr}除以横截面面积A，称为临界应力，用σ_{cr}表示，即

$$\sigma_{cr}=\frac{F_{cr}}{A} \tag{9-2}$$

将式（9-1）代入上式，得

$$\sigma_{cr}=\frac{\pi^2 EI}{(\mu l)^2 A} \tag{9-3}$$

若将压杆的惯性矩I写成

$$I=i^2 A\text{或}i=\sqrt{\frac{I}{A}} \tag{9-4}$$

式中：i——压杆横截面的惯性半径。

于是临界应力可写为

$$\sigma_{cr}=\frac{\pi^2 Ei^2}{(\mu l)^2}=\frac{\pi^2 E}{\left(\frac{\mu l}{i}\right)^2} \tag{9-5}$$

令λ（称为压杆的柔度，或称长细比）$=\frac{\mu l}{i}$，则

$$\sigma_{cr}=\frac{\pi^2 E}{\lambda^2} \tag{9-6}$$

上式为计算压杆临界应力的欧拉公式。

柔度λ是一个无量纲的量，其大小与压杆的长度系数μ、杆长l及惯性半径i有关。由于压杆的长度系数μ决定于压杆的支承情况，惯性半径i决定于截面的形状与尺寸，所以，从物理意义上看，柔度λ综合反映了压杆的长度、截面的形状与尺寸以及支承情况对临界力的影响。从式（9-6）还可以看出，压杆的柔度值越大，则其临界应力越小，压杆就越容易失稳。

2. 欧拉公式的适用范围

欧拉公式是根据挠曲线近似微分方程导出的，而应用此微分方程时，材料必须服从胡克定理。因此，欧拉公式的适用范围应当是压杆的临界应力σ_{cr}不超过材料的比例极限σ_P，即

$$\sigma_{cr}=\frac{\pi^2 E}{\lambda^2}\leqslant\sigma_P \tag{9-7}$$

有

$$\lambda_P\geqslant\pi\sqrt{\frac{E}{\sigma_P}} \tag{9-8}$$

若设λ_P为压杆的临界应力达到材料的比例极限时的柔度值，即

$$\lambda_P=\pi\sqrt{\frac{E}{\sigma_P}} \tag{9-9}$$

则欧拉公式的适用范围为

$$\lambda \geqslant \lambda_P \tag{9-10}$$

上式表明，当压杆的柔度不小于 λ_P 时，才可以应用欧拉公式计算临界力或临界应力。这类压杆称为大柔度杆或细长杆，欧拉公式只适用于较细长的大柔度杆。从式（9-9）可知，λ_P 的值取决于材料性质，不同的材料都有自己的 E 值和 σ_P 值，所以，不同材料制成的压杆，其 λ_P 也不同。例如 Q235 钢，$\sigma_P = 200\text{MPa}$，$E = 200\text{GPa}$，由式（9-4）即可求得 $\lambda_P = 100$。

【例 9-1】　图 9-2 所示为一圆截面长细杆，其材料为 Q235 钢。杆一端为固定端，一端为自由端，杆长 $l = 800\text{mm}$，横截面直径 $d = 40\text{mm}$，材料弹性模量 $E = 2\times10^5\text{MPa}$。试求该杆的临界压力。

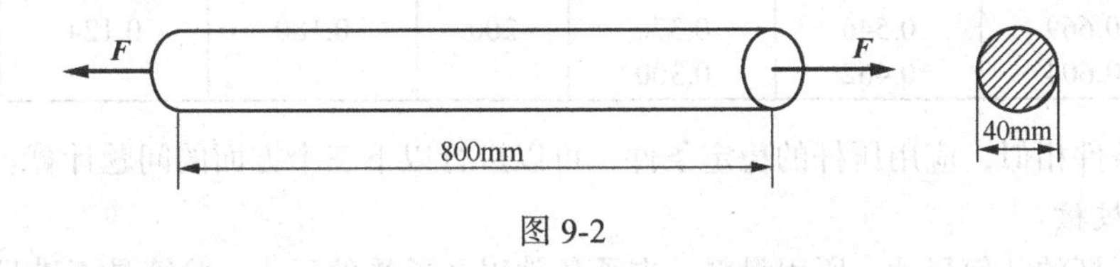

图 9-2

解：该杆一端固定，一端自由端，长度系数 $\mu = 2$，截面惯性半径为

$$i = \sqrt{\frac{I}{A}} = \sqrt{\frac{\pi d^4}{64} \bigg/ \frac{\pi d^2}{4}} = 10\text{mm}$$

$$\lambda = \frac{\mu l}{i} = \frac{2\times800}{10} = 160 > \lambda_P = 100$$

因此，该杆为细长杆，可以按照欧拉公式计算临界荷载。

$$F_{cr} = \frac{\pi^2 EI}{(\mu l)^2} = \frac{\pi^2 EI}{(2l)^2} = 96.9\text{kN}$$

9.3　压杆的稳定性计算

当压杆中的应力达到（或超过）其临界应力时，压杆会丧失稳定。因此，正常工作情况下的压杆，其横截面上的正应力应小于临界应力。

在工程中，为确保压杆具有足够的稳定性，同时还必须考虑一定的安全储备，这就要求横截面上的应力不能超过压杆的临界应力的许用值〔σ_{cr}〕，即

$$\sigma = \frac{F}{A} \leqslant [\sigma_{cr}] \tag{9-11}$$

此式即为压杆需满足的稳定条件。因为压杆的临界应力总是随柔度而改变，柔度越大，临界应力越小，所以在对压杆进行稳定计算时，将许用临界应力表达为材料的抗压许用应力 $[\sigma]$ 乘以一个随柔度而变化的系数 φ（称为稳定系数）。φ 值仅取决于柔度 λ 且不超过 1。于是式（9-11）可改写为

$$\sigma = \frac{F}{A} \leqslant \varphi[\sigma] \tag{9-12}$$

表 9-2 给出了几种材料的中心受压杆的折减系数 φ 与柔度 λ 的值。

表 9-2　　　　　　折减系数表

λ	φ			λ	φ		
	Q235 钢	16 锰钢	木材		Q235 钢	16 锰钢	木材
0	1.000	1.000	1.000	110	0.536	0.384	0.248
10	0.995	0.993	0.971	120	0.466	0.325	0.208
20	0.981	0.973	0.932	130	0.401	0.279	0.178
30	0.958	0.940	0.883	140	0.349	0.242	0.153
40	0.927	0.895	0.822	150	0.306	0.213	0.133
50	0.888	0.840	0.751	160	0.272	0.188	0.117
60	0.842	0.776	0.668	170	0.243	0.168	0.104
70	0.789	0.705	0.575	180	0.218	0.151	0.093
80	0.731	0.627	0.470	190	0.197	0.136	0.083
90	0.669	0.546	0.370	200	0.180	0.124	0.075
100	0.604	0.462	0.300				

与强度条件相似，应用压杆的稳定条件，可以进行以下三个方面的问题计算。

1. 稳定校核

即已知压杆的几何尺寸、所用材料、支承条件以及承受的压力，验算是否满足公式（9-12）的稳定条件。

这类问题，一般应首先计算出压杆的柔度λ，根据λ查出相应的折减系数φ，再按照公式（9-12）进行校核。

2. 计算稳定时的许用荷载

即已知压杆的几何尺寸、所用材料及支承条件，按稳定条件计算其能够承受的许用荷载F值。

这类问题，一般也要首先计算出压杆的柔度λ，根据λ查出相应的折减系数φ，再按照公式$F \leqslant A\varphi[\sigma]$进行计算。

3. 进行截面设计

即已知压杆的长度、所用材料、支承条件以及承受的压力F，按照稳定条件计算压杆所需的截面尺寸。

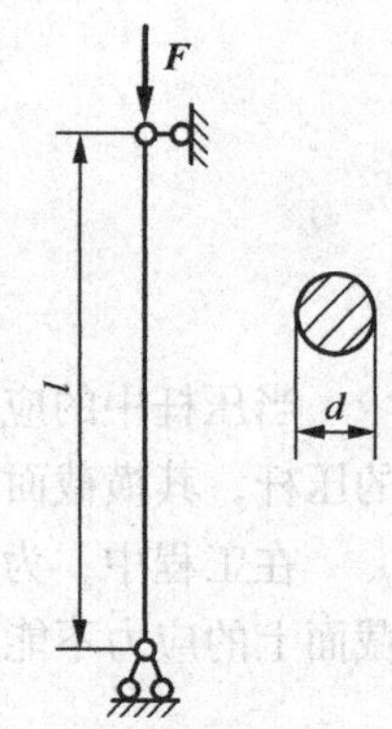

图 9-3

这类问题，一般采用“试算法”。这是因为在稳定条件（9-12）中，折减系数φ是根据压杆的柔度λ查表得到的，而在压杆的截面尺寸尚未确定之前，压杆的柔度λ不能确定，所以也就不能确定折减系数φ，因此，只能采用试算法。首先，假定一折减系数φ值（0 与 1 之间一般采用 0.45），由稳定条件计算所需要的截面面积 A，然后计算出压杆的柔度λ，根据压杆的柔度λ查表得到折减系数φ，再按照公式（9-12）验算是否满足稳定条件。如果不满足稳定条件，则应重新假定折减系数φ值，重复上述过程，直到满足稳定条件为止。

【例 9-2】 图 9-3 所示为两端铰支圆形截面杆，$i = 3.6\text{m}$，其材料为 Q235 钢，杆端受轴向压力$F = 60\text{kN}$作用。已知材料的许用应力$\sigma = 170\text{MPa}$，圆截面直径$d = 120\text{mm}$。试校核该压杆的稳定性。

解：（1）柔度计算。两端铰支杆，长度系数$\mu = 1$，因此

$$i = \sqrt{\frac{I}{A}} = \sqrt{\frac{\pi d^4}{64} \bigg/ \frac{\pi d^2}{4}} = 30\text{mm}$$

$$\lambda=\frac{\mu l}{i}=\frac{1\times 3600}{30}=120$$

（2）稳定系数。查表可得，$\varphi=0.466$。

（3）稳定性校核。由于

$$\frac{F}{\varphi A}=\frac{60\times 10^3}{0.466\times\frac{\pi\times 120^2}{4}}=11.39\text{MPa}\leqslant[\sigma]=170\text{MPa}$$

因此，该压杆满足稳定条件。

【例 9-3】 图 9-4（a）所示支架中，BD 杆为正方形截面的木杆，其长度 $l=2\text{m}$，截面边长 $a=0.1\text{m}$，木材的许用应力 $[\sigma]=10\text{MPa}$，试从满足 BD 杆的稳定条件考虑，计算该支架能承受的最大荷载 $F_{\max}$。

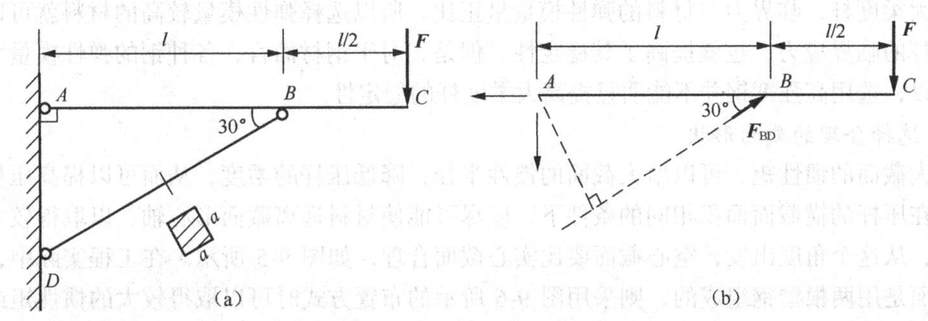

图 9-4

解：（1）计算 BD 杆的柔度。有

$$l_{BD}=\frac{l}{\cos 30^\circ}=\frac{2}{\frac{\sqrt{3}}{2}}=2.31\text{m}$$

$$\lambda_{BD}=\frac{\mu l_{BD}}{i}=\frac{\mu l_{BD}}{\sqrt{\frac{I}{A}}}=\frac{\mu l_{BD}}{a\sqrt{\frac{1}{12}}}=\frac{1\times 2.31}{0.1\times\sqrt{\frac{1}{12}}}=80$$

（2）求 BD 杆能承受的最大压力。根据柔度 λ_{BD} 查表，得 $\varphi_{BD}=0.470$，则 BD 杆能承受的最大压力为

$$F_{BD\max}=A\varphi[\sigma]=0.1^2\times 0.470\times 10\times 10^6=47.1\times 10^3\text{N}$$

（3）根据外力 F 与 BD 杆所承受压力之间的关系，求出该支架能承受的最大荷载 $F_{\max}$。考虑 AC 的平衡，可得

$$\sum M_A=0,\quad F_{BD}\cdot\frac{l}{2}-F\cdot\frac{3}{2}l=0$$

从而可求得

$$F=\frac{1}{3}F_{BD}$$

因此，该支架能承受的最大荷载 $F_{\max}$ 为

$$F_{\max}=\frac{1}{3}F_{BD\max}=\frac{1}{3}\times 47.1\times 10^{3}=15.7\times 10^{3}\,\text{N}$$

该支架能承受的最大荷载取值为

$$F_{\max}=15\text{kN}$$

9.4 提高压杆稳定的措施

要提高压杆的稳定性，关键在于提高压杆的临界力或临界应力。而压杆的临界力和临界应力，与压杆的长度、横截面形状及大小、支承条件以及压杆所用材料等有关。因此，可以从以下几个方面考虑。

1. 合理选择材料

对大柔度杆，临界力与材料的弹性模量呈正比，所以选择弹性模量较高的材料就可以提高大柔度杆的临界应力，也就提高了其稳定性。但是，对于钢材而言，各种钢的弹性模量大致相同，所以，选用高强度钢并不能明显提高大柔度杆的稳定性。

2. 选择合理的截面形状

增大截面的惯性矩，可以增大截面的惯性半径，降低压杆的柔度，从而可以提高压杆的稳定性。在压杆的横截面面积相同的条件下，应尽可能使材料远离截面形心轴，以取得较大的轴惯性矩，从这个角度出发，空心截面要比实心截面合理，如图 9-5 所示。在工程实际中，若压杆的截面是用两根槽钢组成的，则采用图 9-6 所示的布置方式时可以取得较大的惯性矩或惯性半径。

另外，由于压杆总是在柔度较大（临界力较小）的纵向平面内首先失稳，所以应注意尽可能使压杆在各个纵向平面内的柔度都相同，以充分发挥压杆的稳定承载力。

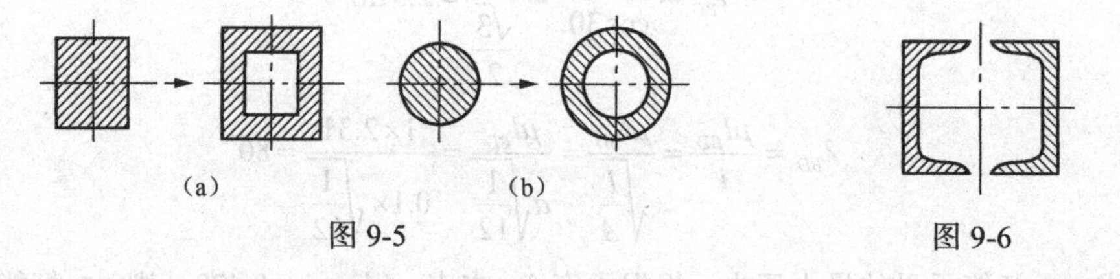

图 9-5　　图 9-6

3. 改善约束条件、减小压杆长度

根据欧拉公式可知，压杆的临界力与其计算长度的平方呈反比，而压杆的计算长度又与其约束条件有关。因此，改善约束条件，可以减小压杆的长度系数和计算长度，从而增大临界力。在相同条件下，从表 9-1 可知，自由支座最不利，铰支座次之，固定支座最有利。减小压杆长度的另一种方法是在压杆的中间增加支承，把一根变为两根甚至几根。

思考题与习题

1. 什么是压杆的稳定平衡和不稳定平衡？什么叫失稳？什么是临界状态？
2. 何谓压杆的临界力和临界应力？计算临界力的欧拉公式的应用条件是什么？
3. 什么是压杆柔度？其物理意义是什么？
4. 采用哪些措施可以提高压杆的稳定性？

5. 两端铰支的压杆，截面为 I_{22a}，长 $l=5\text{m}$，钢的弹性模量 $E=2.0\times10^5\text{MPa}$，试用欧拉公式求压杆的临界力 F_{cr}。

6. 图 9-7 所示各杆材料和截面均相同，问哪一根压杆能承受的压力最大？哪一根最小？

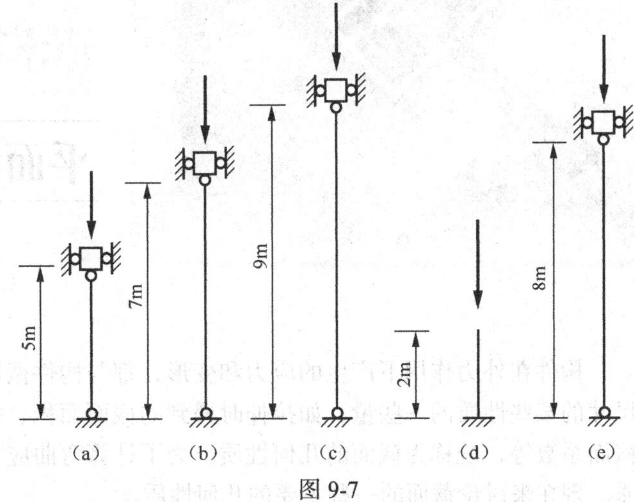

图 9-7

7. 压杆横截面为矩形，$h=80\text{mm}$，$b=10\text{mm}$，杆长 $l=2\text{m}$，材料为 Q_{235} 钢，$E=2.1\times10^5\text{MPa}$，支端约束如图 9-8 所示。在正视图［见图 9-8（a）］的平面内为两端铰支；在俯视图［见图 9-8（b）］的平面内为两端弹性固定。采用 $\mu=0.8$，试求此杆的临界力。

8. 三角形屋架的尺寸如图 9-9 所示。$F=9.7\text{kN}$，斜腹杆 CD 按构造要求用最小截面尺寸 100mm×100mm 的正方形，材料为东北落叶松 TC_{17}，其顺纹抗压许用应力 $[\sigma]=10\text{MPa}$，若按两端铰支考虑，试校 CD 杆的稳定性。

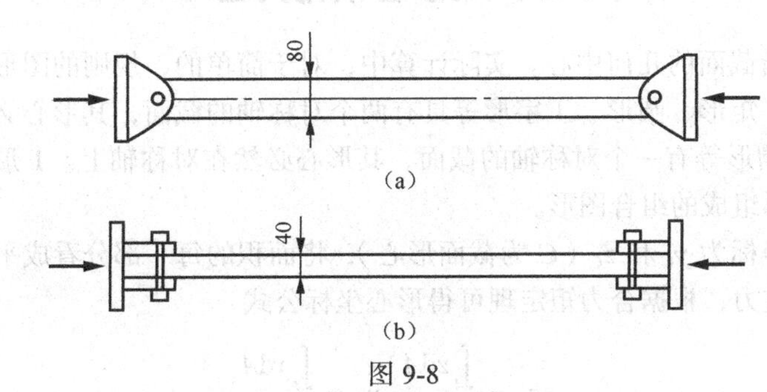

图 9-8

9. 图 9-10 所示托架中，撑杆 AB 为由西南云杉 TC_{15} 制成的圆木杆，$q=50\text{kN/m}$，AB 杆两端为柱形铰，$[\sigma]=11\text{MPa}$。试求 AB 杆的直径 d。

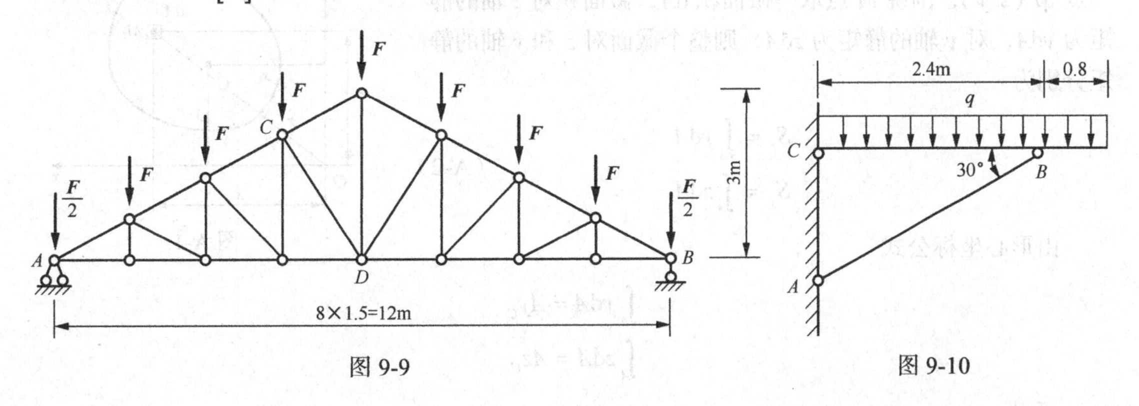

图 9-9　　图 9-10

附录A

平面图形的几何性质

构件在外力作用下产生的应力和变形，都与构件截面的形状和尺寸有关。反映截面形状和尺寸的某些性质的一些量，如拉伸时遇到的截面面积、扭转时遇到的极惯性矩和惯性矩、抗弯截面系数等，统称为截面的几何性质。为了计算弯曲应力和变形，需要知道截面的一些几何性质。现在来讨论截面的一些主要的几何性质。

A.1 形心和静矩

截面的形心是指截面的几何中心。实际计算中，对于简单的、规则的图形，其形心位置可以直接判断。例如，矩形、圆形、工字形等具有两个对称轴的截面，其形心必在两对称轴的交点上；对于T形、槽形等有一个对称轴的截面，其形心必然在对称轴上。T形、槽形等可以看作是由几个简单矩形组成的组合图形。

若截面形心的坐标为 y_C 和 z_C（C 为截面形心），将面积的每一部分看成平行力系，即看成等厚、均质薄板的重力，根据合力矩定理可得形心坐标公式

$$z_C = \frac{\int_A z\mathrm{d}A}{A}, y_C = \frac{\int_A y\mathrm{d}A}{A} \tag{A-1}$$

静矩又称面积矩。其定义为，在图 A-1 中任意截面内取一点 $M(z, y)$，围绕 M 点取一微面积 $\mathrm{d}A$，微面积对 z 轴的静矩为 $y\mathrm{d}A$，对 y 轴的静矩为 $z\mathrm{d}A$，则整个截面对 z 和 y 轴的静矩分别为

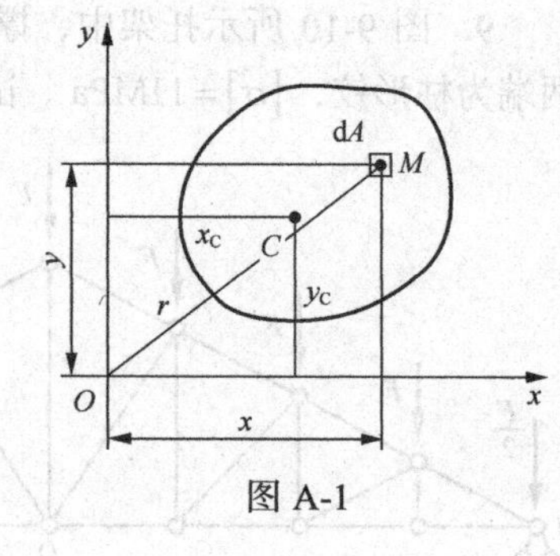

图 A-1

$$\begin{aligned} S_z &= \int_A y\mathrm{d}A \\ S_y &= \int_A z\mathrm{d}A \end{aligned} \tag{A-2}$$

由形心坐标公式

$$\int_A y\mathrm{d}A = Ay_C$$

$$\int_A z\mathrm{d}A = Az_C$$

可得

$$\begin{aligned} S_z &= \int_A y\mathrm{d}A = Ay_C \\ S_y &= \int_A z\mathrm{d}A = Az_C \end{aligned} \tag{A-3}$$

式中：y_C、z_C——截面形心 C 的坐标；

A——截面面积。

当截面形心的位置已知时可以用上式来计算截面的静矩。

从上面可知，同一截面对不同轴的静矩不同，静矩可以是正负或是零；静矩的单位是长度的立方，用 m^3 或 cm^3、mm^3 等表示；当坐标轴过形心时，截面对该轴的静矩为零。

当截面由几个规则图形组合而成时，截面对某轴的静矩，应等于各个图形对该轴静矩的代数和。其表达式为

$$S_z = \sum_{i=1}^{n} A_i y_i \tag{A-4}$$

$$S_y = \sum_{i=1}^{n} A_i z_i \tag{A-5}$$

而截面形心坐标公式也可以写成

$$z_C = \frac{\sum A_i y_i}{\sum A_i} \tag{A-6}$$

$$y_C = \frac{\sum A_i z_i}{\sum A_i} \tag{A-7}$$

A.2　惯性矩、惯性积和平行移轴定理

在图 A-1 中任意截面上选取一微面积 dA，则微面积 dA 对 z 轴和 y 轴的惯性矩为 z^2dA 和 y^2dA。将整个面积对 z 轴和 y 轴的惯性矩分别记为 I_z 和 I_y，而惯性积则记为 I_{zy}。可分别定义为

$$\begin{aligned} I_z &= \int_A y^2 dA \\ I_y &= \int_A z^2 dA \end{aligned} \tag{A-8}$$

$$I_{zy} = \int_A zy dA \tag{A-9}$$

极惯性矩可定义为

$$I_\rho = \int_A \rho^2 dA = \int_A (z^2 + y^2) dA = I_z + I_y \tag{A-10}$$

从上面可以看出，惯性矩总是大于零，因为坐标的平方总是正数，惯性积可以是正、负和零；惯性矩、惯性积和极惯性矩的单位都是长度的四次方，用 m^4 或 cm^4、mm^4 等表示。

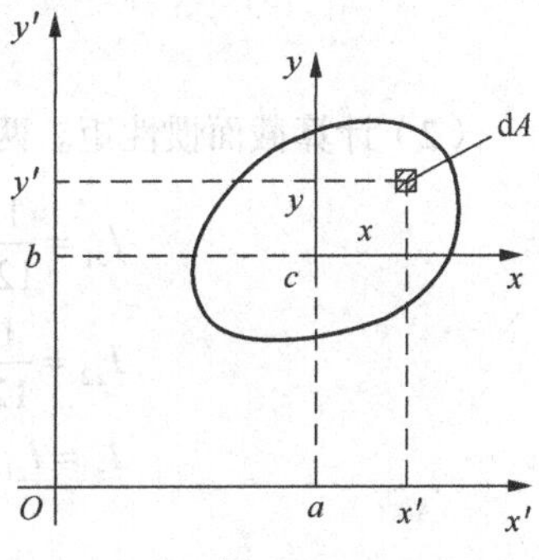

同一截面对不同的平行的轴，它们的惯性矩和惯性积是不同的。同一截面对二根平行轴的惯性矩和惯性积虽然不同，但它们之间存在一定的关系。下面讨论二根平行轴的惯性矩、惯性积之间的关系。

图 A-2

图 A-2 所示任意截面对任意轴对 z'轴和 y'轴的惯性矩、惯性积分别为 $I_{z'}$、$I_{y'}$和 $I_{z'y'}$。过形心 C 有平行于 z'、y'的两个坐标轴 z 和 y，截面对 z、y 轴的惯性矩和惯性积为 I_z、I_y 和 I_{zy}。对 $Oz'y'$坐标系形心坐标为 C（a, b）。截面上选取微面积 dA，dA 的形心坐标为

$$z' = z + a$$
$$y' = y + b$$

则按照惯性矩的定义有

$$I_{y'} = \int_A z'^2 \mathrm{d}A = \int_A (z+a)^2 \mathrm{d}A$$
$$= \int_A z^2 \mathrm{d}A + 2a\int_A z\mathrm{d}A + a^2\int_A \mathrm{d}A$$

上式中第一项为截面对过形心坐标轴 y 轴的惯性矩；第三项为面积的 a^2 倍；而第二项为截面过形心坐标轴 y 轴静矩乘以 $2a$。根据静矩的性质，对过形心轴的静矩为零，所以第二项为零。这样上式可以写为

$$I_{y'} = I_{yc} + a^2 A \tag{A-11}$$

同理可得

$$I_{z'} = I_{zc} + b^2 A \tag{A-12}$$
$$I_{z'y'} = I_{zcyc} + abA \tag{A-13}$$

也就是说，截面对于平行于形心轴的惯性矩，等于该截面对形心轴的惯性矩再加上其面积乘以两轴间距离的平方；而截面对于平行于过形心轴的任意两垂直轴的惯性积，等于该面积对过形心二轴的惯性积再加上面积乘以相互平行的二轴距之积。这就是惯性矩和惯性积的平行移轴定理。

例 A-1 计算图 A-3 所示 T 形截面的形心和过它的形心 z 轴的惯性矩。

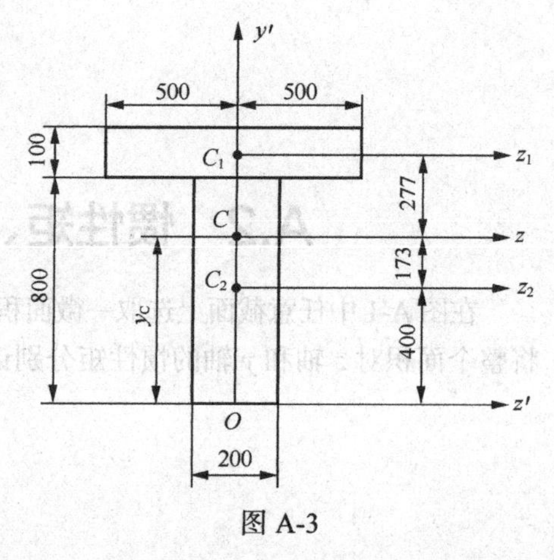

图 A-3

解（1）确定截面形心位置。选参考坐标系 $Oz'y'$，如图 A-3 所示。将截面分解为两个矩形，截面形心 C 的纵坐标为

$$y_c = \frac{\sum A_i y_i}{\sum A_i} = \frac{A_1 y_{C1} + A_2 y_{C2}}{A}$$
$$= \frac{1000\times10^2\times850 + 1600\times10^2\times400}{2600\times10^2}$$
$$= 573\text{mm}$$
$$z_C = 0$$

（2）计算截面惯性矩。两个矩形对形心轴 z 的惯性矩分别为

$$I_{z1} = \frac{1}{12}\times1000\times100^3 + 1000\times100\times277^2 = 7.75\times10^9\,\text{mm}^4$$
$$I_{z2} = \frac{1}{12}\times200\times800^3 + 800\times200\times173^2 = 13.32\times10^9\,\text{mm}^4$$
$$I_z = I_{z1} + I_{z2} = 21.1\times10^9\,\text{mm}^4$$

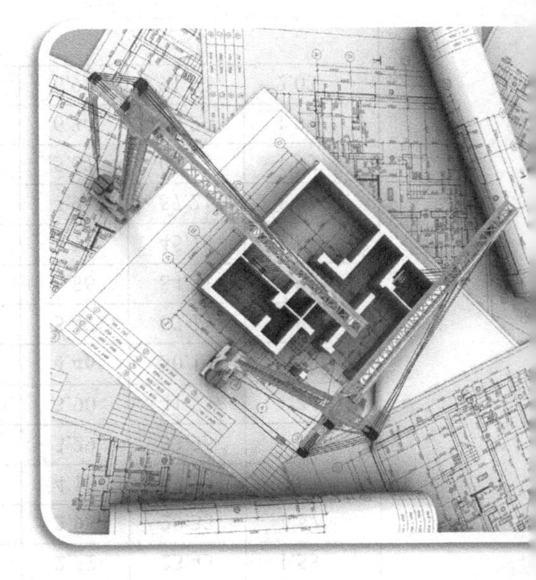

附录 B

型钢表

表 1　　热轧等边角钢（GB 9787—1988）

符号意义：

b——边宽度；　　I——惯性矩；

d——边厚度；　　i——惯性半径；

r——内圆弧半径；　　w——截面系数；

r_1——边端内圆弧半径；　　z_0——重心距离。

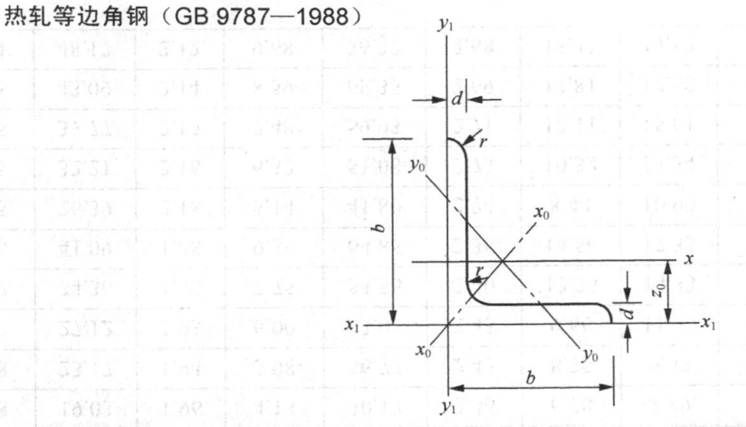

角钢号数	尺寸/mm			截面面积/cm^2	理论重量/(kg/m)	外表面积/(m^2/m)	参考数值										
							x–x			x_0–x_0			y_0–y_0			x_1–x_1	z_0 /cm
	b	d	r				I_x /cm^4	i_x /cm	W_x /cm^3	I_{x_0} /cm^4	i_{x_0} /cm	W_{x_0} /cm^3	I_{y_0} /cm^4	i_{y_0} /cm	W_{y_0} /cm^3	I_{x_1} /cm^4	
2	20	3	3.5	1.132	0.889	0.078	0.40	0.59	0.29	0.63	0.75	0.45	0.17	0.39	0.20	0.81	0.60
		4		1.459	1.145	0.077	0.50	0.58	0.36	0.78	0.73	0.55	0.22	0.38	0.24	1.09	0.64
2.5	25	3		1.432	1.124	0.098	0.92	0.70	0.40	1.29	0.95	0.73	0.34	0.49	0.33	1.57	0.73
		4		1.859	1.459	0.097	1.03	0.74	0.59	1.62	0.93	0.92	0.43	0.48	0.40	2.11	0.76
3.0	30	3	4.5	1.749	1.373	0.117	1.46	0.91	0.68	2.31	1.15	1.09	0.61	0.59	0.51	2.71	0.85
		4		2.276	1.786	0.117	1.84	0.90	0.87	2.92	1.13	1.37	0.77	0.58	0.62	3.63	0.89
3.6	36	3		2.109	1.656	0.141	2.58	1.11	0.99	4.09	1.39	1.61	1.07	0.71	0.76	4.68	1.00
		4		2.756	2.163	0.141	3.29	1.09	1.28	5.22	1.38	2.05	1.37	0.70	0.93	6.25	1.04
		5		3.382	2.654	0.141	3.95	1.08	1.56	6.24	1.36	2.45	1.65	0.70	1.09	7.84	1.07
4.0	40	3	5	2.359	1.852	0.157	3.59	1.23	1.23	5.69	1.55	2.01	1.49	0.79	0.98	6.41	1.09
		4		3.086	2.422	0.157	4.60	1.22	1.60	7.29	1.54	2.58	1.91	0.79	1.19	8.56	1.13
		5		3.791	2.976	0.156	5.53	1.21	1.96	8.76	1.52	3.10	2.30	0.78	1.39	10.74	1.17

续表

角钢号数	尺寸/mm			截面面积/cm^2	理论重量/(kg/m)	外表面积/(m^2/m)	参考数值										z_0/cm
							$x-x$			x_0-x_0			y_0-y_0			x_1-x_1	
	b	d	r				I_x/cm^4	i_x/cm	W_x/cm^3	I_{x_0}/cm^4	i_{x_0}/cm	W_{x_0}/cm^3	I_{y_0}/cm^4	i_{y_0}/cm	W_{y_0}/cm^3	I_{x_1}/cm^4	
4.5	45	3	5	2.659	2.088	0.177	5.17	1.40	1.58	8.20	1.76	2.58	2.14	0.89	1.24	9.12	1.22
		4		3.486	2.736	0.177	6.65	1.38	2.05	10.56	1.74	3.32	2.75	0.89	1.54	12.18	1.26
		5		4.292	3.369	0.176	8.04	1.37	2.51	12.74	1.72	4.00	3.33	0.88	1.81	15.25	1.30
		6		5.076	3.985	0.176	9.33	1.36	2.95	14.76	1.70	4.64	3.89	0.88	2.06	18.36	1.33
5	50	3	5.5	2.971	2.332	0.197	7.18	1.55	1.96	11.37	1.96	3.22	2.98	1.00	1.57	12.50	1.34
		4		3.897	3.059	0.197	9.26	1.54	2.56	14.70	1.94	4.16	3.82	0.99	1.96	16.69	1.38
		5		4.803	3.770	0.196	11.21	1.53	3.13	17.79	1.92	5.03	4.64	0.98	2.31	20.90	1.42
		6		5.688	4.465	0.196	13.05	1.52	3.68	20.68	1.91	5.85	5.42	0.98	1.63	25.14	1.46
5.6	56	3	6	3.343	2.624	0.221	10.19	1.75	2.48	16.14	2.20	4.08	4.24	1.13	2.02	17.56	1.48
		4		4.390	3.446	0.220	13.18	1.73	3.24	20.92	2.18	5.28	5.46	1.11	2.52	23.43	1.53
		5		5.415	4.251	0.220	16.02	1.72	3.97	25.42	2.17	6.42	6.61	1.10	2.98	29.33	1.57
		8		8.367	6.568	0.219	23.63	1.68	6.03	37.37	2.11	9.44	9.89	1.09	4.16	47.24	1.68
6.3	63	4	7	4.978	3.907	0.248	19.03	1.96	4.13	30.17	2.46	6.78	7.89	1.26	3.29	33.35	1.70
		5		6.143	4.882	0.248	23.17	1.94	5.08	36.77	2.45	8.25	9.57	1.25	3.90	41.73	1.74
		6		7.288	5.721	0.247	27.12	1.93	6.00	43.03	2.43	9.66	11.20	1.24	4.46	50.14	1.78
		8		9.515	7.469	0.247	34.36	1.90	7.75	54.56	2.40	12.25	14.33	1.23	5.47	67.11	1.85
		10		11.657	9.151	0.246	41.09	1.88	9.39	64.85	2.36	14.56	17.33	1.22	6.36	84.31	1.93
7	70	4	8	5.570	4.372	0.275	26.39	2.18	5.14	41.80	2.74	8.44	10.99	1.40	4.17	45.74	1.86
		5		6.875	5.397	0.275	32.21	2.16	6.32	51.08	2.73	10.32	13.34	1.39	4.95	57.21	1.91
		6		8.160	6.406	0.275	37.77	2.15	7.48	59.93	2.71	12.11	15.61	1.38	5.67	68.73	1.95
		7		9.424	7.398	0.275	43.09	2.14	8.59	68.35	2.69	13.81	17.82	1.38	6.34	80.29	1.99
		8		10.667	8.373	0.274	48.17	2.12	9.68	76.37	2.68	15.43	19.82	1.37	6.98	91.92	2.03

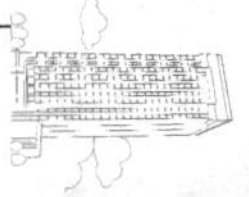

续表

角钢号数	尺寸/mm			截面面积/cm²	理论重量/(kg/m)	外表面积/(m²/m)	参考数值										z_0/cm
							$x-x$			x_0-x_0			y_0-y_0			x_1-x_1	
	b	d	r				I_x/cm⁴	i_x/cm	W_x/cm³	I_{x_0}/cm⁴	i_{x_0}/cm	W_{x_0}/cm³	I_{y_0}/cm⁴	i_{y_0}/cm	W_{y_0}/cm³	I_{x_1}/cm⁴	
7.5	70	5	9	7.412	5.818	0.295	39.97	2.33	7.32	63.30	2.92	11.94	16.63	1.50	5.77	70.56	2.04
		6		8.797	6.905	0.294	46.95	2.31	8.64	74.38	2.90	14.02	19.51	1.49	6.67	84.55	2.07
		7		10.161	7.916	0.294	53.57	2.30	9.93	84.96	2.89	16.02	22.18	1.48	7.44	98.71	2.11
		8		11.503	9.030	0.294	59.96	2.28	11.20	95.07	2.88	17.93	24.86	1.47	8.19	112.97	2.15
		10		14.126	11.089	0.293	71.98	2.26	13.64	113.92	2.84	21.46	30.05	1.46	9.56	141.71	2.22
8	80	5	9	7.912	6.211	0.315	48.79	2.48	8.34	77.33	3.13	13.67	2.25	1.60	6.66	85.36	2.15
		6		9.397	7.376	0.314	57.35	2.47	9.87	90.98	3.11	16.08	23.72	1.59	7.65	102.50	2.19
		7		10.860	8.525	0.314	65.58	2.46	11.37	104.07	3.10	19.40	27.09	1.58	8.58	119.70	2.23
		8		12.303	9.658	0.314	73.49	2.44	12.83	116.60	3.08	20.61	30.39	1.57	9.46	136.97	2.27
		10		15.126	11.874	0.313	88.43	2.42	15.64	140.09	3.04	24.76	36.77	1.56	11.08	171.74	2.35
9	90	6	10	10.637	8.350	0.354	82.77	2.79	12.61	131.26	3.51	20.63	34.28	1.80	9.95	145.87	2.44
		7		12.301	9.656	0.354	94.83	2.78	14.54	150.47	3.50	23.64	39.18	1.78	11.19	170.30	2.48
		8		13.944	10.946	0.353	106.47	2.76	16.42	168.97	3.48	26.55	43.97	1.78	12.35	194.80	2.52
		10		17.167	13.476	0.353	128.58	2.74	20.07	203.90	3.45	32.04	53.26	1.76	14.52	244.07	2.59
		12		20.306	15.940	0.352	149.22	2.71	23.57	236.21	3.41	37.12	62.22	1.75	16.49	293.76	2.67
10	100	6	12	11.932	9.366	0.393	114.95	3.10	15.68	181.93	3.90	25.74	47.92	2.00	12.69	200.07	2.67
		7		13.796	10.830	0.393	131.86	3.09	17.10	208.97	3.89	29.55	54.74	1.99	14.26	233.54	2.71
		8		15.638	12.276	0.393	148.24	3.08	20.47	235.07	3.88	33.42	61.41	1.98	15.75	267.09	2.76
		10		19.261	15.120	0.392	179.51	3.05	25.06	284.68	3.84	40.26	74.35	1.96	18.54	334.48	2.84
		12		22.800	17.898	0.391	208.90	3.03	29.48	330.95	3.81	46.80	86.84	1.95	21.08	402.34	2.91
		14		26.256	20.611	0.391	236.53	3.00	33.73	374.06	3.77	52.90	99.00	1.94	23.44	470.75	2.99
		16		29.627	23.611	0.390	262.53	2.98	37.82	414.46	3.74	58.57	110.89	1.94	25.63	539.80	3.06

续表

角钢号数	尺寸/mm			截面面积/cm^2	理论重量/(kg/m)	外表面积/(m^2/m)	参考数值										z₀ /cm
							x–x			x_0–x_0			y_0–y_0			x_1–x_1	
	b	d	r				I_x /cm^4	i_x /cm	W_x /cm^3	I_{x_0} /cm^4	i_{x_0} /cm	W_{x_0} /cm^3	I_{y_0} /cm^4	i_{y_0} /cm	W_{y_0} /cm^3	I_{x_1} /cm^4	
11	110	7	12	15.196	110928	0.433	177.16	3.41	22.05	230.94	4.30	36.12	73.38	2.20	17.51	310.64	2.96
		8		21.261	16.690	0.432	24219	3.38	30.60	384.39	4.25	49.42	99.98	2.17	22.91	444.65	3.09
		12		25.200	19.782	0.431	282.55	3.35	36.05	448.17	4.22	57.62	116.93	2.15	26.15	534.60	3.16
		14		29.056	22.809	0.431	320.71	3.32	41.31	508.01	4.18	65.31	133.40	2.14	29.14	625.16	3.24
12.5	125	8	14	19.750	15.504	0.492	297.03	3.88	32.52	470.89	4.88	53.28	123.16	2.50	25.86	521.01	3.37
		10		24.373	19.133	0.491	361.67	3.85	39.97	573.89	4.85	64.93	149.46	2.48	30.62	651.93	3.45
		12		28.912	22.696	0.491	432.16	3.83	41.17	671.44	4.82	75.96	174.88	2.46	35.03	783.42	3.53
		14		33.367	26.193	0.490	481.65	3.80	54.16	763.73	4.78	86.41	199.57	2.45	39.13	915.61	3.61
14	140	10		27.373	21.488	0.551	514.65	4.43	50.58	817.27	5.45	82.56	212.04	2.78	39.20	915.11	3.82
		12		32.512	25.522	0.551	603.68	4.31	59.80	958.79	5.43	96.85	248.57	2.76	45.02	1099.28	3.9
		14		37.567	29.490	0.550	688.81	4.28	68.75	1093.56	5.40	110.47	284.06	2.75	50.45	1284.22	3.98
		16		42.593	33.393	0.549	770.24	4.26	77.46	1221.81	5.36	123.42	318.67	2.74	55.55	1470.07	4.06
16	160	10	16	31.502	24.729	0.630	779.53	4.98	66.70	1237.30	6.27	109.36	321.76	3.20	52.76	1365..33	4.31
		12		37.441	29.391	0.630	916.58	4.95	78.98	1455.68	6.24	128.67	377.49	3.18	60.74	1639.57	4.39
		14		43.441	33.987	0.629	1048.36	4.92	90.95	1665.02	6.20	147.17	431.70	3.16	68.24	1914.68	4.47
		16		49.067	38.518	0.629	1175.08	4.89	102.63	1865.57	6.17	164.89	484.59	3.14	75.31	2190.82	4.55
18	180	12		42.241	33.159	0.710	1321.35	5.59	100.82	2100.10	7.05	165.00	542.61	3.58	78.41	2332.80	4.89
		14		48.896	38.383	0.709	1514.48	5.56	116.25	2407.42	7.02	189.14	621.53	3.56	88.38	2723.48	4.97
		16		55.467	43.542	0.709	1700.99	5.54	131.13	2703.37	6.98	212.40	698.60	3.55	97.83	3115.29	5.05
		18		61.955	48.634	0.708	1875.12	5.50	145.64	2988.24	6.94	234.78	762.01	3.51	105.14	3502.43	5.13
20	200	14	18	54.642	42.894	0.788	2103.55	6.20	144.70	3343.26	7.82	236.40	863.83	3.98	111.82	3734.10	5.46
		16		62.013	48.860	0.788	2366.15	6.18	163.65	3760.89	7.79	265.93	971.41	3.96	123.96	4270.39	5.54
		18		69.301	54.401	0.787	2620.64	6.15	182.22	4164.54	7.75	294.48	1076.74	3.94	135.52	4808.13	5.62
		20		76.505	60.056	0.787	2867.30	6.12	200.42	4554.55	7.72	322.06	1180.04	3.93	146.55	5347.51	5.69
		24		90.661	71.168	0.785	3338.25	6.07	236.17	5294.97	7.64	374.41	1381.53	3.90	166.65	6457.16	5.87

注：截面图中的 r_1=1/3d 及表中 r 的数据用于孔型设计，不作为交货条件。

表 2 热轧不等边角钢（GB 9788—1988）

符号意义：

B——长边宽度； b——短边宽度；

d——边厚度； r——内圆弧半径；

r_1——边端内圆弧半径； I——惯性矩；

i——惯性半径； W——截面系数；

x_0——重心距离； y_0——重心距离。

角钢号数	尺寸 mm				截面面积/cm²	理论重量/(kg/m)	外表面积/(m²/m)	参考数值														
								x–x			y–y			x_1–x_1		y_1–y_1		u–u			
	B	b	d	r				I_x /cm⁴	i_x /cm	W_x /cm³	I_y /cm⁴	i_y /cm	W_y /cm³	I_{x_1} /cm⁴	y_0 /cm	I_{y_0} /cm⁴	x_0 /cm	I_u /cm⁴	i_u /cm	W_u /cm³	$\tan\alpha$
2.5/1.6	25	16	3	3.5	1.162	0.192	0.080	0.70	0.78	0.43	0.22	0.44	0.19	1.56	0.86	0.43	0.42	0.14	0.34	0.16	0.392
			4		1.499	1.176	0.079	0.88	0.77	0.55	0.27	0.43	0.24	2.09	0.90	0.59	0.46	0.17	0.34	0.20	0.381
3.2/2	32	20	3		1.492	1.171	0.102	1.53	1.01	0.72	0.46	0.55	0.30	3.27	1.08	0.82	0.49	0.28	0.43	0.25	0.382
			4		1.939	1.522	0.101	1.93	1.00	0.93	0.57	0.54	0.39	4.37	1.12	1.12	0.53	0.35	0.42	0.32	0.374
4/2.5	40	25	3	4	1.890	1.484	0.127	3.08	1.28	1.15	0.93	0.70	0.49	5.39	1.32	1.59	0.59	0.56	0.54	0.40	0.385
			4		2.467	1.936	0.127	3.93	1.26	1.49	1.18	0.69	0.63	8.53	1.37	2.14	0.63	0.71	0.54	0.52	0.381
4.5/2.8	45	28	3	5	2.149	1.687	0.143	4.45	1.44	1.47	1.34	0.79	0.62	9.10	1.47	2.23	0.64	0.80	0.61	0.51	0.383
			4		2.806	2.203	0.143	5.69	1.42	1.91	1.70	0.78	0.80	12.13	1.51	3.00	0.68	1.02	0.60	0.66	0.380
5/3.2	50	32	3	5	2.431	1.908	0.161	6.24	1.60	1.84	2.02	0.91	0.82	12.49	1.60	3.31	0.73	1.20	0.70	0.68	0.404
			4		3.177	2.494	0.160	8.02	1.59	2.39	2.58	0.90	1.06	16.65	1.65	4.45	0.77	1.53	0.69	0.87	0.402
5.6/3.6	56	36	3	6	2.743	2.153	0.181	8.88	1.80	2.32	2.92	1.03	1.05	17.54	1.78	4.70	0.80	1.73	0.79	0.87	0.408
			4		3.590	2.188	0.180	11.45	1.79	3.03	3.76	1.02	1.37	23.39	1.82	6.33	0.85	2.23	0.79	1.13	0.408
			5		4.415	3.466	0.180	13.86	1.77	3.71	4.49	1.01	1.65	29.25	1.87	7.94	0.88	2.67	0.78	1.36	0.404
6.3/4	63	40	4	7	4.058	3.185	0.202	16.49	2.02	3.87	5.23	1.14	1.70	33.20	2.04	8.63	0.92	3.12	0.88	1.40	0.398
			5		4.993	3.920	0.202	20.02	2.00	4.74	6.31	1.12	2.71	41.63	2.08	10.86	0.95	3.76	0.87	1.71	0.396

续表

角钢号数	尺寸 mm				截面面积/cm²	理论重量/(kg/m)	外表面积/(m²/m)	参考数值															
								x–x			y–y			x_1–x_1		y_1–y_1		u–u			
	B	b	d	r				I_x /cm⁴	i_x /cm	W_x /cm³	I_y /cm⁴	i_y /cm	W_y /cm³	I_{x_1} /cm⁴	y_0 /cm	I_{y_0} /cm⁴	x_0 /cm	I_u /cm⁴	i_u /cm	W_u /cm³	tanα
6.3/4	63	40	6		5.908	4.638	0.201	23.36	1.96	5.59	7.29	1.11	2.43	49.98	2.12	13.12	0.99	4.34	0.86	1.99	0.393
			7		6.802	5.339	0.201	26.53	1.98	6.40	8.24	1.10	2.78	58.07	2.15	15.47	1.03	4.97	0.86	2.29	0.389
7/4.5	70	45	4	7.5	4.547	3.570	0.226	23.17	2.26	4.86	7.55	1.29	2.17	45.92	2.24	12.26	1.02	4.40	0.98	1.77	0.410
			5		5.609	4.403	0.225	27.95	2.23	5.92	9.13	1.28	2.65	57.10	2.28	15.39	1.06	5.40	0.98	2.19	0.407
			6		6.647	5.218	0.225	32.54	2.21	6.95	10.62	1.26	3.12	68.35	2.32	18.58	1.09	6.35	0.98	2.59	0.404
			7		7.657	6.011	0.225	37.22	2.20	8.03	12.01	1.25	3.57	79.99	2.36	21.84	1.13	7.16	0.97	2.94	0.402
(7.5/5)	75	50	5		6.125	4.808	0.245	34.86	2.39	6.83	12.61	1.44	3.30	70.00	2.40	21.04	1.17	7.41	1.10	2.74	0.435
			6		7.260	5.699	0.245	41.12	2.38	8.12	14.70	1.42	3.88	84.30	2.44	25.37	1.21	8.54	1.08	3.19	0.435
			8		9.467	7.431	0.244	52.39	2.35	10.52	18.53	1.40	4.99	112.50	2.52	34.23	1.29	10.87	1.07	4.10	0.429
			10		11.590	9.098	0.244	62.71	2.33	12.79	21.96	1.38	6.04	140.80	2.60	43.43	1.36	13.10	1.06	4.99	0.423
8/5	80	50	5	8	6.375	6.005	0.255	41.96	2.56	7.78	12.82	1.42	3.32	85.21	2.60	21.06	1.14	7.66	1.10	2.74	0.388
			6		7.560	5.935	0.255	49.49	2.56	9.25	14.95	1.41	3.91	102.53	2.65	25.41	1.18	8.85	1.08	3.20	0.387
			7		8.724	6.848	0.255	56.16	2.54	10.58	16.96	1.39	4.48	119.33	2.69	29.82	1.21	10.18	1.08	3.70	0.384
			8		9.867	7.745	0.254	62.83	2.52	11.92	18.85	1.38	5.03	136.41	2.73	34.32	1.25	11.38	1.07	4.16	0.381
9/5.6	90	56	5	9	7.212	5.661	0.287	60.45	2.90	9.92	18.32	1.59	4.21	121.32	2.91	29.53	1.25	10.98	1.23	3.49	0.385
			6		8.557	6.717	0.286	71.03	2.88	11.74	21.42	1.58	4.96	145.59	2.95	35.58	1.29	12.90	1.23	4.13	0.384
			7		9.880	7.756	0.286	81.08	2.86	13.49	24.36	1.57	5.70	169.60	3.00	41.71	1.33	14.67	1.22	4.72	0.382
			8		11.183	8.799	0.286	91.03	2.85	15.27	27.15	1.56	6.41	194.17	3.04	47.93	1.36	16.34	1.21	5.29	0.380
10/6.3	100	63	6	10	9.617	7.550	0.320	99.06	3.21	14.64	30.94	1.79	6.35	199.71	3.24	50.50	1.43	18.42	1.38	5.25	0.394
			7		11.111	8.722	0.320	113.45	3.20	16.88	35.26	1.78	7.29	233.00	3.28	59.14	1.47	21.00	1.38	6.02	0.394
			8		12.548	9.878	0.319	127.37	3.18	19.08	39.39	1.77	8.21	266.32	3.32	67.88	1.50	23.50	1.37	6.78	0.391
			10		15.467	12.142	0.319	153.81	3.15	23.32	47.12	1.74	9.98	33.06	3.40	85.73	1.58	28.33	1.35	8.24	0.387
10/8	100	80	6		10.637	8.350	0.354	107.04	3.17	15.19	61.24	2.40	10.16	199.83	2.95	102.68	1.97	31.65	1.72	8.37	0.627
			7		12.301	9.656	0.354	122.37	3.16	17.52	70.08	2.39	11.71	233.20	3.00	119.98	2.01	36.17	1.72	9.60	0.626
			8		13.944	10.946	0.353	137.92	3.14	19.81	17.58	2.37	13.21	266.61	3.04	137.37	2.05	40.58	1.71	10.80	0.625
			10		17.167	13.476	0.353	166.87	3.12	24.24	94.65	2.35	16.12	33.63	3.12	172.48	2.13	49.10	1.69	13.12	0.622

续表

角钢号数	尺寸 mm				截面面积/cm²	理论重量/(kg/m)	外表面积/(m²/m)	参考数值														
								x–x			y–y			x_1–x_1		y_1–y_1		u–u			
	B	b	d	r				I_x /cm⁴	i_x /cm	W_x /cm³	I_y /cm⁴	i_y /cm	W_y /cm³	I_{x_1} /cm⁴	y_0 /cm	I_{y_0} /cm⁴	x_0 /cm	I_u /cm⁴	i_u /cm	W_u /cm³	$\tan\alpha$
11/7	110	70	6	10	10.637	8.350	0.354	133.37	3.54	17.83	42.92	2.01	7.90	265.78	3.53	69.08	1.57	25.36	1.54	6.53	0.403
			7		12.301	9.656	0.354	153.00	3.53	20.60	49.01	2.00	9.09	310.07	3.57	80.82	1.61	28.95	1.53	7.50	0.402
			8		13.944	10.946	0.353	172.04	3.51	23.30	54.87	1.98	10.25	354.39	3.62	92.70	1.65	32.45	1.53	8.45	0.401
			10		17.167	13.476	0.353	208.39	3.48	28.54	65.88	1.96	12.48	443.13	3.70	116.83	1.72	39.20	1.51	10.29	0.397
12.5/8	125	80	7	11	14.096	11.066	0.403	227.98	4.02	26.86	74.42	2.30	12.01	454.99	4.10	120.32	1.80	43.81	1.76	9.92	0.408
			8		15.989	12.551	0.403	256.77	4.01	30.41	83.49	2.28	13.56	519.99	4.06	137.85	1.84	49.15	1.75	11.18	0.407
			10		19.712	15.474	0.402	312.04	3.98	37.33	100.67	2.26	16.56	650.09	4.14	173.40	1.92	59.45	1.74	13.64	0.404
			12		23.351	18.330	0.402	364.41	3.95	44.01	116.67	2.24	19.43	780.39	4.22	209.67	2.00	69.35	1.72	16.01	0.400
14/9	140	90	8	12	18.038	14.160	0.453	365.64	4.50	38.48	120.69	2.59	17.34	730.53	4.50	195.79	2.04	70.83	1.98	14.31	0.411
			10		22.261	17.475	0.452	445.50	4.47	47.31	140.03	2.56	21.22	913.20	4.58	245.92	2.12	85.82	1.96	17.48	0.409
			12		26.400	20.724	0.451	521.59	4.44	55.87	169.79	2.54	24.95	1096.09	4.66	296.89	2.19	100.21	1.95	20.54	0.406
			14		30.456	23.908	0.451	594.10	4.42	64.18	192.10	2.51	28.54	1279.26	4.76	348.82	2.27	114.13	1.04	23.52	0.403
16/10	160	100	10	13	25.315	19.872	0.512	668.69	5.14	62.13	205.03	2.85	26.56	1262.89	5.24	336.59	2.28	121.74	2.19	21.92	0.390
			12		30.054	23.592	0.511	784.91	5.11	73.49	239.06	2.82	31.28	1635.56	5.32	405.94	2.36	142.33	2.17	25.79	0.388
			14		34.709	27.247	0.510	896.30	5.08	84.56	271.20	2.80	35.83	1908.50	5.40	476.42	2.43	162.23	2.16	29.56	0.385
			16		39.281	30.835	0.510	1003.04	5.05	95.33	301.60	2.77	40.24	2182.79	5.48	548.22	2.51	182.57	2.16	33.44	0.382
18/11	180	110	10	14	28.373	22.273	0.571	956.25	5.80	78.96	278.11	3.13	32.49	1940.40	5.89	447.22	2.44	166.50	2.42	26.88	0.376
			12		33.712	26.464	0.571	1124.72	5.78	93.53	325.03	3.10	38.32	2328.38	5.98	538.94	2.52	194.87	2.40	31.66	0.374
			14		38.967	30.589	0.570	1286.91	5.75	107.76	369.55	3.08	43.97	2716.60	6.06	631.95	2.59	222.30	2.39	36.32	0.372
			16		44.139	34.649	0.569	1443.06	5.72	121.64	411.85	3.06	49.44	3105.15	6.14	726.46	2.67	248.94	2.38	40.87	0.369
20/12.5	200	125	12		37.912	29.761	0.641	1570.90	6.44	116.73	483.16	3.57	49.99	3193.85	6.54	787.74	2.83	285.79	2.74	41.23	0.392
			14		43.867	34.436	0.640	1800.97	6.41	134.65	550.83	3.54	57.44	3726.17	6.62	922.47	2.91	326.58	2.73	47.34	0.390
			16		49.739	39.054	0.629	2023.35	6.38	152.18	615.44	3.52	64.69	4258.86	6.70	1058.86	2.99	366.21	2.71	53.32	0.388
			18		55.526	43.588	0.639	2238.30	6.35	169.33	677.19	3.49	71.74	4792.00	6.78	1197.13	3.06	404.83	2.70	59.18	0.385

注：① 括号内型号不准推荐使用。

② 截面图中的 r_1=1/3d 及表中 r 的数据用于孔型设计，不作为交货条件。

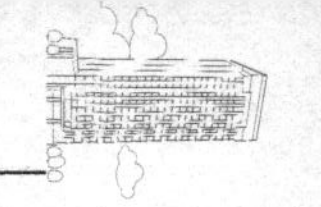

表 3　　热轧槽钢（GB 707—1988）

符号意义：

h——高度；　　r_1——腿端圆弧半径；

b——腿宽度；　　I——惯性矩；

d——腰厚度；　　W——截面系数；

t——平均腿厚度；　　i——惯性半径；

r——内圆弧半径；　　z_0——y-y 与 y_1-y_1 轴间距。

型号	尺寸/mm						截面面积/cm²	理论重量/(kg/m)	参考数值								
									x–x			y–y			y_1–y_1		
	h	b	d	t	r	r_1			W_x/cm³	I_x/cm⁴	i_x/cm	W_y/cm³	I_y/cm⁴	i_y/cm	I_{y_1}/cm⁴	z_0/cm
5	50	37	4.5	7	7.0	3.5	6.928	5.438	10.4	26.0	1.94	3.55	8.30	1.10	20.9	1.35
6.3	63	40	4.8	7.5	7.5	3.8	8.451	6.635	16.1	50.8	2.45	4.50	11.9	1.19	28.4	1.36
8	80	43	5.0	8	8.0	4.0	10.248	8.045	25.3	101	3.15	5.79	16.6	1.27	37.4	1.43
10	100	48	5.3	8.5	8.5	4.2	12.748	10.007	39.7	198	3.95	7.8	25.6	1.41	54.9	1.52
12.6	126	53	5.5	9	9.0	4.5	15.692	12.318	62.1	391	4.95	10.2	38.0	1.57	77.1	1.59
14a	140	58	6.0	9.5	9.5	4.8	18.516	14.535	80.5	564	5.52	13.0	53.2	1.70	107	1.71
14b	140	60	8.0	9.5	9.5	4.8	21.316	16.733	87.1	609	5.35	14.1	61.1	1.69	121	1.67
16a	160	63	6.5	10	10.0	5.0	21.962	17.240	108	866	6.28	16.3	73.3	1.83	144	1.80
16	160	65	8.5	10	10.0	5.0	25.162	19.752	117	935	6.10	17.6	83.4	1.82	161	1.75
18a	180	68	7.0	10.5	10.5	5.2	25.699	20.174	141	1270	7.04	20.0	98.6	1.96	190	1.88
18	180	70	9.0	10.5	10.5	5.2	29.299	23.000	152	1370	6.84	21.5	111	1.95	210	1.84
20a	200	73	7.0	11	11.0	5.5	28.837	22.637	178	1780	7.86	24.2	128	2.11	244	2.01
20	200	75	9.0	11	11.0	5.5	32.837	25.777	191	1910	7.64	25.9	144	2.09	268	1.95

续表

型号	尺寸/mm						截面面积/cm^2	理论重量/(kg/m)	参考数值								
									x–x			y–y			y_1–y_1		
	h	b	d	t	r	r_1			W_x /cm^3	I_x /cm^4	i_x /cm	W_y /cm^3	I_y /cm^4	i_y /cm	I_{y_1} /cm^4	z_0 /cm
22a	220	77	7.0	11.5	11.5	5.8	31.864	24.999	218	2390	8.67	28.2	158	2.23	298	2.10
22	220	79	9.0	11.5	11.5	5.8	36.246	28.453	234	2570	8.42	30.1	176	2.21	326	2.03
a	250	78	7.0	12	12.0	6.0	34.917	27.410	270	3370	9.82	30.6	176	2.24	322	2.07
25b	250	80	9.0	12	12.0	6.0	39.917	31.335	282	3530	9.41	32.7	196	2.22	353	1.98
c	250	82	11.0	12	12.0	6.0	44.917	35.260	295	3690	9.05	35.9	218	2.21	384	1.92
a	280	82	7.5	12.5	12.5	6.2	40.034	31.427	340	4760	10.9	35.7	218	2.33	388	2.10
28b	280	84	9.5	12.5	12.5	6.2	45.634	35.823	366	5130	10.6	37.9	242	2.30	428	2.02
c	280	86	11.5	12.5	12.5	6.2	51.234	40.219	393	5500	10.4	40.3	268	2.29	463	1.95
a	320	88	8.0	14	14.0	7.0	48.513	38.083	475	7600	12.5	46.5	305	2.50	552	2.24
32b	320	90	10.0	14	14.0	7.0	54.913	43.107	509	8140	12.2	49.2	336	2.47	593	2.16
c	3202	92	12.0	14	14.0	7.0	61.313	48.131	543	8690	11.9	52.6	374	2.47	643	2.09
a	360	96	9.0	16	16.0	8.0	60.910	47.814	660	11900	14.0	63.5	455	2.73	818	2.44
36b	360	98	11.0	16	16.0	8.0	68.110	53.466	703	12700	13.6	66.9	497	2.70	880	2.37
c	360	100	13.0	16	16.0	8.0	75.310	59.118	746	13400	13.4	70.0	536	2.67	948	2.34
a	400	100	10.5	18	18.0	9.0	75.368	58.928	879	17600	15.3	78.8	592	2.81	1070	2.49
40b	400	102	12.5	18	18.0	9.0	83.068	65.208	932	18600	15.0	82.5	640	2.78	1140	2.44
c	400	104	14.5	18	18.0	9.0	91.068	71.488	986	19700	14.7	86.2	688	2.75	1220	2.42

注：截面图和表中标注的圆弧半径 r、r_1 的数据用于孔型设计，不作为交货条件。

表 4　　热轧工字钢（GB 706—1988）

符号意义：

h——高度；　　r_1——腿端圆弧半径；

b——腿宽度；　　I——惯性矩；

d——腰厚度；　　W——截面系数；

t——平均腿厚度；　　i——惯性半径；

r——内圆弧半径；　　S——半截面的静力矩。

型号	尺寸/mm						截面面积 /cm²	理论重量 /(kg/m)	参考数值						
									x–x				y–y		
	h	b	d	t	r	r_1			I_x /cm⁴	W_x /cm³	i_x /cm	I_x:S_x	I_y /cm⁴	W_y /cm³	i_y /cm
10	100	68	4.5	7.6	6.5	3.3	14.345	11.261	245	49.0	4.14	8.59	33.0	9.72	1.52
12.6	126	74	5.0	8.4	7.0	3.5	18.118	14.223	488	77.5	5.20	10.8	46.9	12.7	1.61
14	140	80	5.5	9.1	7.5	3.8	21.516	16.890	712	102	5.76	12.0	64.4	16.1	1.73
16	160	88	6.0	9.9	8.0	4.0	26.131	20.513	1130	141	6.58	13.8	93.1	21.2	1.89
18	180	94	6.5	10.7	8.5	4.3	30.756	24.143	1660	185	7.36	15.4	122	26.0	2.00
20a	200	100	7.0	11.4	9.0	4.5	35.578	27.929	2370	237	8.15	17.2	158	31.5	2.12
20b	200	102	9.0	11.4	9.0	4.5	39.578	31.069	2500	250	7.96	16.9	169	33.1	2.06
20a	200	100	7.0	11.4	9.0	4.5	35.578	27.929	2370	237	8.15	17.2	158	31.5	2.12
20b	200	102	9.0	11.4	9.0	4.5	39.578	31.069	2500	250	7.96	16.9	169	33.1	2.06
22a	220	110	7.5	12.3	9.5	4.8	42.128	33.070	3400	309	8.99	16.9	225	40.9	2.31
22b	220	112	9.5	12.3	9.5	4.8	46.528	36.524	3570	325	8.78	18.7	239	42.7	2.27
25a	250	116	8.0	13.0	10.0	5.0	48.541	38.105	5020	402	10.2	21.6	280	48.3	2.40
25b	250	118	10.0	13.0	10.0	5.0	53.541	42.030	5280	423	9.94	21.3	309	52.4	2.40
28a	280	122	8.5	13.7	10.5	5.3	55.404	43.492	7110	508	11.3	24.6	345	56.6	2.50
28b	280	124	10.5	13.7	10.5	5.3	61.004	47.888	7480	534	11.1	24.2	379	61.2	2.49

续表

型号	尺寸/mm						截面面积 /cm²	理论重量 /(kg/m)	参考数值						
									x–x				y–y		
	h	b	d	t	r	r_1			I_x /cm⁴	W_x /cm³	i_x /cm	I_x:S_x	I_y /cm⁴	W_y /cm³	i_y /cm
32a	320	130	9.5	15.0	11.5	5.8	67.156	52.717	11100	692	12.8	27.5	460	70.8	2.62
32b	320	132	11.5	15.0	11.5	5.8	73.556	57.741	11600	726	12.6	27.1	502	76.0	2.61
32c	320	134	13.5	15.0	11.5	5.8	79.956	62.765	12200	760	12.3	26.8	54	81.2	2.61
36a	360	136	10.0	15.8	12.0	6.0	76.480	60.037	15800	875	14.4	30.7	552	81.2	2.69
36b	360	138	12.0	15.8	12.0	6.0	83.680	65.689	16500	919	14.1	30.3	582	84.3	2.64
36c	360	140	14.0	15.8	12.0	6.0	90.880	71.341	17300	962	13.8	29.9	612	87.4	2.60
40a	400	142	10.5	16.5	12.5	6.3	86.112	67.598	21700	1090	15.9	34.1	660	93.2	2.77
40b	400	144	12.5	16.5	12.5	6.3	94.112	73.878	22800	1140	15.6	33.6	692	96.2	2.71
40c	400	146	14.5	16.5	12.5	6.3	102.112	80.158	23900	1190	15.2	33.2	727	99.6	2.65
45a	450	150	1105	18.0	13.5	6.8	102.446	80.420	32200	1430	17.7	38.6	855	114	2.89
45b	450	152	13.5	18.0	13.5	6.8	111.446	87.485	33800	1500	17.4	38.0	894	118	2.84
45c	450	154	15.5	18.0	13.5	6.8	120.446	94.550	35300	1570	17.1	37.6	938	122	2.79
50a	500	158	12.0	202.0	14.0	7.0	119.304	93.654	46500	1860	19.7	42.8	1120	142	3.07
50b	500	160	14.0	20.0	14.0	7.0	129.304	101.504	48600	1940	19.4	42.4	1170	146	3.01
50c	500	162	16.0	20.0	14.0	7.0	139.304	109.354	50600	2080	19.0	41.8	1200	151	2.96
56a	560	166	12.5	21.0	14.5	7.3	135.435	106.316	65600	2340	22.0	47.7	1370	165	3.18
56b	560	168	14.5	21.0	14.5	7.3	146.635	115.108	68500	2450	21.6	47.2	1490	174	3.16
56c	560	170	16.5	21.0	14.5	7.3	157.835	123.900	71400	2550	21.3	46.7	1560	183	3.16
63a	630	176	13.0	22.0	15.0	7.5	154.658	121.407	93900	2980	24.5	54.2	1700	193	3.31
63b	630	178	15.0	252.0	15.0	7.5	167.258	131.298	98100	3160	24.2	53.5	1810	204	3.29
63c	630	180	17.0	22.0	15.0	7.5	179.858	141.189	102000	3300	23.8	52.9	1920	214	3.27

注：截面图和表中标注的圆弧半径 r、r_1 的数据用于孔型设计，不作为交货条件。

参 考 文 献

[1] 龙驭球，包世华. 结构力学. 北京：高等教育出版社，1979.
[2] 刘寿梅. 建筑力学. 北京：高等教育出版社，2002.
[3] 石立安. 建筑力学. 北京：北京大学出版社，2009.
[4] 李永富. 建筑力学. 北京：中国建筑工业出版社，2006.
[5] 李前程，安学敏. 建筑力学. 北京：中国建筑工业出版社，1998.
[6] 孙训方，方孝淑，关来泰. 材料力学. 北京：高等教育出版社，1994.
[7] 干光瑜，秦惠民. 建筑力学. 北京：高等教育出版社，1999.
[8] 王焕定，等. 结构力学. 1 版. 北京：高等教育出版社，2000.
[9] 沈养中，荣国瑞. 建筑力学. 2 版. 北京：科学出版社，2014.
[10] 刘宏，孟胜国，聂堃. 建筑力学. 北京：北京理工大学出版社，2009.
[11] 卢光斌. 土木工程力学. 北京：机械工业出版社，2003.